印刷设计

崔建成　孙艳华　刘耀辉　著

清华大学出版社
北　京

内容简介

本书提炼了常用的平面设计软件中与输入、平面设计、输出紧密相关的功能和使用方法，并详细叙述了这些功能和方法背后的原理、印刷适性，尽力从整体上给读者建立一个较明确的知识体系。全书具有将相关原理和软件实际操作紧密结合在一起的特点，知识点结合从业人员的生产实践，在内容和形式上，力求简单、明确、通俗、易懂，以方便广大读者学习参考。

本书可以用作高等院校印刷设计和平面设计等相关专业的教材，也可以用作从事各类设计与制作的人员和爱好者的参考用书和工具书。

图书在版编目（CIP）数据

印刷设计 / 崔建成，孙艳华，刘耀辉著. —北京：清华大学出版社，2020.7（2025.2重印）
ISBN 978-7-302-55985-6

Ⅰ. ①印… Ⅱ. ①崔… ②孙… ③刘… Ⅲ. ①印刷—工艺设计—高等学校—教材 Ⅳ. ①RS801.4

中国版本图书馆CIP数据核字（2020）第121793号

责任编辑：邓　艳
封面设计：刘　超
版式设计：文森时代
责任校对：马军令
责任印制：丛怀宇

出版发行：清华大学出版社
网　　址：https://www.tup.com.cn，https://www.wqxuetang.com
地　　址：北京清华大学学研大厦A座　　**邮　　编**：100084
社 总 机：010-83470000　　**邮　　购**：010-62786544
投稿与读者服务：010-62776969，c-service@tup.tsinghua.edu.cn
质量反馈：010-62772015，zhiliang@tup.tsinghua.edu.cn
印 装 者：涿州市般润文化传播有限公司
经　　销：全国新华书店
开　　本：210mm×285mm　　**印　　张**：10　　**字　　数**：301千字
版　　次：2020年9月第1版　　**印　　次**：2025年2月第5次印刷
定　　价：69.80元

产品编号：085164-01

前言

当看到设计人员在得心应手地使用各类软件中的各种工具制作图文版面时，如果有人问他们："你们这些在计算机上任意做出的文件能不能正确输出呢？"他们的回答常常是："不知道。"那么，当你设计的作品达不到想要的输出效果时，这个设计算是成功还是失败的呢？有没有方法可以所见即所得呢？这就是本书写作的目的。希望通过本书，印刷设计人员和各类平面设计人员可以全面、准确、精练、明了地了解与输入工艺、平面设计、输出工艺相关的各种概念、原理和操作，以及相互之间的关联，从而解决他们在工作中可能遇到的问题。

本书提炼了常用的平面设计软件中与输入、平面设计、输出紧密相关的功能和使用方法，并详细叙述了这些功能和方法背后的原理、印刷适性，尽力从整体上给读者建立一个较明确的知识体系。全书具有将相关原理和软件实际操作紧密结合在一起的特点，知识点结合从业人员的生产实践，在内容和形式上，力求简单、明确、通俗、易懂，以方便广大读者学习参考。这样既有助于读者对概念的理解，也可以实际提高他们对印刷设计相关软件的认知度和操作水平，减少他们在阅读平面设计软件使用说明类图书和硬件使用说明书时的困惑感和混乱感。

本书的具体内容包括：印刷的起源与发展、印刷的定义和要素、印刷的方式和流程等印刷基础知识；计算机平面设计系统、印刷设计的内容及应用领域、印刷用纸的选择等印刷设计基础知识；图形图像概述，印前图形处理，印前图像处理，原稿的数字化处理，数字原稿的存储格式，原稿的分析、判断与合理使用等图形图像信息处理知识；计算机字体的类型、计算机的字库、文字设计、文字编排等文字处理和文件交换技术和知识；版式设计概述、文字与版式、在Adobe InDesign CC 软件中排版、在 CorelDRAW X8 软件中排版、在 Illustrator CS6 软件中排版；拼版、计算机直接制版、打样等 CTP 相关知识；平装书的印后加工、精装书的印后加工、印刷设计和印后加工常见术语等印后加工流程知识；8 开折页设计制作实例、包装设计制作实例、封面设计制作实例和海报设计制作实例等常见印刷品形态的印刷设计实例。

本书由崔建成、孙艳华、刘耀辉编著，作者虽然多年一直从事印刷设计、出版和教学研究工作，但书中疏漏和不足之处在所难免，恳请各位专家和读者不吝赐教。

特别声明：书中引用的有关作品和图片仅限教学分析使用，版权归原作者所有，在此对他们表示衷心感谢！

著者

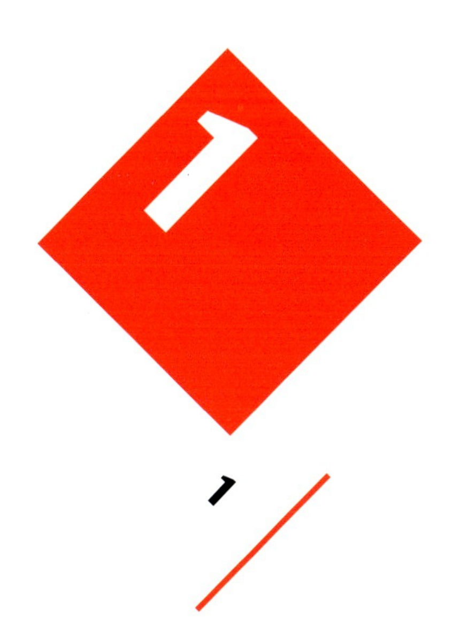

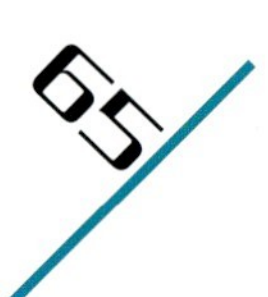

第 4 章 文字处理与文件交换

第 5 章 排版软件的应用

第 6 章 计算机直接制版（CTP）

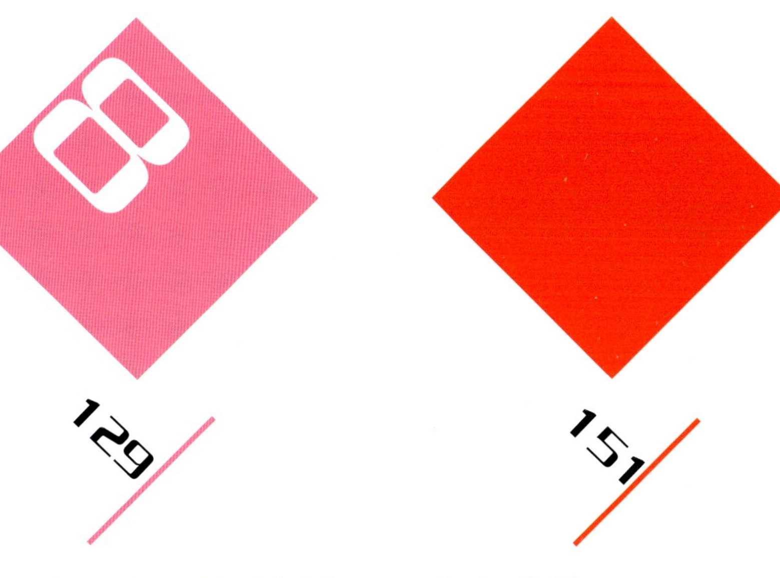

第 1 章　印刷基础

印刷的起源与发展

印刷的定义和要素

印刷的方式和流程

1.1 印刷的起源与发展

考古和文献记载表明，至少在四五千年前，中国的文字——汉字，已经诞生并日趋成熟了。如图 1-1 所示，中国的文字从出现至今，已经历了早期的图画文字、甲骨文字、篆书、隶书、楷书、行书、草书，以及印刷术发明后为适应印刷要求而逐渐派生出来的各种印刷字体等漫长的发展历程。其中，甲骨文字被看作中国最早的定型文字。图 1-2 所示为陶器上的象形文字。

1.1.1 印刷的起源

图 1-1　汉字书体演变图

关于文字的起源，历史上有仓颉造字这样一个近似于神话的传说。仓颉是黄帝的史官，黄帝统一华夏之后，感到用结绳的方法记事远远满足不了要求，就命他的史官仓颉想办法。仓颉从猎人按虎、狼、牛、羊的脚印捕猎的故事中得到启发，造出象形文字。为了纪念仓颉造字之功，后人把河南新郑县城南仓颉造字的地方称作“凤凰衔书台”，宋朝时还在这里建了一座庙，取名“凤台寺”。

最早出现的文字是图画文字。对中国文字的产生做现实、客观的分析，不难看出，文字是人类社会某一发展阶段的必然产物，是原始人类在长期生产实践中逐渐形成、演变而来的，它不可能是由哪一个人单独发明创造的。

图 1-2　陶器上的象形文字

后来，笔的发明和改进，使得中国的文字向着简化、工整、规范和易于镌刻、复制的方向发展；织物、纸和墨的发明、发展和应用，为印刷术提供了必不可少的承印和转印材料；以手工雕刻和转印复制技术为基础的盖印和拓印以及织物印花技术的不断完善和结合，为印刷术的发明奠定了技术基础；社会的进步、文化事业的发展，造就了发明印刷术的社会环境和客观要求。这四者的具备和结合，使得印刷术的发明成为历史的必然，至隋、唐时期开始推广应用了。

1.1.2 雕版印刷术的发明

如果从源头算起，印刷术迄今已经历了源头、古代、近现代、当代四个历史时期，长达五千余年。印刷术的发明，使人们积累的经验可以写成文字，进行大批量的复制、传播，从而使更多的人有了读书的机会。

新石器时期在中国出现用于文字符号和图案的刻划、拍印，以及树皮布印花工艺的手工雕刻技术，逐渐由简陋、粗糙的刻划，向复杂、精致、规范的镌刻方向发展。到公元前 11 世纪以前的商殷时期，已用于甲骨文的雕刻了。到了西周，镌刻技术与古老的冶炼技术相结合， 出现了铸造或镌刻文字的青铜器皿。东周迄秦，石刻之风日益盛行，并开印章盖印之先河，同时也为手工雕刻技术的进一步发展和完善创造了机会和条件。秦汉以来的盖印封泥、模印砖瓦，属于手工雕刻应用领域的扩展和转印复制术的广泛应用。后来出现的拓印术和织物印刷，实质上已经是雏形中的印刷术了。

在西方的很多书籍中，往往把印刷术的历史起点定为谷登堡的铅活字印刷，这实际上割断了在此之前八百多年的印刷历史。我国的一些书籍中，在谈到我国古代的四大发明时，把活字印刷、造纸、火药和指南针并列在一起，这也是不符合实际的。因为活字版的发明只是印刷术发明后的第二个里程碑，而忽视了我国的雕版印刷术。

印刷术究竟是什么年代发明的？据现有资料还无法确定。但它是由拓石和盖印两种方法逐步发展而合成的，是经过很长时间、积累了许多人的经验而成的，是人类智慧的结晶。从现存最早的文献和印刷实物来看，我国雕版印刷术是在公元 7 世纪出现的，即唐朝初期。

直观地说，如果将石碑上阴文正写的石刻文字，仿照印章的办法，换成阳文反写的字，在版上刷墨再转印到纸上，或扩大印章的面积，成为一块小木板，在版上刷墨铺纸，仿照拓石方法来拓印，就能得到清楚的白底黑字了，这就是雕版印刷。

张秀民所著的《中国印刷史》中提出雕版印书始于唐贞观年间，其主要依据是明史学家邵经邦的《弘简录》，因唐太宗令梓行长孙皇后的遗著《女则》约在贞观十年（公元 636 年）印刷，是世界雕版印刷之始；唐开元年间（公元 713—公元 714 年）雕本《开元杂报》，如图 1-3 所示，是世界上最早的雕版印刷报纸；目前发现的世界上最早的有明确日期的印刷实物，是唐朝后期的一卷《金刚经》，如图 1-4 所示，其末尾明确刻着“咸通九年四月十五日王价为二亲敬造普施”字样，咸通九年即公元 868 年。该实物原藏于甘肃敦煌千佛洞，1899 年在洞中发现，现存于英国伦敦大不列颠博物馆。

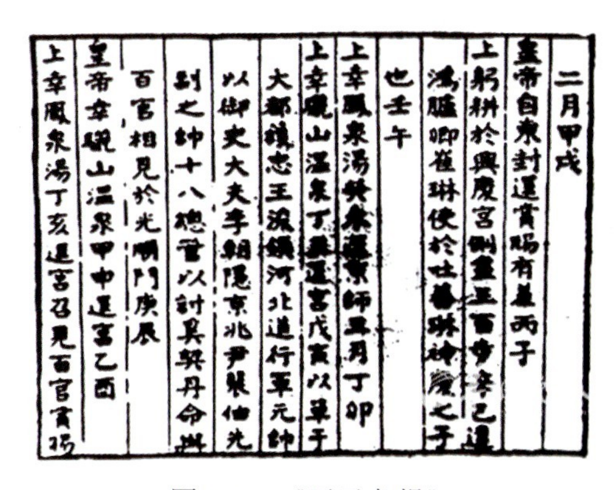
二月甲戌
皇帝自東封還賞賜有差丙子
上躬耕於興慶宮側盡五百步乃還
鴻臚卿崔琳使於吐蕃琳神慶之子
也壬午
上幸鳳泉湯癸未還京師三月丁卯
上幸驪山溫泉丁丑還宮戊寅以單于
大都護忠王浚領河北道行軍元帥
以御史大夫李朝隱京兆尹裴伷先
副之帥十八總管以討奚契丹命與
百官相見於光順門庚辰
皇帝幸驪山溫泉甲申還宮乙酉
上幸鳳泉湯丁亥還宮召見百官賞賜

图 1-3　《开元杂报》

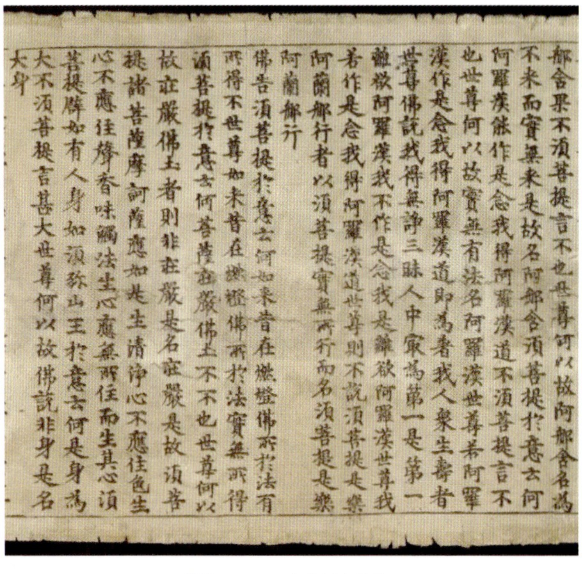

图 1-4　《金刚经》

1966年于韩国庆州佛国寺佛塔内发现雕版印刷品《无垢净光大陀罗尼经》，该印品中使用了几处武则天所创制字。经考证，此经为武周后期洛阳或长安的印刷品，具体刻印年代约为公元702年。比此件略早的印刷品，也曾在中国西安、成都和新疆发现，于敦煌等地发现的千佛像其年代可能更早。21世纪初发现于吐鲁番的《妙法莲华经·分别功德品》，有武周制字，当为武周后期的雕版印刷品。佛教僧侣对印刷术的发明和发展是有贡献的。早在隋代的文献中，就有刻印佛经佛像的记载。

这一切说明印刷术发明于7世纪，也就是唐朝经济文化最发达的时期，这是符合科学技术发展规律的。

雕版印刷的工艺流程具体如下。

1. 雕版用材的准备

（1）选材。雕版用材要求材质较硬，耐印率高，纤维细匀，吸墨与释墨性均匀。常用的材料有梨木、枣木、杜梨木、梓木、黄杨木、银杏木等。

（2）锯板。将梨木、枣木等木料除去小枝，选取有充分雕刻面积的树干，沿树干纵向直截，锯成约2cm厚的木板。纵向直截不仅得到的木板面积较大，而且易于避开树材上的疤节和质地疏松的树心。锯好的木板应将表面的树皮剥去。

（3）浸沤。将锯好的木板放在水中，上压重物，浸沤1至数月，脱去木材内的树胶与树脂，使木板既利于刊刻又易于吸墨释墨。浸泡时间夏季稍短，冬季稍长，放置时间较长已经干燥的木材可不必再做浸沤处理。

（4）干燥。将浸沤后的木板平行码放在无直射光的通风干燥处，每层木板之间用粗细相等的长木条或竹片垫平，令其自然干燥。其间应时常翻动检查，并不时将码垛的木板上下左右对调，以防干燥不均而扭曲变形。急用时可将木板放入大锅中用石灰水煮沸，经此方法处理过的木板，容易干燥，也利于刊刻。

（5）平板。将干燥后的木板上下两面刨平、刨光，截成略大于双页版面的矩形。用植物油遍涂表面，再用芨芨草的茎部细细打磨平滑。

2. 印刷用墨的制备（松烟墨为例）

（1）除松脂。用于制造烟怠的松木，只要残留少量的松脂，制成的墨就会有滞结的毛病。因此在制作烟怠之前，应先将松木中的松脂去除干净。

去除松脂的方法：靠近松树的根部钻一个小孔，孔内放入一盏点燃的油灯，则整个松树的树脂就会通过松脂道流向温暖的油灯处，随之淌出树外。

（2）制竹篷。用竹篾编成半圆形竹篷，一节节地连接到十多丈长。竹篷的内外都用纸粘牢固不使之漏烟，开口处的篾席也用纸粘牢固，每隔一段距离在竹篷上开个出烟的小孔。竹篷与地面接触的部分用土掩实不令之漏烟，竹篷内用砖砌出烟道。

（3）烧烟。将除去松脂的松树伐倒并劈成小块，放在竹篷的一头燃烧。烧烟中控制火势以利于产生松烟，烧完后暂停几日，等竹篷冷却，便可以入蓬收烟。

（4）收烟。用鹅毛制成的扫烟工具，将黏附在竹篷上的松烟扫落并收集在容器内。靠近竹篷尾部的烟最细，称之为“清烟”，用于制造最上乘的墨。竹篷中间的烟较细，称之为“混烟”，用于制造一般品质的墨。靠近燃烧松木处的烟最粗，常研细后制造印刷用墨，或供漆工等使用。

（5）制墨。书画用墨需加胶后千锤百炼制成墨锭，印刷用墨将烟室开端的粗烟研细，加胶料和酒制成膏状后，放在缸内存放三冬四夏，使臭味全部散去。而且存放得越久，墨质越好。久储的墨膏，临用可以加水充分混合后，用马尾制成的筛子过滤再用。如果用临时磨成的墨汁印刷，很容易化开，使字迹模糊。

3. 雕版的刻制

（1）写样。在抄写样稿的薄纸上画好直格，每一直格内用虚线画上一条中线，俗称花格。请善书之人用柳、颜、欧等书体在薄纸上抄写出样稿，抄好后，认真校对。错处用刀裁下来，另贴一片白纸，重新正确抄写。

（2）上版。上版也称上样。通常的做法是：在表面打磨光滑的木板上刷一层稀浆糊，将样稿有字的一面向下，用平口的棕毛刷把样稿横平竖直地刷贴到木板上。

（3）刻版。刻版前先用指尖蘸少许水，在样稿背后轻搓，把纸背的纤维搓掉，使写在样稿上的字清晰得如同直接写在木板上一样，便可以镌刻了。

如图 1-5 所示，刻版的基本手法是：右手握住拳刀，刀柄向外侧倾斜 40°，向下向内用力。左手用大拇指第一关节拢住刀头，控制运刀的速度、方向并防止滑刀，如图 1-5（b）所示。第一刀一般沿着需刻墨线的外周约 2 ～ 3mm，向下并自外向内地用力在木板上拉出一条深约 2 ～ 3mm 的刻痕，即“发刀”。然后将木板平转 180°，用刀锋紧贴着墨线以大约 40° 的倾角再拉出一条刻痕，与发刀刻痕的底部相交，在截面上呈“V”字形，用拳刀将“V”字形凹槽中的木屑挑出。再将木板平转 180°，在同一条墨线的另一侧“发刀”后，将木板再平转 180°，用刀刃紧贴墨线拉出另一条刻痕，剔去“V”字形凹槽中的木屑。至此，一根阳刻墨线就凸现了。在实际刊刻中，为了提高效率，往往将整块雕版中整体或部分的字全部发刀后，再紧贴墨线下刀将所有的字刻出来。

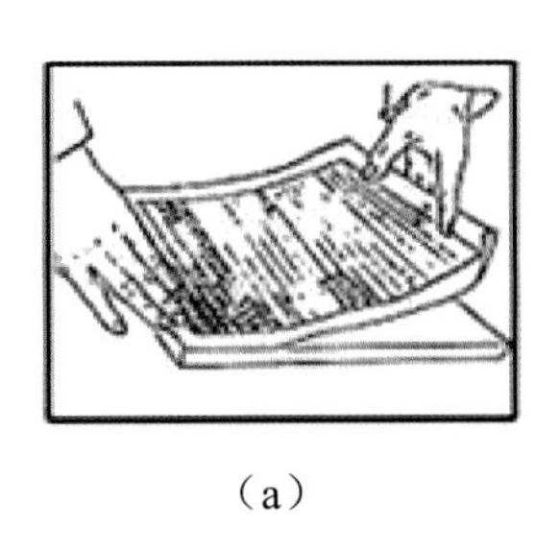
（a）

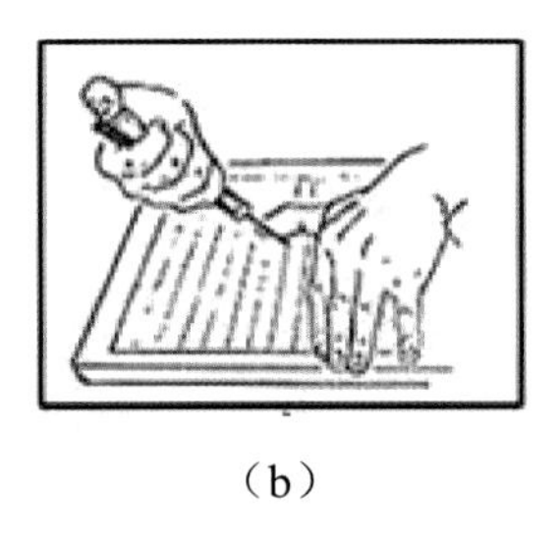
（b）

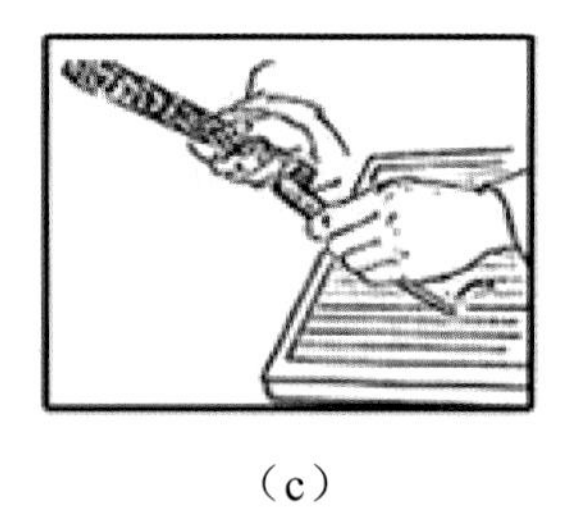
（c）

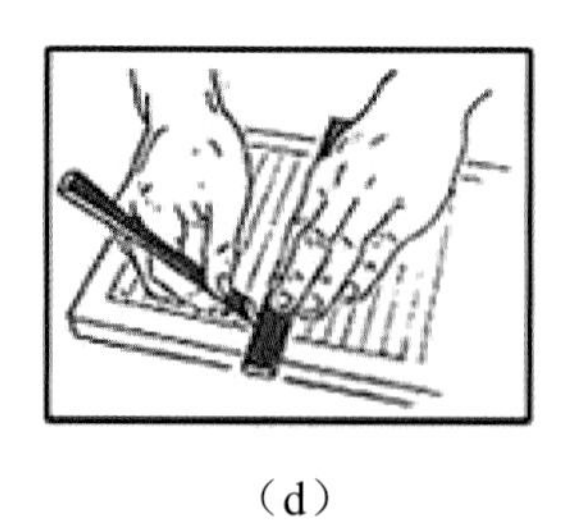
（d）

图 1-5　刻版

刻版是用锋利的刻刀把版面空白部分向下刻出一定的深度并剔除，使版面上有墨迹的字或线条向上凸起。刻版工具多达 20 ～ 30 种，各有不同的功用，最常用的拳刀是刊刻雕版最重要的工具，如图 1-6（a）和图 1-6（b）所示，主要功用是刻除木板上无须印刷的部分。

（4）打空。曲凿（见图 1-6（c）和图 1-6（d））工具将版面上没有墨线的部分凿除掉。打空时，左手握住曲凿，使凿口对准要剔除的部分，右手用木槌（见图 1-6（e））在曲凿的后部敲击，使凿口向前移动，剔除无须保留的部分。大曲凿用于凿除大面积的空白部分，小曲凿用于修理精细的部位，还可以用来雕刻圆形的圈点。

（5）拉线。用刻刀将版面中分行的直线与四周的边线刻出来即为“拉线”。为了保证线条平直，通常是用左手压住界尺，右手持刻刀沿着界尺进行刊刻。

（6）修版。对已经刊刻并打空的雕版，先用蓝色刷印数张校样，若校对出谬误，则需将谬误之处用平凿凿去，并向下凿成凹槽，用一块与凿除部分相同大小的木板嵌入凹槽中，然后在嵌入的木板上刊刻出修正后的内容。

4. 雕版的刷印

（1）固版。单色雕版印刷的印版需要固定在印刷台上，防止移动，如图 1-7 所示。

① 用钉子将雕版的四周钉在印刷台上。

② 用蜂蜡、松香等制成的胶料将印版固定在印刷台上。

（2）刷墨。先在版面上刷两遍清水，用小毛刷从大墨盆中蘸少许墨放在瓷盘内。用棕把（见图 1-6（f））在瓷盘中打圈旋转，使棕把着墨均匀。用棕把在雕版上按顺时针方向打圈，把墨汁均匀地刷在雕版上。

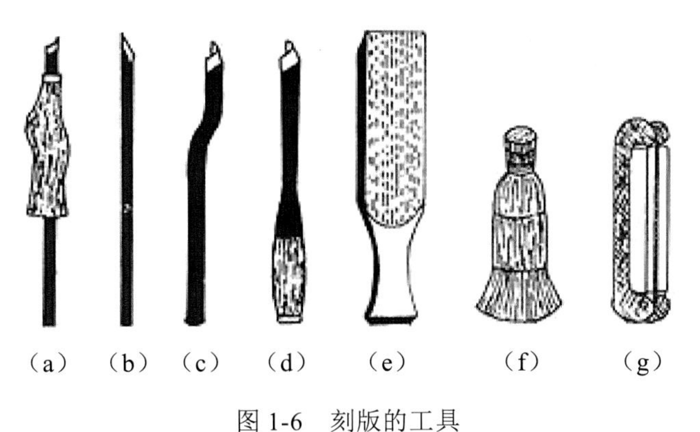
（a）　（b）　（c）　（d）　（e）　（f）　（g）

图 1-6　刻版的工具

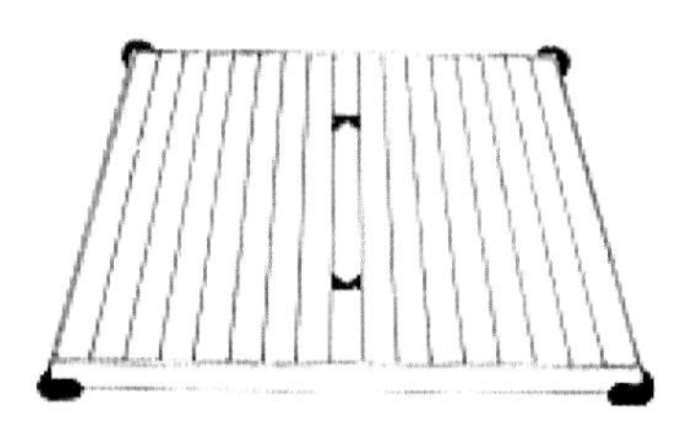

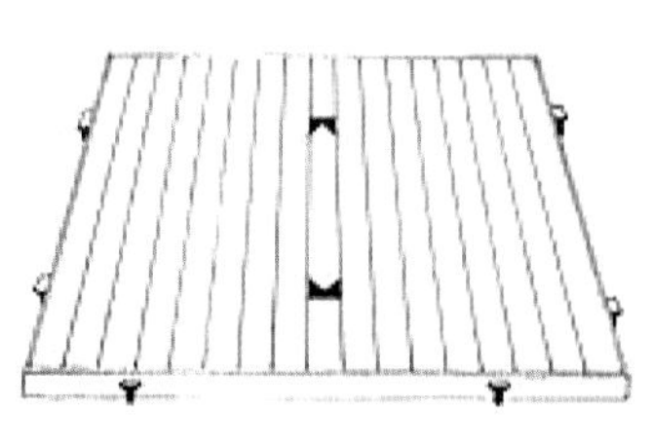

图 1-7　固版

（3）覆纸。单色雕版印刷的纸张一般不需固定，覆纸时用两手将纸端起平放在刷过印墨的版面上即可。

（4）刷印。正式刷印前，需再印数张清样，再次校对确认无误后方可大量刷印。如有谬误，则更正后再行刷印。印刷时左手扶住纸张使之不移动，右手持耙子（见图 1-6（g））在纸背刷印。刷印时用力要均匀，以保证雕版上每个字都能完整清晰地转印到纸上。

（5）晾干。刷印之后，将印纸从雕版上揭起，放在一旁晾干。

1.1.3　活字印刷的发明

宋朝庆历年间（公元 1041—公元 1048 年），印刷史上的伟大创举——活字版诞生了，如图 1-8 所示，发明者是毕昇，如图 1-9 所示。从此，印刷技术进入了一个新时代——活字版印刷时代。

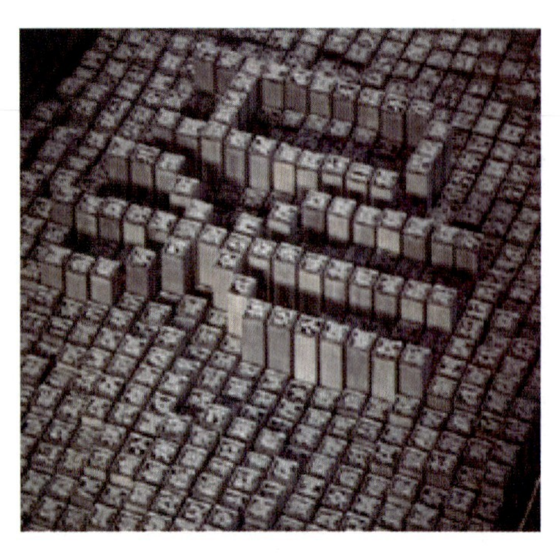

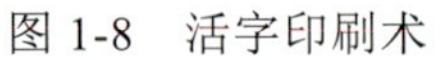

图 1-8　活字印刷术

图 1-9　毕昇

关于毕昇的生平事迹及发明活字版的经过，仅在沈括（见图 1-10）的《梦溪笔谈》（见图 1-11）一书中有简单记载。毕昇的职业最为可靠的说法是从事雕版印刷的工匠。由于毕昇在长期的雕版工作中，发现了雕版的最大缺点就是每印一本书都要重新雕一次版，费时费钱。如改用活字版，只需雕制一副活字，则可排印任何书籍，活字可反复使用。虽然制作活字的工程大些，但以后排印书籍十分方便。正是在这种启示下，毕昇才发明了胶泥活字版。

图 1-10　沈括

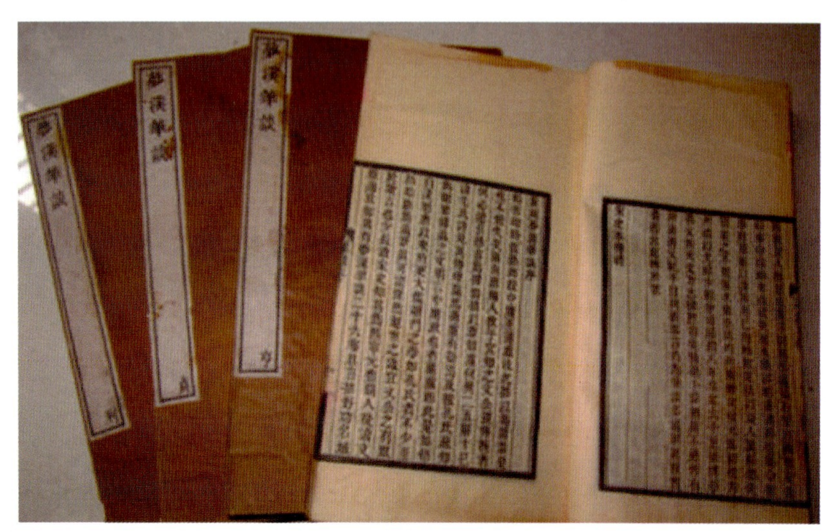

图 1-11　《梦溪笔谈》

继毕昇胶泥活字版后，印刷技术上的又一重大改进是木活字版的应用。木活字版为元代科学家王祯首创。王祯，字伯善，山东东平人，元初，曾于安徽旌德和江西永丰任职。他非常注重发展农业生产，提倡种植桑、棉，亲自参加工具改革的实践，并在前人的经验基础上，撰写了农学名著《农书》。《农书》是否用木活字排印，既不见记载，也没见传本。王祯把这次制作活字、排版、印刷的方式方法写了详细的总结，题为“造活字印书法”，于《农书》雕版印本的后面公布了，是一份古代印刷史上的珍贵文献。

1.2 印刷的定义和要素

1.2.1 印刷的定义

1. 传统定义

印刷的传统定义是：以文字原稿或图像原稿为依据，利用直接或间接的方法制成印版，再在印版上敷上黏附性色料，在机械压力的作用下，使印版上一定量的黏附性色料转移到承印物表面上，从而得到复制成的批量印刷品的技术。

由于图文复制技术的不断发展，20 世纪中叶出现了静电印刷、喷墨印刷等方法，有些新的印刷方法，不一定需要施加压力，所以不再把机械压力作为印刷的必要条件。

国外之所以把印刷称为“印艺”，主要是针对图像印刷而言。因为对于图像（特别是照片和艺术作品）的印刷复制，复制的工艺与原稿的制作工艺不一样，受印刷设备性能的影响，其复制结果不可能与原稿一模一样。印刷再现图像原稿的过程只能是操作技术人员基于自己对原稿的欣赏和理解，运用印刷技术、材料、设备，对同一图文原稿小批量或大批量地复制。在制作过程中，技术人员复制作品的同时又是在创造新的作品。

2. 广义定义

广义的印刷，实际上是制版、印刷、印后加工的总称。

3. 狭义定义

狭义的印刷，仅指将印版上的图文信息所黏附的色料转移到承印物表面的工艺技术。

印刷品具有传播和储存信息的功能，它与录音、录像、摄影、电影、电视等的信息储存方法不同，它不需借助任何仪器设备，仅通过眼睛的感官即可获得信息。

1.2.2 印刷的要素

1. 原稿

制版所依据的实物或载体上的图文信息叫原稿。因为原稿是印刷的依据，因此，原稿质量的好坏直接影响印刷成品的质量。所以在印刷之前，一定要选择和制作适合于制版、印刷的原稿，以保证印刷品达到质量标准。

印刷用的原稿按信息呈现形式可以分为文字原稿、图像原稿和实物原稿等。按信息存储方式又可分为电子原稿和非电子原稿。

（1）文字原稿又分为手写稿、打印稿、复制稿等，原稿上的字形要正确，字迹要清楚、醒目。

（2）图像原稿又分为绘画原稿、照相原稿等。

绘画原稿有线条原稿和连续调原稿。由黑白或彩色线条组成图文，没有色调深浅感觉的原稿叫作线条原稿。这一类的原稿有手书文字、美术字、图表、钢笔画、木刻画、版画、地图等。画面上从高光到暗调部分的浓淡层次是连续渐变形式的原稿，叫作连续调原稿。这一类原稿有水彩画、水粉画、油画、国画、年画、素描、铅笔画等。

不同类型的手工绘制原稿的处理方法不同，如“国画”类的图像要忠实于原稿才能表现原作，千万不能随意修改原稿；“漫画”“书法”类的图像虽是用线条来表现，但在细节上非常细腻，不能破坏它。

对于常见的手绘画稿，虽然视觉感觉很好，但是扫描后通过计算机仔细观察会发现线条变得粗糙有锯齿，通常采用以下步骤解决。

① 扫描仪调整为灰度模式，分辨率设置为300dpi。

② 调整扫描后的画稿。在不改变分辨率的情况下，调整图像大小尺寸为100%显示，屏幕正好可以完全显示画稿，这时线条自然会变得细腻。

③ 调整画面对比度并手动去除污点，这样可以加重线条深度，使画面更加清晰，完美去除不必要的线稿。

在这些原稿中，有的是透射原稿，有的是反射原稿。透射原稿是以透明材料为图文信息载体的原稿，在制版时光源从原稿背面射入，用其透射光进行作业。反射原稿是相对于透射原稿而言的，它以不透明材料为图文信息载体，制版时通过光对原稿色彩的反射而进行的。

照相原稿中有反射原稿和透射原稿，又都有彩色稿与黑白稿之分。

彩色反射原稿即彩色照片，是由彩色负片放大或扩印出来的，反差较彩色正片低些，色彩不如彩色正片鲜艳。黑白反射原稿是黑白照片，可由黑白照相底片放大或缩小得到，层次丰富，反差适中。

黑白透射原稿和彩色透射原稿均有正片与负片之分。黑白透射原稿通过黑度表现图像的明暗层次。正片的色彩深浅层次与实际相符，实际颜色深的地方，在正片上为深黑；负片的色彩深浅层次与实际相反，实际颜色深的地方，在正片上为浅黑。彩色正片一般称天然色正片，其图像是被摄物体的正像，色彩与被摄物体相同，彩色正片的感光层涂布在透明片基上，所以影像用透射光观察。彩色正片的图像色彩鲜艳，层次丰富，清晰度好，它可用天然色反转片直接拍摄，经显影处理得到，或用天然色负片复制得到。彩色负片即天然色负片，其图像是被摄物体的反像，与被摄物体的明暗程度恰好相反，与被摄物体的色彩互为补色。由于彩色负片的反差系数小，所以形成彩色透明影像的反差偏低，色彩又与实物的色彩互成补色，所以在观察时要正确判别图像不如天然色正片容易。

照相原稿要求层次丰富，图像清晰度高，反差适当，彩色稿不偏色，复制时适当放大倍率。

如果照相原稿为灰度图像，很多人认为其印刷要求比彩色图像低，事实并非如此，因为灰度图的颜色级别只有256级（0～255），能表现的灰度颜色只有256种，故在调整颜色时，每一级别的颜色变化对灰度图像影响很大。另外，灰度图像的分辨率也要比正常彩色图像的分辨率高，一般为600～1 200dpi。在Photoshop软件中，直接执行菜单“图像”→“模式”命令，即可将彩色图像（RGB或CMYK）转换成灰度图像；或者由彩色图像转换成“Lab模式”后，再打开“通道”面板并分离通道，只保留层次细腻的“L通道”即可。

（3）实物原稿以实物作为制版依据，一般将实物拍摄成照相原稿再进行制版。

（4）电子原稿与非电子原稿。电子原稿是以电子图文信息为载体的光盘和图库等；非电子原稿是指以实物作为复制对象的画稿、织物、实物等。

在数字化印前工作中，数字原稿越来越多地被使用，而且大部分非电子原稿通过拍摄、扫描等数字化方式，转换成数字原稿，极大地方便了印刷制版。电子原稿的常见来源种类有以下几种。

① 互联网下载图像。利用互联网的搜索功能，可以在网上找到所需要的图像，但是有两点需要注意：一是版权问题；二是分辨率问题，印刷分辨率300dpi，网络图片如果包含的像素不够丰富，印后会出现模糊或马赛克现象。

② 扫描仪获取图像。利用扫描仪将原稿的图像转成数字图像，再输送到计算机上处理。扫描时，根据印刷的需要，可设置扫描分辨率及原稿大小，对其他设置参数按默认值即可。如果扫描设置不合理，会影响图像原稿的质量，造成对图像的损坏。

非电子原稿的常见来源为印刷二次原稿。所谓印刷二次原稿，是指客户采用印刷成品作为原稿使用。此类原稿的图像在处理时，需要对图像进行去网处理，颜色方面也要全面校正。

2. 印版

印版是用于传递油墨至承印物上的印刷图文载体。将原稿上的图文信息制作在印版上，印版上便有图文部分和非图文部分，印版上的图文部分着墨，所以又叫作印刷部分；非图文部分在印刷过程中不吸附油墨，所以又叫作空白部分。

PS 版是英文“Presensitized Plate”的缩写，中文意思是预涂感光版，它是印刷用的铝版，如图 1-12 所示。

图 1-12　预涂感光版

3. 承印物

承印物是接受印刷油墨或吸附色料并呈现图文的各种物质。传统印刷转印在纸上，承印物即为纸张。

印刷用纸有新闻纸、凸版纸、胶版纸、胶版印刷涂料纸（铜版纸）、凹版纸、周报纸、画报纸、地图纸、海图纸、拷贝纸、字典纸、书皮纸、书写纸、白卡纸等。

随着科学技术的发展，印刷承印物的范围不断扩大，现在远不限于纸张，还包括各种材料，如纤维织物、塑料、木材、金属、玻璃、陶瓷等，如图 1-13 所示。

图 1-13　印刷承印物

4. 油墨

印刷油墨是在印刷过程中被转移到承印物上的成像物质。承印物从印版上转印图文，图文由色料形成，并能固着于承印物表面，成为印刷痕迹。

印刷用的油墨，是一种由色料微粒均匀地分散在连接料中，并有填充料与助剂加入，具有一定的流动性和黏性的物质，如图 1-14 所示。但有些印刷在未广泛采用油墨之前，用水墨印刷，如炭黑、朱红、靛青、藤黄等各种色墨，如木版水印即采用水墨。

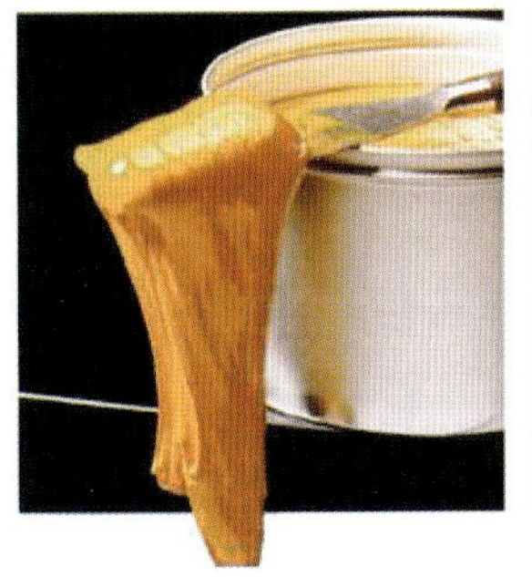

图 1-14　印刷用的油墨

油墨分为凸版油墨、平版油墨、凹版油墨、网孔版油墨、专用油墨、特种油墨。

专用油墨包括软管油墨、印铁油墨、制版墨、玻璃油墨、标记油墨、盖销油墨、喷涂油墨、复印油墨、号码机油墨等。

特种印刷油墨包括发泡油墨、香料油墨、磁性油墨、荧光油墨、珠光油墨、导电油墨、金属粉油墨、防伪油墨等以及其他供特殊用途的品种。

5. 印刷机械

印刷机械包括印刷机、分纸机、覆膜机、裁切机等。

1.3 印刷的方式和流程

1.3.1 印刷的方式

1. 平版印刷

平版印刷是目前国内最普遍的印刷方式，特别是胶印。印版上的印刷部分和非印刷部分（空白部分）无明显高低之分，几乎处于同一平面上。印刷部分通过感光方式或转移方式使之具有亲油性，空白部分通过化学处理具有亲水性。在印刷时，利用油水相斥的原理，首先在版面上湿水，使空白部分吸附水分，再往版面滚上油墨，使印刷部分附着油墨，而空白部分因已吸附水，而不能再吸附油墨，然后使承印物与印版直接或间接接触，加以适当压力，油墨移到承印物上成为印刷品，如图 1-15 所示。

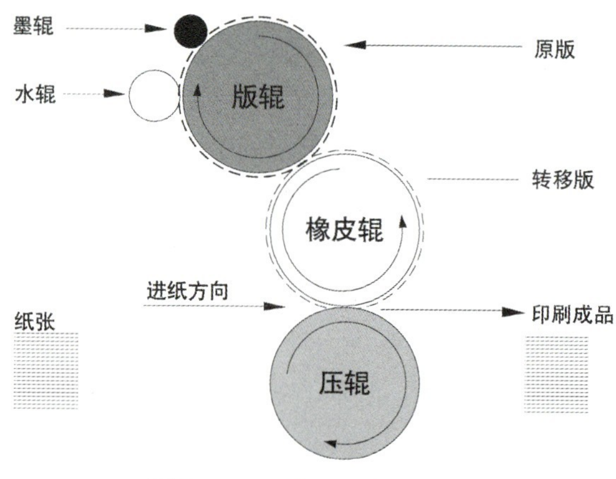

图 1-15 平版印刷压印原理

平版印刷的成品没有像凸版印刷的成品表面不平的现象，印刷的油墨膜层较平薄。

平版印刷所用的印版主要有锌版、铝版、纸版等，早期有石版。铝版印刷现在广泛应用于印刷画报、宣传画、商标、挂历、地图等。目前我国印刷书籍、杂志期刊、报纸也逐步使用平版印刷。

2. 凸版印刷

凸版印刷的印版，其印刷部分高于空白部分，而且所有印刷部分均在同一平面上。印刷时，在印刷部分敷以油墨。因空白部分低于印刷部分，所以不能黏附油墨，然后使纸张等承印物与印版接触，并加以一定压力，使印版上印刷部分的油墨转印到纸张上而得到印刷成品。由于空白部分是凹下的，加压时印刷品上的空白部分稍突起，形成印刷成品的表面有不明显的不平整度，这是凸版印刷品的特征。

目前应用的凸版印版主要有铅合金活字印版、铅合金复制凸版、铜版、锌版、感光性树脂凸版、塑料版等。凸版印刷广泛用于印刷报纸、书籍、杂志期刊、杂件、包装装潢材料等。

3. 凹版印刷

凹版印刷的印版，印刷部分低于空白部分，而凹陷程度又随图像的层次有深浅不同，图像层次越暗，其深度越深，空白部分则在同一平面上。印刷时，全版面涂布油墨后，用刮墨机械刮去平面上（即空白部分）的油墨，使油墨只保留在版面低凹的印刷部分上，再在版面上放置吸墨力强的承印物，施以较大压力，使版面上印刷部分的油墨转移到承印物上，获得印刷品。因版面上印刷部分凹陷的深浅不同，所以印刷部分的油墨量就不等，印刷成品上的油墨膜层厚度也不一致，油墨多的部分显得颜色较浓，油墨少的部分则显得颜色较淡，因而可使图像显示出浓淡不等的色调层次。

4．孔版印刷

孔版印刷的印版，印刷部分由大小不同的孔洞或大小相同但数量不等的网眼（Mesh）组成，孔洞能透过油墨，空白部分则不能透过油墨。印刷时，油墨透过孔洞或网眼印到纸张或其他承印物上，形成印刷成品。孔版印刷的成品墨量都较厚实，比凹版印刷的墨量更大，常用的印版主要有誊写版、镂孔版、丝网版等。孔版印刷常用于印刷办公文件、招贴画、商品包装、彩画、电路印刷，以及在不规则的曲面上印刷，也用于少量的地图印刷。

上述四种印刷中，按照印版与承印物的接触关系，可分为直接印刷和间接印刷两种。直接印刷的图文部分的油墨直接转移到承印物表面。间接印刷的图文部分的油墨经中间载体的传递转移到承印物表面，印版不与承印物直接接触。

1.3.2 印刷的流程

印刷的流程主要分为三个阶段：印前工艺、印刷过程、印后加工工艺。

1．印前工艺

印前工艺主要是指印刷前期的设计制作及制版过程，具体如下。

1）原稿分析

原稿内容一般包括文字、图像、图形等，为了获得最好的印刷效果，必须对其认真分析，选择最佳质量的图像原稿。而对于无法替换的原稿，必须对其进行必要的调整，例如，偏色、饱和度、亮度、清晰度等的调整。

2）原稿输入

不同类型的原稿有不同的输入方式。文字原稿可以通过手工输入或通过扫描仪扫描，并在文字编辑软件中处理；图形的输入，一般是通过计算机软件绘制；图像的输入主要是通过扫描仪或数码相机，也可通过图库解决。但是无论采用何种办法，只要是用于印刷，必须采用专业工具。

3）图文信息处理

文字处理即根据要求对文字进行必要的编辑处理，例如，对不同的标题、字体、字距、行距、字号、版式设计等加工。图像的处理，特别是图像的颜色校正、清晰度的调整、阶调层次的调整以及图像的色彩模式尤为重要。

4）排版

完成文字与图形图像的处理后，下一步的工作是排版，虽然版式已经确定，但是正确地处理图文之间的比例关系及版面色彩的统一、协调是不容忽视的。通常使用 InDesign、Illustrator、Core1DRAW、方正等软件完成排版工作。

5）版样

排好版后，可以出样书或版样以便客户对印刷品进行第一次校对。

6）拼大版

排版仅仅是解决了最小页面单元的内容编排，印刷时不可能单页印制，应根据印刷机器幅面的大小，拼成大版以适应印刷机的需要。

拼版结束后，为了避免输出菲林出错而浪费时间与金钱，必须进行全面的版面检查。可将其输出为 PDF 格式，然后在 Adobe Acrobat 中检查，或者采用数码打样来校对。

7）输出菲林

菲林即胶片，输出菲林时，要根据具体情况设置必要的参数，例如，菲林是阴像还是阳像，线数及网点数等。

8）制版

制版即将记录在菲林上的图文信息经照相的方法制成印版的过程。制版要根据所采用的印刷方式而选用相应的制版方法和工艺，使其在印版上形成具有一定印刷特性的图文。

9）打样

制好的版通常要经过打样，以便于客户检查版面的文字、颜色、图形图像等方面是否有错误，以及图像的质量是否合乎要求。

总之，在目前的印刷工艺流程中，“印前”主要通过计算机与配套输入设备（扫描仪等）完成原稿的输入、设计及图文排版工作，并通过输出设备（照排机）进行分色输出菲林的过程。此过程称之为桌面出版（Desktop Publishing），如图 1-16 和图 1-17 所示，较为详尽地展示了桌面出版的过程。

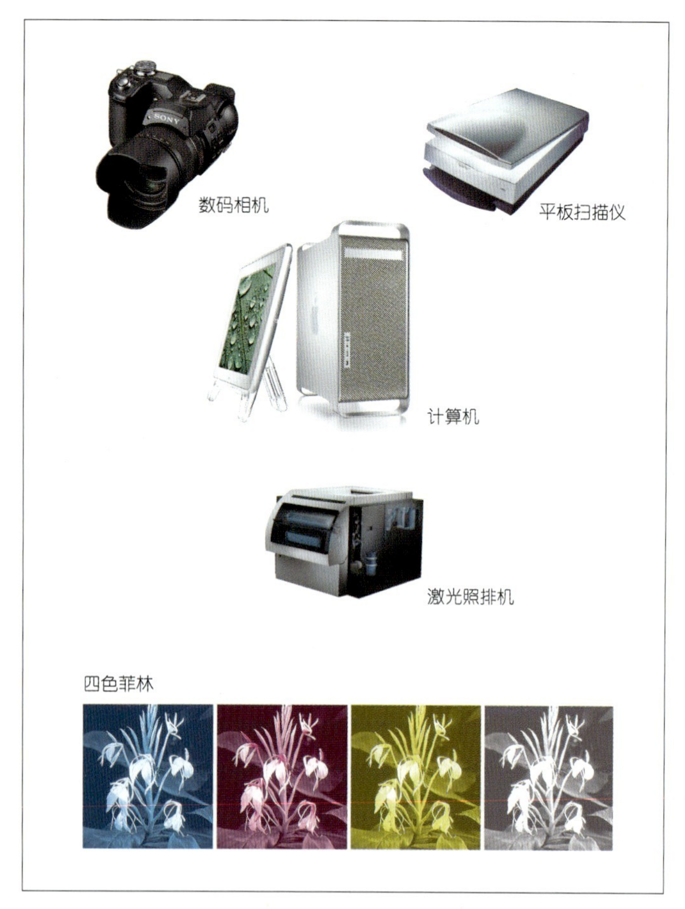

图 1-16　桌面出版过程（1）

图 1-17　桌面出版过程（2）

过程说明：

- 通过输入设备——扫描仪、数码相机将原稿（照片或印刷图片）输入计算机。
- 通过编辑设备——计算机对输入的原稿进行处理，并进行创意设计，完成图像与文字的排版工作。
- 通过输出设备——打印机打印出设计稿供客户校对，经客户确认无误后，通过照排机输出菲林（胶片）。

2．印刷过程

即将印版上的图文信息通过印刷机转移到承印物的表面的过程，如图 1-17 所示，印刷版—印刷机—印刷品，称作印刷过程。

过程说明：

- 将印前过程中照排机制好的菲林版晒制成印刷版（PS版）。
- 将印版安装到印刷机上，然后开始印刷。
- 印刷出印刷品。

3．印后加工工艺

印刷品经过印刷机印刷完成后，进行后期加工的工艺过程，如裁切、覆膜、上光、模切、烫金、装订、糊盒等。

一本书在内容印刷完成之后，还要进行加工封皮、裁切书芯、加工图片等一系列考究的工作，书的外观是否精美，很大程度上取决于印后加工。通常，印后加工可分为立体加工、光泽加工、书刊的装订等环节。具体工作主要有表面加工、凹凸加工、滴塑、模切加工和装订等。

1）表面加工

表面加工是在印刷品的表面进行适当的处理，增加印刷品的光泽或增加印刷品的耐光性、耐热性、耐水性、耐磨性等，以起到保护印刷品的作用。

印刷品的表面加工有上光、复合薄膜、上蜡、烫金（银）等工艺。

随着技术的提高，烫金和凹凸压印可以在一次操作中完成，如图 1-18 所示，使用这种立体烫金技术可以制作出有立体效果的烫金图案或者文字。

2）凹凸加工

在很多包装类印刷品上，除了有平面的层次外，还有立体感层次，凹凸加工就是实现这种立体感的手段。凹凸加工是一种不用油墨的印刷工艺，在印有图文的印刷品上根据图文制作成凹版、凸版两个版，再对印刷品进行压印，则印品表面就形成浮雕状，而产生独特的立体效果。

常常在纸张上看到有立体的文字和图案，这就是压凹凸工艺的作品。压凹凸广泛地应用在书刊封面、商标、贺卡、包装等印刷品的制作上，有立体效果，如图 1-19 所示。

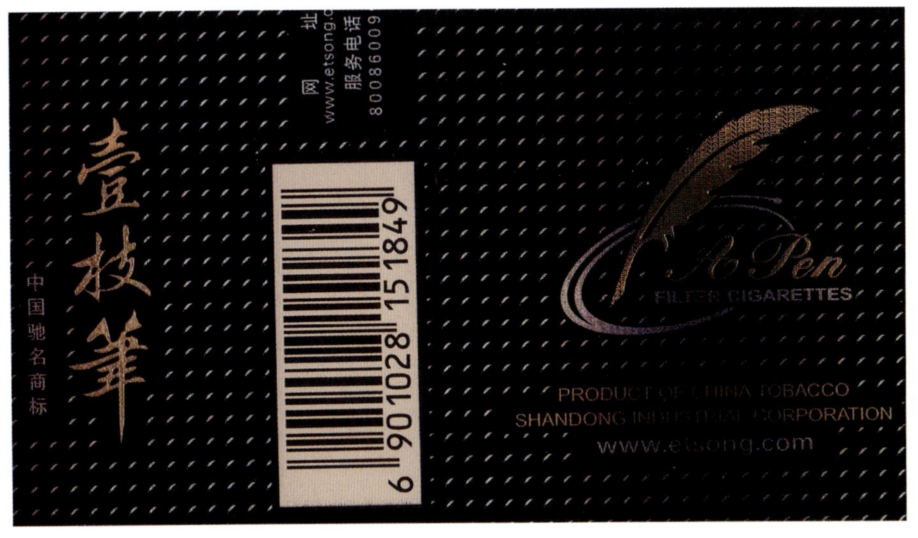

图 1-18　立体烫印

图 1-19　压凹凸

图案的压凹凸面积要尽量均匀分布，防止大面积的凹凸出现，以线条、点形均匀分布为好。

3）滴塑

滴塑是一种利用塑滴的形式使印刷品表面获得水晶般凸起效果的加工工艺。其立体装饰效果极佳。滴塑面还有耐水、耐潮、耐紫外光等性能。这种工艺在商品标签、高级笔记本册封面等领域有广泛的应用，如图 1-20 所示。

图 1-20　滴塑

4）模切加工

传统概念中常常将模切技术运用在立体包装中，通过压印，在纸片或印刷品上压出痕迹，或压出供折叠使用的槽痕。如图 1-21 所示，现代设计中经常将模切加工运用到平面设计中，如海报设计，使平面印刷品突破平面空间向三维空间发展。

图 1-21　模切加工

5）装订

装订是样本或书刊印刷的最后一道工序。样本或书刊在印刷完毕后，仍是半成品，只有将这些半成品用各种不同的方法连接起来，再采用不同的装帧方式，使样本或书刊杂志成为便于阅读、易于保存的印刷品，才能成为书籍、画册等，供读者阅读。

以上是传统印刷流程，在实际运用中，从原稿到最终成品，如果是大批量（又名长版），一般采用传统印刷，少批量（又名短版）则采用数码印刷。

知识链接

1．凸版印刷机的分类

（1）平压平型凸版印刷机。平压平型凸版印刷机是凸版印刷中特有的印刷机械。这类型的印刷机在印刷过程中，产生的压力大且均匀，适用于印刷商标、书刊封面、精细的彩色画片等印刷品。

（2）圆压平型凸版印刷机。圆压平型凸版印刷机在印刷时，圆型的压印滚筒和平面的印版相接触，印刷速度比平压平型凸版印刷机的速度要快，有利于进行大幅面印刷。

（3）圆压圆型凸版印刷机。圆压圆型凸版印刷机有单张纸和卷筒纸印刷机之分。其印刷速度高，主要印刷数量很大的报纸、书刊内文、杂志等。

2．平版印刷的特点

（1）制版简单，版材轻而价廉，可制作大版，适用于大版地图、海报招贴画、年画及各种包装材料的印刷。

（2）由于新光源、新感光材料、新型设备的应用，使制版质量不断提高，平版印刷已成为制作层次丰富、色调柔和的精美画册的主要印刷方式之一。

（3）平版印刷拼版容易，制版迅速，不仅可以满足以文字为主的书刊报纸的印刷需要，而且可以满足图文并茂的高档印刷品的印刷需要。平版印刷过程的承印材料为纸张，印刷质量比较好，现在广泛应用于报纸、书刊、画报、宣传画、商标、挂历、地图等的印刷。

（4）平版印刷生产周期短、图像质量好、印刷成本低、套色精度高。

3．柔性版印刷的特点

（1）由于采用高质量的树脂版及陶瓷网纹辊等材料，印刷精度已达到175lpi，并且具有饱满的墨层厚度，产品层次丰富，色彩鲜艳，特别适合于包装印刷，其醒目的色彩效果往往是平版胶印所不能达到的。它兼有凸版印刷的清晰、胶印的色彩柔和、凹印的墨层厚实和高光泽。

（2）柔性版印刷可以大大缩短印刷周期，降低成本，使用户在竞争激烈的市场中占据优势。

（3）印刷速度一般为胶印机和凹印机的1.5～2倍，实现了高速印刷。

（4）柔性版印刷具有投资小、制版周期短、耐印率高、印速快、适印范围广、能实现无缝印刷等特点。

【案例直击】

《梦溪笔谈》记载的毕昇及活字印刷

板印书籍，唐人尚未盛为之。（用刻板印刷书籍，唐朝人还没有大规模采用它。）五代时始印五经，已后典籍皆为板本。（五代时才开始印刷五经，以后的各种图书都是雕板印刷本。）

庆历中，有布衣毕昇，又为活板。（庆历年间，有位平民毕昇，又创造了活板。）**其法用胶泥刻字，薄如钱唇，每字为一印，火烧令坚。先设一铁板，其上以松脂、蜡和纸灰之类冒之。**（它的方法是用胶泥刻成字，字薄得像铜钱的边缘，每个字制成一个字模，用火来烧使它坚硬。先设置一块铁板，它的上面用松脂、蜡混合纸灰这一灰东西覆盖它。）**欲印，则以一铁范置铁板上，乃密布字印，满铁范为一板，持就火炀之；**（想要印刷，就拿一个铁框子放在铁板上，然后密密地排列字模，排满一铁框就作为一板，拿着它靠近火烤它；）**药稍熔，则以一平板按其面，则字平如砥。**（药物稍微熔化，就拿一块平板按压它的表面，那么所有排在板上的字模就平展得像磨刀石一样。）**若止印三二本，未为简易；若印数十百千本，则极为神速。**（如果只印刷三两本，不能算是简便；如果印刷几十乃至成百上千本，就特别快。）**常作二铁板，一板印刷，一板已自布字，此印者才毕，则第二板已具，更互用之，瞬息可就。**（印刷时通常制作两块铁板，一块板正在印刷，另一块板已经另外排上字模，这一块板印刷刚刚印完，那第二板已经准备好了，两块交替使用，极短的时间就可以完成。）**每一字皆有数印，如"之""也"等字，每字有二十余印，以备一板内有重复者。**（每一个字都有几个字模，像"之""也"等字，每个字有二十多个字模，用来防备一块板里面有重复出现的字。）**不用，则以纸帖之，每韵为一帖，木格贮之。**（不用时，就用纸条做的标签分类标出它们，每一个韵部制作一个标签，用木格储存它们。）**有奇字素无备者，旋刻之，以草火烧，瞬息可成。**（有生僻字平时没有准备的，马上把它刻出来，用草火烧烤，很快可以制成。）**不以木为之者，文理有疏密，沾水则高下不平，兼与药相粘，不可取；**（不拿木头制作活字模的原因，是木头的纹理有的疏松，有的细密，沾了水就高低不平，加上同药物互相粘连，不能取下来；）**不若燔土，用讫再火令药熔，以手拂之，其印自落，殊不沾污。**（不如用胶泥烧制字模，使用完毕再用火烤，使药物熔化，用手擦试它，那些字模就自行脱落，一点也不会被药物弄脏。）

昇死，其印为予群从所得，至今保藏。（毕昇死后，他的字模被我的堂兄弟和侄子们得到了，到现在还珍藏着。）

【专题训练】

丝网印刷

丝网印刷是指用丝网作为版基，并通过感光制版方法，制成带有图文的丝网印版。丝网印刷由五大要素构成，即丝网印版、刮板、油墨、印刷台以及承印物。利用丝网印版图文部分网孔能透过油墨而非图文部分网孔不能透过油墨的基本原理进行印刷。印刷时在丝网印版的一端倒入油墨，用刮板对丝网印版上的油墨部位施加一定压力，同时朝丝网印版另一端匀速移动，油墨在移动中被刮板从图文部分的网孔中挤压到承印物上。

丝网版的制版方法：先把感光胶层用水、醇或感光胶粘贴在丝网框上，经热风干燥后，揭去感光胶片的片基，然后晒版，显影处理后即制成丝网版。

项目实训

1. 试陈述雕版印刷的工作过程。
2. 你有印章吗？印章和印刷的工作原理是不是很像？陈述它们的异同。

第2章　印刷设计概述

计算机平面设计系统

印刷设计的内容及应用领域

印刷用纸的选择

2.1 计算机平面设计系统

2.1.1 主要操作系统简介

1. 为什么需要操作系统

计算机由许多的硬件设备组成，是一个非常复杂的系统。因此带来以下两个问题。

（1）如何能够使得这些设备完成人们指定的任务？这需要对各个硬件都有一定的了解。

（2）如何管理这么多设备，让它们能够协调工作？这是一个非常有挑战性的工作。

人们无法掌握所有的硬件细节，也无法管理如此多的组件并协调它们的工作，所以需要一个更加直观、清晰、简单的解决方案，使人们可以从烦琐的硬件操作中解放出来，降低使用难度，这就是操作系统出现的原因。

2. 操作系统是什么

简单地说，操作系统就是协调、管理和控制计算机硬件资源和软件资源的控制程序。操作系统在整个计算机中所在的位置如图 2-1 所示。

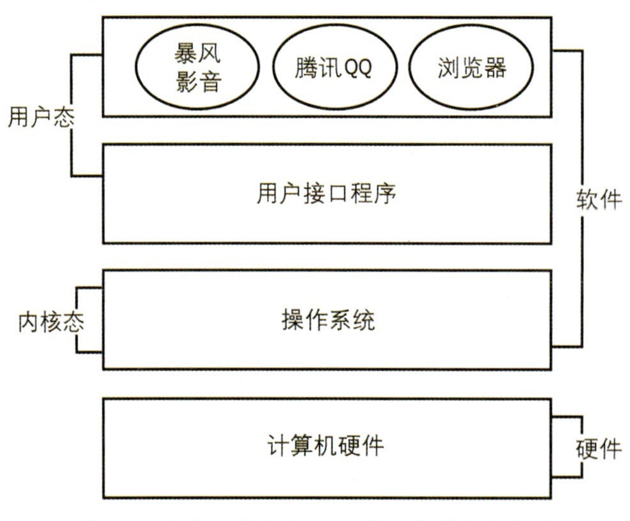

图 2-1　操作系统在整个计算机中所在的位置

操作系统位于应用软件和硬件设备之间，本质上也是一个软件，主要完成以下两个任务。

（1）为用户屏蔽复杂烦琐的硬件接口，也为应用程序提供清晰易用的系统接口。有了这些接口以后，程序员不用再直接与硬件打交道了。

（2）操作系统将应用程序对硬件资源的竞争变成有序的使用。

3．计算机平面设计系统的组成

计算机平面设计系统是实现计算机创意设计功能的工具，是美术平面设计人员开展工作的计算机硬件与软件的集合。如图 2-2 所示，它由图形图像输入、图像处理、文字编辑处理、版面设计、文字图像输出等部分通过相应的计算机硬件或软件组成。

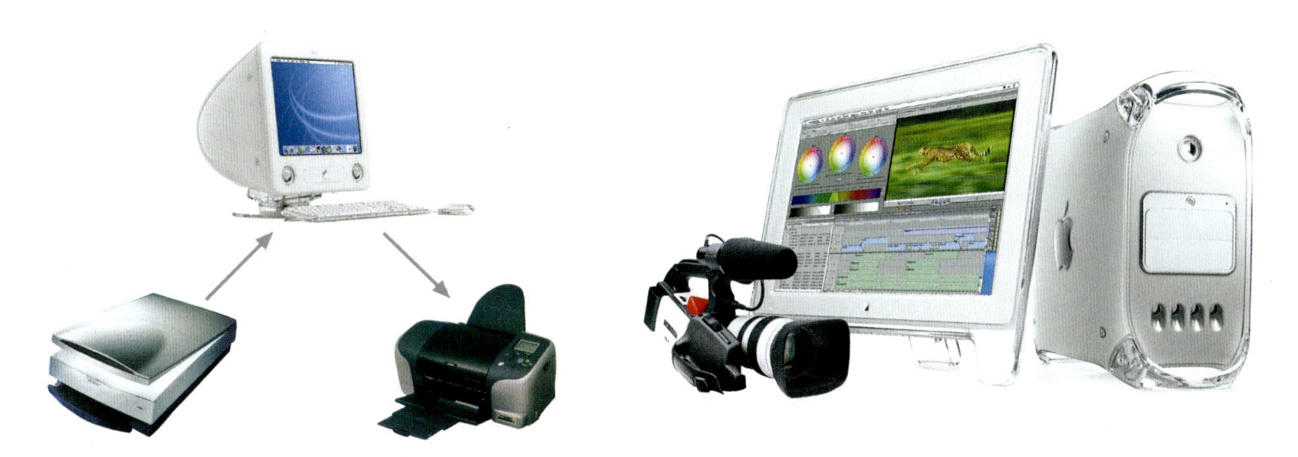

图 2-2　常见的计算机平面设计系统组成

（1）图文输入部分

① 硬件构成：扫描仪、数码相机、计算机。

② 软件构成：驱动软件、Mac 或 Windows 操作系统。

（2）图文处理、版面设计部分

① 硬件构成：计算机、苹果电脑或 PC 电脑。

② 软件构成：图像处理软件包括 Painter、Photoshop 等，矢量图形软件包括 Illustrator、FreeHand、CorelDRAW 等，排版软件包括 InDesign、方正等。

（3）图文输出部分

① 设备构成：计算机、彩色或黑白打印机、激光照排机、冲片机等。

② 软件构成：输出软件、设备驱动软件、字库等。

一般最简单的平面设计系统只需要一台输入设备（扫描仪）、一台计算机、一台打印机、一台移动存储设备及两种以上的应用软件。其中软件只需掌握两个或两个以上可以完成各种要求的工作，如 Photoshop 是必须掌握的，其他矢量图形软件或排版软件只需再掌握一种便可以完成平面设计工作。当然掌握更多会给工作带来更多便利。

以上软硬件组合，共同构成了一个完整的计算机平面设计系统，利用这一系统，平面设计师可以完成平面设计的全部工作，然后将制作完成的电子文件送到后期配套的机构（公司）进行加工处理，如激光照排中心、喷绘写真公司、印刷厂等。

2.1.2　苹果操作平台与其他操作平台的特点比较

Mac OS 是一套运行于苹果 Macintosh 系列计算机的操作系统。Mac 系统是基于 UNIX 内核的图形化操作系统，一般情况下，在普通 PC 上无法安装，由苹果公司自行开发。从设计的角度看，苹果操作平台与其他操作平台相比，有以下优点。

1. 全屏模式

全屏模式是新版操作系统中最为重要的功能，如图 2-3 所示。虽然一切应用程序均可以在全屏模式下运行，但这并不意味着窗口模式将消失，而是表明在未来有可能实现完全的网格计算。iLife 11 的用户界面也表明了这一点，这种用户界面将极大简化计算机的使用，减少多个窗口带来的困扰。使用户获得与 iPhone、iPod touch 和 iPad 用户相同的体验。

图 2-3　全屏模式

2. Mac OS 任务控制

任务控制整合了 Dock 和控制面板，并可以窗口和全屏模式查看各种应用。

3. Mac OS 快速启动面板

快速启动面板的工作方式与 iPad 完全相同，如图 2-4 所示。它以类似于 iPad 的用户界面显示计算机中安装的一切应用，并通过 App Store 进行管理。用户可滑动鼠标，在多个应用图标界面之间切换。与网格计算一样，它的计算体验以任务本身为中心。

4. Mac OS 应用商店

Mac App Store 的工作方式与 iOS 系统的 App Store 完全相同，它们具有相同的导航栏和管理方式。这意味着，无须对应用进行管理。当用户从该商店购买一个应用后，Mac 电脑会自动将它安装到快速启动面板中。对高端用户而言，这可能显得很愚蠢，但对于普通用户而言，即使利用 Mac 电脑的拖放系统，安装应用程序仍有可能是一件很困难的事情。

图 2-4　Mac OS 快速启动面板

2.2 印刷设计的内容及应用领域

2.2.1 印刷设计的内容

印刷设计是根据印刷品的内容、性质、图文总量、读者对象进行设计。其作用是进行印刷的数据化、规范化、标准化设计与管理，是稳定控制和提高印刷质量的关键。随着计算机技术和网络技术的不断发展，印刷技术的变化，网络化的程度不断提高，网络化出版技术、按需印刷技术、网络数据库技术等的出现和发展促进了传统印刷业的革新。

印刷设计的内容主要包括：印刷用纸的选择，具体包括印刷用纸的分类、印刷适性、规格、开本、选择方法等知识；图形图像的处理，具体包括图形、图像的区别，压印、陷印等图形的处理方法及注意事项；图像色彩、品质处理的方法及连续调加网原理；原稿的数字化方法，具体包括扫描仪的设置和输入方法，字原稿的存储格式，同类型原稿的处理技巧，如照相原稿、电子原稿、非电子原稿、手工绘制原稿等；字的处理方法及技巧；排版软件的应用；计算机直接制版技术；印后加工方法等。

2.2.2 印刷设计的应用领域

印刷品是人们衣、食、住、行不可缺少的一部分，它具有储存信息的功能，也是一种视觉信息传播的技术手段，而且是装潢商品、宣传商品的一种载体。印刷品是否使读者赏心悦目、爱不释手，除内容外，与原稿设计得是否精美、版面安排得是否生动、色彩调配得是否鲜艳、装潢加工得是否典雅大方有很大关系。

因此，印刷设计被应用于涉及印刷的各个领域，即人们生活的方方面面。哪里有印刷，哪里就有印刷设计。

2.3 印刷用纸的选择

一名优秀的平面设计师必须了解必要的印刷纸张知识，才能根据不同纸张的特性有针对性地进行印刷品的设计。如忽略纸张特性，设计出的作品极可能经印刷后的效果与设计效果相差甚远，达不到客户的要求。这样的失败案例比比皆是。以报纸广告为例，经常能看到这样的广告：压在图像上面或色块上的文字糊成一片，无法分辨。造成这一情况的原因，如果不计印刷质量问题，很大一方面原因是由于设计人员不熟悉报纸所用纸张的特性及不懂相关的印刷知识造成的。所以，掌握并了解纸张知识是对每一位平面设计师的基本要求。

2.3.1 印刷用纸的分类

印刷用纸的选择是设计过程中要确定的要素之一，常用的印刷用纸主要有以下七类。

1. 新闻纸

新闻纸主要用于印刷报纸及书刊，其纸质松软，吸墨性较强，表面平滑度低，印刷图像时，加网线数较低，一般在 100 ～ 133lpi。新闻纸的白度较差，所以再现图像的质量较低。报纸是最常见的新闻纸印刷品。

2. 凸版印刷纸

凸版印刷纸主要供凸版印刷机使用，其特性与新闻纸相似，但质量优于新闻纸。印刷图像的加网线数一般在 100 ～ 133lpi。

3. 胶版印刷纸

胶版印刷纸主要供胶、平版印刷，应用于各种书籍、杂志内芯、彩色画册及一些高级出版物等。胶版纸具有较强的吸墨性，印刷出的色彩饱和度较弱，正因如此，往往具有一些特殊的效果。

胶版纸分单面胶版纸和双面胶版纸。单面胶版纸常用于印刷彩色宣传画、烟盒、商标等；双面胶版纸用于印刷书刊、图片、插图等。胶版纸的加网线数在 120 ～ 175lpi。

4. 铜版纸

铜版纸是涂料纸的一种，是在原纸的纸面上涂上一层无机涂料，再经超级压光而制成。铜版纸表面光滑，白度较高，是高质量印刷品的首选纸张之一，也是目前彩色印刷品中最常用的用纸，专供胶版印刷单色或多色的美术图片、插图、画报、画册、产品样本等。铜版纸的加网线数在 175 ～ 300lpi，最常用的加网线数是 175lpi。

5. 白板纸

白板纸主要用于印刷各种商品包装纸盒或作为商品装潢衬纸，由几层结构组成，厚度大于 1mm，表面一般涂有涂层，其印刷特性和铜版纸接近，主要用于各种包装盒的印刷。白板纸白度高，颜色再现效果好，表面光滑，其加网线数在 175 ～ 300lpi，最常用的加网线数是 175lpi。

6. 凹版印刷纸

凹版印刷纸主要运用于单色和彩色凹版印刷画报、美术图片、插图等。凹版纸纸质洁白坚挺，具有很好的平滑度和耐水性，印刷时不会有明显的掉粉、起毛、透印现象。凹版印刷纸可用于印刷钞票、邮票等质量高而不易仿造的印刷品，现已单独分出钞票纸和邮票纸等。

7. 合成纸

合成纸是利用化学原料合成的纸，一般用烃类为主要原料，再加入一些添加剂而制成，它具有质地柔软、拉力强、抗水性能好、耐光、耐冷热、不发霉、稳定性良好等特点，并耐化学药品的腐蚀。在 -60℃～ +60℃的温度范围内，可正常使用。此外，由于合成纸无毒、无污染、透气好，也是一种理想的包装材料。它清洁无尘、不掉纸粉，是一种理想的信息产业用纸，现正在取代普通纸成为超清洁室内的办公用纸和电子计算机用纸。

2.3.2 纸张的印刷性能

纸张的印刷性能决定着在印刷过程中能否顺利印刷，以及能否得到高质量的印刷品。当然与印刷条件和油墨性能也有密切关系。

印刷用纸的质量一般有以下几项要求。

（1）纸张色调尽可能白（特殊要求除外），而且同一批纸张中每张纸应该质地相同，纸张的尘埃度不得超过允许范围。

（2）具有最小的透光率和相同的光泽。

（3）纸张的厚度、紧度、结构等性能在同一批量中应该相同，如果相差很大，会增加印刷困难，降低印刷品质。其含水量在 6% ～ 8%，平板纸纸边应为直角，斜度误差不超过 ±3mm。

2.3.3 印刷用纸的规格

1．印刷用纸的厚度

印刷用纸的厚度不是用毫米或更小的度量单位来计算的，而是用每平方米纸的重量来表示，这就是常说的：157g 的铜版纸，80g 的双胶纸，250g 的白板纸等。这里的克重就是代表了纸的厚度。常用的纸的厚度有 60g、70g、80g、100g、105g、128g、157g、180g、200g、210g、250g、300g、350g 等。不同厚度的纸张，印刷同样的版面效果是不一样的。较厚的纸张印刷质量要优于较薄的纸张。

刚接触纸张时，一般对纸的厚度并不好掌握，但只要接触多了，用手一摸就能知道纸的厚度是多少。当然这需要一定的经验积累，这也是设计师的基本功之一。在实际工作中，经常会遇到用户带纸样要求按纸样印刷的要求。如对纸张判断失误，达不到客户的要求，便会给企业带来经济损失。

2．常用的印刷原纸尺寸

印刷原纸一般分为平板纸和卷筒纸。平板纸即一张一张的纸，有长度和宽度，用于单张纸印刷机，如常见的胶印机。卷筒纸是一卷一卷的纸，只有宽度，用于轮转印刷机，如印刷报纸的印刷机。

国家标准规定的平板纸幅面尺寸主要有如下几种（单位：mm）。

（1）787×1 092：在印刷行业也称为正度纸。是国家规定在 2000 年后逐步淘汰的纸张尺寸，但到目前为止还有很多地方在使用，淘汰速度很慢。

（2）889×1 194：也称为大度纸，其中铜版纸、亚粉纸和胶版纸较多，经常用来印刷大型画册、图书封面等质量要求较高的产品。

（3）850×1 168：经常用来印刷书籍的内页。

（4）890×1 240、900×1 280、1 000×1 400：为最新图书和杂志开本，也是国家标准 A 系列纸。

卷筒纸的宽度尺寸为 1 575、1 092、880 和 787。多数是新闻纸和一些克重较低的纸，如轻涂纸。

允许偏差：卷筒纸宽度偏差为 ±3mm，平板纸幅面尺寸偏差为 ±3mm。

2.3.4 常用纸张的开法和开本

通常把一张按国家标准分切好的平板原纸称为全开纸。在不浪费纸张、便于印刷和装订生产作业的前提下，把全开纸裁切成面积相等的若干小张，称为多少开数；将它们装订成册，则称为多少开本。

为了使书刊装订时易于折叠成册，印刷用纸多数是以 2 的倍数来裁切，如图 2-5 所示。未裁切的纸称为全张纸，将全张纸对折裁切后的幅面称为对开或半开；把对开纸再对折裁切后的幅面称为 4 开；把 4 开纸再对折裁切后的幅面称为 8 开……

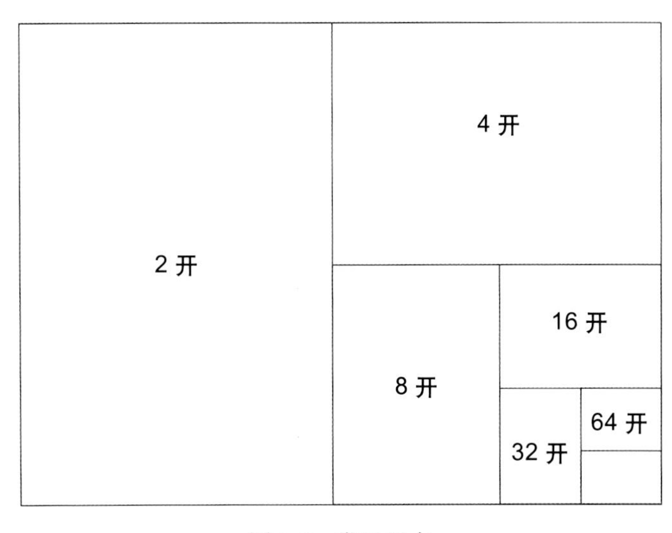

图 2-5 常见开本

通常纸张除了按 2 的倍数裁切外，还可按实际需要的尺寸裁切。当纸张不按 2 的倍数裁切时，其按各小张横竖方向的开纸法又可分为正开法和叉开法，如图2-6和图2-7所示。另外，还有一种混合开法，又称套开法和不规则开纸法，即将全张纸裁切成两种以上幅面尺寸的小纸。其优点是能充分利用纸张的幅面，尽可能地使用纸张，如图2-8所示的混合开法。混合开法非常灵活，能根据用户的需要任意搭配，没有固定的格式。

设计师在做设计工作时必须要掌握纸张的不同开度尺寸，如果对纸张印刷尺寸不了解，设计出的作品就往往不符合常规的印刷尺寸要求，既浪费了纸张，增加了印刷成本，同时还容易造成无法印刷和裁切的后果，影响工作进度。

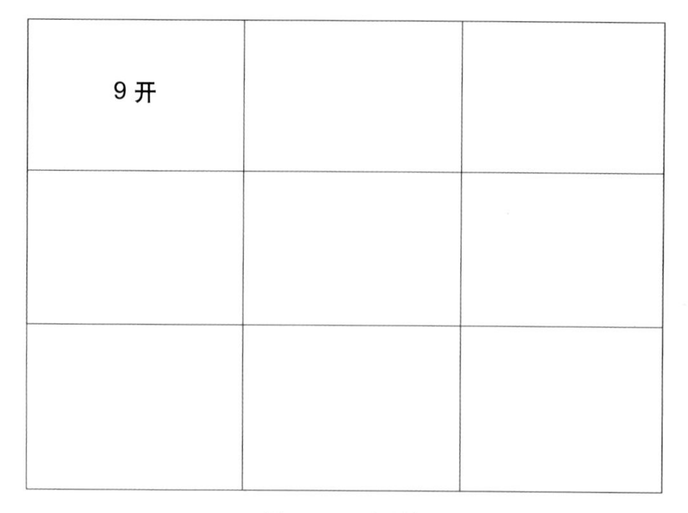

图2-6　正开法

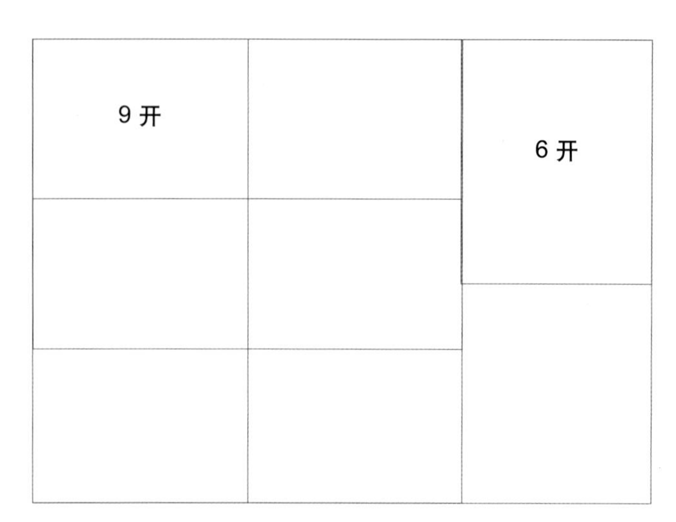

图2-7　叉开法

11 开

图2-8　混合开法

印刷纸张开度尺寸是设计师必须要掌握的基本知识，尤其是一些常用的尺寸更应熟记。

表2-1为常见的纸张开度尺寸，其中印刷尺寸为纸张的标准尺寸，成品（印刷品）尺寸则是印刷品经印刷后的裁切尺寸。设计制作印刷品时，作品尺寸应选择成品尺寸，这样才能保证印刷品的正确裁切，否则会造成裁切错误，切掉画面中的内容，造成质量问题，带来经济损失。

表2-1　印刷纸张常用的开度及对应的尺寸

常用开数	正度尺寸/mm		大度尺寸/mm	
	印刷尺寸	印刷品	印刷尺寸	印刷品
全开	787×1 092	760×1 070	889×1 194	860×1 180
对开	546×787	520×760	597×889	570×860
3开	360×787	340×760	398×889	380×860
4开	392×546	380×520	444×595	420×570
6开	360×392	340×380	398×444	380×420
8开	273×392	260×380	297×444	285×420
16开	196×273	184×260	222×297	210×285
32开	136×196	126×184	148×222	140×210

2.3.5 纸张的选择

纸张成本在印刷成本中约占 40% 以上，因此合理选用纸张是降低印刷成本的重要方面。

普通印刷品，如文件汇编、学习材料、文艺性读物等，平装本用 52g/m^2（g/m^2 以下简称 g）凸版纸就可以了，精装本可选用 60g 或 70g 胶版纸。

歌曲、幼儿读物单色可用 60g 胶版纸，彩色可用 80g 胶版纸。如图 2-9 所示，教科书一般都采用 49 ～ 60g 凸版纸。如图 2-10 所示，工具书平装本用 52g 凸版纸。一般技术标准可用 80 ～ 120g 胶版纸。

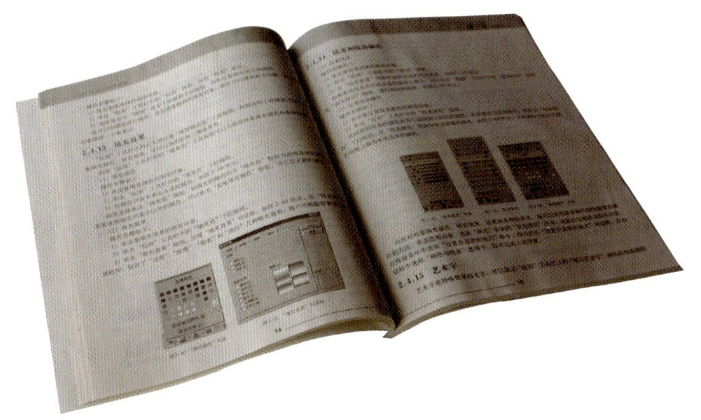

图 2-9　采用凸版纸的教科书

图 2-10　采用凸版纸的工具书

图片书及画册，一般用 80 ～ 120g 胶版纸或 100 ～ 128g 铜版纸，同时可根据画册的精印程度、开本选用胶版纸或铜版纸及克重。年画、宣传画一般用 50 ～ 80g 单面胶版纸。连环画用 52 ～ 50g 凸版纸。高级精致小画片用 256g 玻璃卡。

杂志一般用 52 ～ 80g 纸，单色一般用 60g 书写纸或胶版纸，彩色一般用 80g 双版纸。

图书杂志的封面、插页和衬页：封面 200 页以内一般用 100 ～ 150g 纸，如果超过 200 页用 120 ～ 180g 纸；插页用 80 ～ 150g 纸；衬页根据书的厚薄一般在 80 ～ 150g 选用。广告宣传页、高档画册的内页印制一般多选用 128g、157g、200g 的铜版纸或哑粉纸，如图 2-11 所示，封面应当选用比内页厚实些的纸张，常选用 157g、200g、250g 的铜版纸、哑粉纸，如果考虑到防水防油污等因素，可覆光膜或哑光膜，会使画册更显高档。

图 2-11　采用铜版纸的图书

同一品种的纸，克数越重，价格越高，正文纸的克重增加，书脊厚度也随之加厚，有时还需调整封面纸的克重与开数，从而会产生一连串的连带关系，往往增加了纸张成本。

应当认真选用纸张材料，但不能偷工减料，如用普通纸印较为精细的网线版（如网线数大于 175ppi）时，会使版面模糊，造成印刷品全部报废，导致严重的浪费。又如普通读物可选用新闻纸，需长期保存的书籍不能用易于风化的新闻纸。

作为一名平面设计师，不仅需要根据设计对象的特点和客户的具体要求进行设计，而且要熟练掌握制版、印刷工艺，书刊印刷工价标准，了解纸张规格性能及各个印刷厂的生产能力，并合理地安排制版印刷工艺和选用纸张材料，以降低成本。印刷人员应了解各种印刷机的性能以及工价的计算标准，否则，就可能采用高成本的不合理的印刷工艺。

知识链接　印刷费用的产生

对于设计人员而言，当接到印刷工作单时，很少会去考虑该单的费用，因为国内的印刷行业与设计公司是分开的，各取所需，特别是有些小的设计公司，往往为了业务需要，不计设计费用。其实，作为一名优秀设计者，首先应该明白哪些地方产生费用，应该如何去计算费用。

通常印刷品的费用分为印前费用、印刷费用和印后费用。

1. 印前费用

印前费用主要包括设计公司的设计费（由设计公司定价，包括打字、扫描、喷墨打样等费用）、制版公司制版费（胶片费、打样费等）。这些费用的具体核算，需要根据市场行情而定。

2. 印刷费用

印刷费用包括纸张费、PS 版、印工、开机费。但是由于目前使用的印刷机规格的不同，例如，4 开机和全开机费用不同，4 色机与单双色机费用不同。因此设计人员应该视客户印刷产品的要求不同确认印刷方式。

3. 印后费用

烫金、凹凸、压纹、过塑、压线、装订、裱糊（人工与机械）、切、包装、运费、模版、刀版等都在印后加工过程中可能产生费用，应根据客户要求确定费用由哪几项组成。

【案例直击】

特种纸的印刷设计

特种纸是指经过特殊的纸张加工设备和工艺，制成的具有丰富色彩或独特纹路的纸张，又名艺术纸、花式纸。特种纸必备的条件：特殊的纹路或丰富的色彩。

因为特种纸对纸浆质量要求较高，所以多为纯木浆。对于纯木浆特种纸，长纤维较多，这样的纸浆成型后，强度、弹性、韧性好，颜色亦鲜艳。有些特种纸和普通纸一样，纸浆中有一定比例的非木纤维，纸张容易变黄，一般需要经过涂布处理。

1. 特种纸花纹的呈现

特种纸的压纹可以分为前压纹和后压纹。

（1）前压纹：指在纸浆未完全脱水时经过柔和的毛毡，使纸张纤维按照毛毡的自然纹路分布，形成纸张的特殊肌理。前压纹处理的纸张纹路过渡自然、细腻，不会伤害纸张纤维。

（2）后压纹：成品纸经过雕花钢辊，利用机械压力使纸张产生花纹。后压纹的优点是工艺简单、成本相对较低、方便易行。但这种工艺对纸张纤维有伤害，基纸的质量直接影响压纹后成品纸的质量。后压纹花纹规律少变化，较前压纹略显机械、呆板。

2. 特种纸颜色的呈现

（1）纸浆染色（前染色）：在纸浆中加入色粉，使颜色均匀分布在纸张纤维里，纸张色泽饱和均匀。

（2）后染色：后染色是在纸张成型后，将颜料染在纸张表面。颜色稳定性不如前染色，遇水容易发生脱色，深色纸折叠时容易出现白边。

【专题训练】

印刷成本的计算

合同内容如下（印厂与出版社之间签署）。

封面

印工：25 元/色令（不计放数）（说明：500 张为一令）
锌版：30 元/色
纸张放数：0.3 令/套版 （说明：无论单色或多色印刷均为一套版）

内文

印工：0.11 元/印张（1+1C）（说明：1+1C 表示双面单色印刷）
纸张放数：3%

某图书的基本信息

32 开，8.5 印张，印数 5 000 册，定价 20 元。
封面用纸：300g，850×1 168，6 500 元/吨
内文用纸：70g，850×1 168，5 700 元/吨

印务成本计算

封面开本：16 开　　封面用纸（理论）：5 000 册 ÷16 开 ÷500=0.625（令）
封面纸放数：0.3 令　封面用纸（实际）：0.625+0.3=0.925（令）
封面印工：25 元/色令 ×4 色 ×0.625 令 =62.5（元）
锌版：30 元/色 ×4 色 =120（元）
封面纸张费：$300\times0.85\times1.168\times6\ 500/10^6\times0.925\times500=895.38$（元）
单个封面费：(62.5+120+895.38)÷5 000=0.216（元）
内文印工：0.11 元/印张 ×8.5 印张 =0.935（元）
单张全开纸费用：$70\times0.85\times1.168\times5\ 700\div10^6=0.396$（元）
全书用全开纸的张数：8.5÷2×(1+3%)=4.38（张）
全本书纸张费：0.396×4.38=1.73（元）
全书总成本：0.216+0.935+1.73=2.88（元）

项目实训

1．试分析所使用的教材的印刷工艺及使用纸张的特点。
2．试分析同样是 32 开的书，为什么有的尺寸大，有的尺寸小。
3．观察 A4 纸一整包有多少张？并试计算一整包 A4 纸的成本（以 70g 为例）。

第3章 图形图像信息处理

3.1 图形图像概述

在设计中，许多素材特别是图像主要通过扫描仪获取，但是扫描后的数字图像有些是不能直接印刷的，因为印刷的表现能力有限，一些效果能够在计算机上显示出来，但是却不能印刷。同时，能够用于印刷的数字图像还需要做一些针对性的处理，以便能通过设备生成印版。所以，印前的图像和图形处理就显得非常必要。

印刷信息主要有图像、图形和文字三种，在印刷处理工艺中这三种信息有着较大的区别，应区别对待，根据它们的不同特点进行针对性的处理。

3.1.1 图像（位图）

图像是对客观对象的一种相似性、生动性的描述或写真。图像包含了被描述对象的有关信息。图像可分为模拟图像和数字图像两种。

1. 模拟图像

模拟图像是通过某种物理量的强弱变化来表现图像上各点的颜色信息的。印刷品、相片、打印稿、画稿等图像都是模拟图像。模拟图像不易保存，可能会因图像的保存时间过长而损失质量，使图像失真。如相片、印刷品的颜色会因长时间保存或太阳照射而褪色等，特别是打印稿更易褪色。印刷中的非电子原稿和印刷出来的印刷品都是模拟图像，如图 3-1 所示。

2. 数字图像

数字图像是指把图像分解成被称作像素的若干小离散点，并将各像素的颜色信息用数值来表示的图像。数字图像完全是用数字的形式来表示图像上各个点的颜色信息，它可以长时间保存而不失真。印刷中的数字原稿和经过扫描或数码相机拍摄之后的图像都是数字图像，如图 3-2 所示。

图 3-1　模拟图像

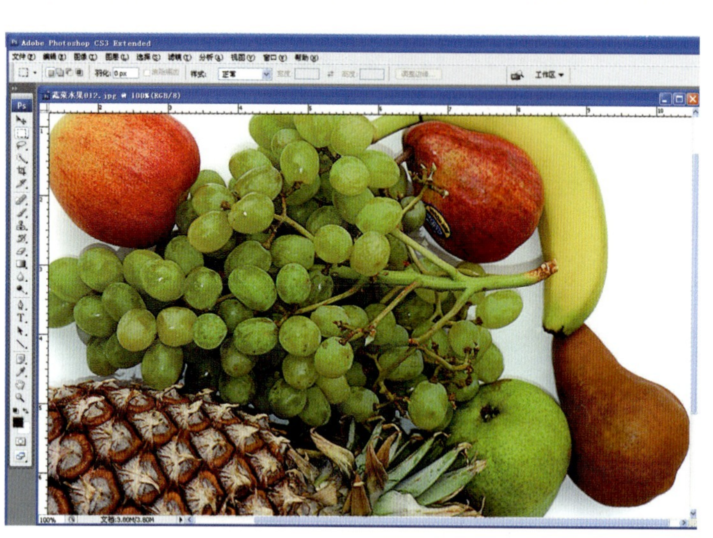

图 3-2　数字图像

3.1.2 图形（矢量图）

矢量图形由点、线和多边形等一系列基本单元组成。图形一般是由计算机绘图程序绘制出来的，通常是通过点、线、面之间的数学关系来表示的。图中线条简洁、明了、流畅、色彩纯真，这些通过矢量软件绘制出来的图形给人以充分的视觉享受和愉悦的精神享受。因此印刷中使用的矢量图原稿（通过 CorelDRAW、Illustrator、FreeHand 等矢量图形软件绘制的原稿）都是图形，如图 3-3 所示。

图 3-3 矢量图像

3.1.3 图像、图形在印刷中的区别

图像、图形不仅在概念上各不相同，而且在表示方式、文件大小方面也有很大的不同。

1. 表示方式

1）图像

数字图像是通过像素来表示的，每一个像素有确定的位置和颜色值。在 Photoshop 中处理位图时，编辑的是像素，而不是图形或对象。位图能够表现连续调中细微的层次和颜色变化，它依赖于图像的分辨率、包含的像素数。所以在屏幕上放大位图时会出现锯齿，同样，当使用低于图像分辨率的精度打印位图时，也会出现丢失细节和边缘锯齿。

2）矢量图形

矢量图形是根据图像的几何特性来描述图形的，如线宽、大小、位置、填充色等，矢量图形可以移动、缩放、改变颜色，而不会丢失图像信息。矢量图形不依赖分辨率，无论打印分辨率多大，都不会丢失任何细节和清晰度。

2. 文件大小

由于在计算机中图像包含了大量的像素位置和颜色数值信息，因此图像在存储时会占用较大的空间。而图形采用数学公式来表示点、线、面，只需要记录相应的数学公式即可，一般而言，图形占用的空间比图像小很多。

文字在计算机中存储时采用编码的方式，一个文字对应着一个编码，存储文字实际上存储了编码，因此文字在存储时占用的空间最小。用矢量图形表示的艺术文字和点阵图像表示的文字应该按照图形和图像处理。

3.2 印前图形处理

3.2.1 压印（叠印）

1. 压印的含义

压印也称叠印，是指底色不镂空，即一个色块压印在另一个色块上。压印通常有两个目的：一是为了弥补印刷时两个颜色的印版因为套印不准而产生的印刷误差；二是为了使两色叠加产生不同的效果。图 3-4 为两图形之间未设置压印时的效果。底色矩形为黄色，上面的矩形为蓝色，将蓝色矩形叠印于黄色矩形上，设置压印所获得的图像为绿色，如图 3-5 所示，在 Photoshop 中设置图层属性为“正片叠底”即为压印的效果。

2. 压印的属性

压印属性的设置在印刷中有两种形式：一种是对颜色进行叠印设置，主要用于排版软件，即定义颜色时赋予该颜色是否有叠印的性质；另一种是使用图形软件直接定义该对象的元素，线条和填充可以分开定义。

3. 压印的原则

Photoshop 中黑色文字叠印是将黑色文字层的图层模式改成“正片叠底”，这样，在其他色版中黑色文字的地方就不是镂空的，就能防止印刷套印不准时黑色文字会露出白边。

图 3-4　两图形之间未设置压印时的效果

图 3-5　“正片叠底”即为压印的效果

很多设计人员在 Photoshop 中使用黑色时，习惯于使用 Photoshop 默认的黑色。Photoshop 中的默认黑色并不是 100% 的黑，而是一种 CMYK 四色混合的黑色，即 C75%M68%Y67%K90%，如图 3-6 所示。正确的黑色用法是选择 C0%M0%Y0%K100%，如图 3-7 所示。

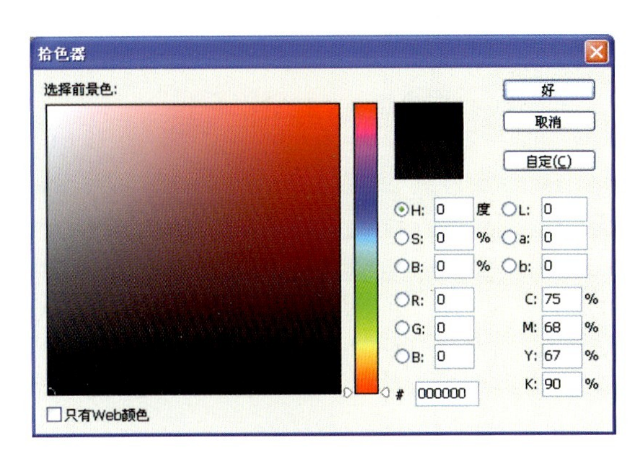

图 3-6　Photoshop 中默认的黑色

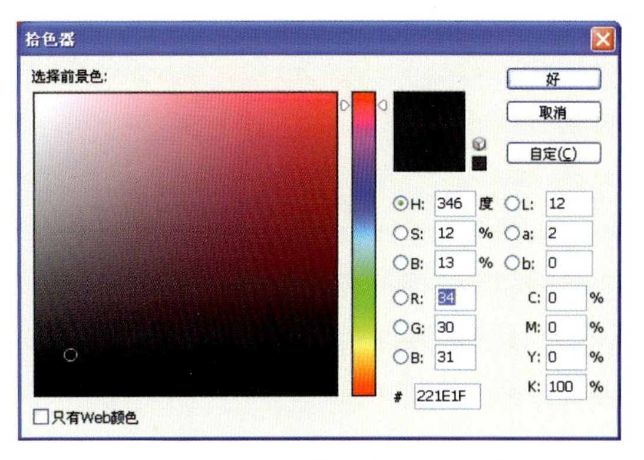

图 3-7　正确的黑色设置方法

4．确认常见不同软件的叠印设置方法

CorelDRAW 与 FreeHand 是直接对对象的元素定义叠印，并且线条和填充可以分开定义；在 Photoshop 中通过设置图层属性，如正片叠底；InDesign 也是通过改变颜色属性确认是否叠印。如图 3-8 ～图 3-11 所示分别为 CorelDRAW、FreeHand、Photoshop、InDesign 中的叠印设置界面。

图 3-8　CorelDRAW 中的叠印设置

图 3-9　FreeHand 中的叠印设置

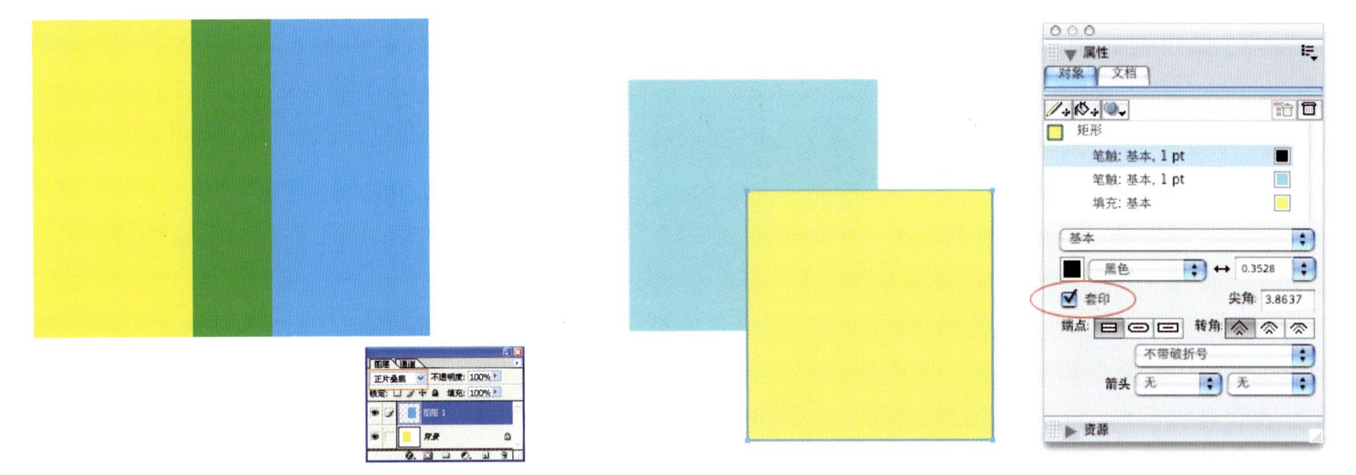

图 3-10　Photoshop 中的叠印设置

图 3-11　InDesign 中的叠印设置

3.2.2 陷印

陷印又称补漏白，当没有共同色或共同色较少的颜色叠加在一起时，无法做叠印处理，为了避免印刷后露出白边，在色块边缘生成一个共同的边界，从而达到目的。

1. 陷印的原因

在印刷生产过程中，如果陷印不准，版面上两个颜色相交的地方总会出现一小条白纸边，因此需要在颜色相交时进行陷印，防止出现露白的现象。

2. 需采用陷印的情况

（1）专色相交时，需要做陷印处理。专色与专色或专色与四色相交，印刷时因套印不准或菲林伸缩的问题产生白边，这时需要对两个色版进行印前处理。具体方法是让一个色版的色位比另一个色版的色位拉大 0.15 ～ 0.2mm，产生的套印误差就会被大出来的色位所弥补。

（2）当两个对象至少共享 20% 的同一种颜色时就可以不做陷印处理，这种现象称为原色过渡。

3. 陷印的方法

为了弥补印刷中可能出现的露白情况，通常在颜色交界处让浅色一方适当向深色一方伸张，在 FreeHand 中设置补漏白的方法，如图 3-12 所示。

4. 设计中正确使用陷印

由于陷印的设置十分麻烦，对软件的要求也很高，为了避免在印刷中出现漏白的情况，应尽可能在设计中避免两色相邻的情况发生，通常有以下几种技巧。

（1）不要让目标互相接触，使两色之间的距离远一些，这样可以避免陷印。

（2）尽量用一种颜色印刷。

（3）当两色必须相互重叠时，可以在色块的周围设计边框等。

（4）尽量使两个相邻对象至少共享 20% 的同种原色，这样可以避免陷印处理。

如图 3-13 所示，背景色包含 C80% 和 Y35%，而文字包含 C50% 和 Y14%，可以看出两种颜色包含 C50% 的共同成分。因此在青色分色片上，此处的青色是连续的。因此，即使文字中的黑色成分没有套准，也只会露出青色，而不是纸白。

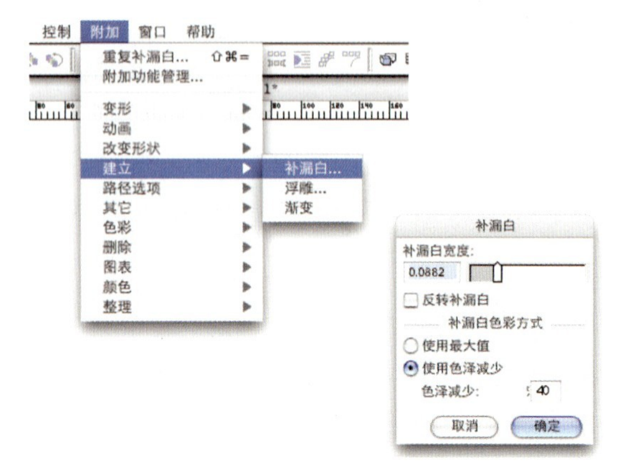

图 3-12 陷印的设置方法

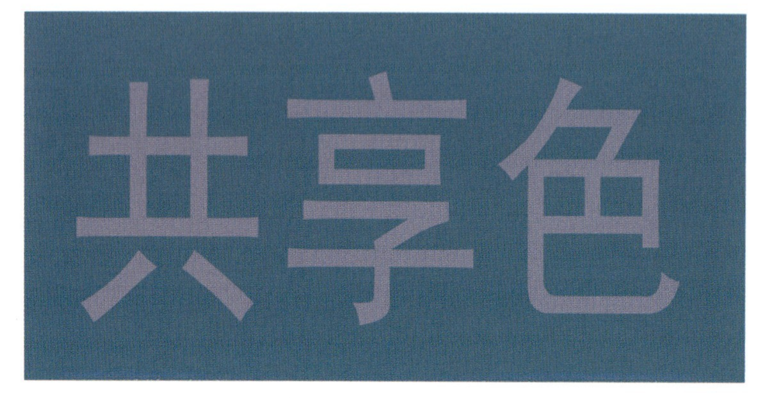

图 3-13 陷印的效果

5. 特殊陷印的处理

针对不同的色彩图形相邻的情况，陷印的方式不同，特别是对一些特殊的陷印处理应该重视。

（1）渐变与色块相邻时的几种情况

青色渐变与品红色、黄色相邻时，根据印刷色序列进行陷印，可将品红色或黄色向青色渐变中扩展 0.2mm。品红色渐变与青色块、黄色块相邻时，进行正常陷印，将黄色块向品红色渐变中扩展 0.2mm。黄色渐变与青色块、品红色块相邻时，都要进行反向陷印，将青色块、品红色块分别向黄色渐变中扩展 0.2mm。

（2）黑色、金色等特殊颜色的陷印处理

黑色、金色、银色等特殊颜色的陷印一般遵循以下规律：

当黑色块、金色块与其他色块相邻时，将其他颜色向黑色块、金色块中扩大，并且可扩至0.51mm。一般黑色、金色文字直接叠印在底色上。带有黑色、金色轮廓线条的图案，图案的填充色和相邻的底色最好被叠在黑线条、金线条的中间以避免陷印不匀。一般情况下，比较小的黑色块、金色块可直接叠印在底色上；为了节省墨量比较大的黑色块、金色块，要与底色进行套印，底色可向黑色块、金色块中多延伸一些。

虽然黑色、金色油墨的遮盖能力较强，但也有一定的透明性，大面积的黑色块、金色块叠在两种不同颜色上时，为了保证一致的视觉颜色效果，黑色、金色与底色应采用套印。当黑色块、金色块直接叠印在底色上，且其上有白色的文字或者细线条时，如果黑色块、金色块的面积较大，则应将黑色块、金色块与底色做成套印；如果黑色块、金色块的面积较小，也可将白色的文字或者细线条边缩底色，以免白字、白线条经印刷后发花。当黑色与金色或者银色相邻时，可根据印刷的色序排列进行陷印。一般情况下，可以把黑色叠印在金色或者银色上，如果两者面积都较大，最好做成套印，以免印刷困难。

3.2.3 图形的存储

Illustrator、CorelDRAW、FreeHand软件可以保存的格式非常多，有矢量格式、位图格式、封装格式等，可以依照用途来选择文件的输出格式。

用于印前排版时，使用EPS格式是最佳的选择，因为导出的EPS格式文件均适用于任何的印前排版软件，但要注意使用CMYK色彩模式导出。

用于PostScript打印机时，最好使用EPS或TIFF的文件格式导出。用于非PostScript打印机输出时，最好以位图的格式导出。

3.2.4 图形处理中的注意事项

（1）设计时要避免带来需要陷印处理的设计。如果不能避免，在使用颜色时就要灵活，使得陷印处理不会丢失图像的细节或出现模糊。

（2）在涂料纸上印刷金墨、银墨时，以陷印的方式将金墨、银墨印在白纸上比印在其他底色上获得的色彩显得更厚实、纯正。

（3）印刷黑色时，如果黑版上只有面积较大的实地图像，采用陷印的方式加大黑版的墨量在白纸上印刷比在其他实地底色上叠印获得的墨色更厚实。通常采用加40%蓝来提高黑色的黑度和饱和度。

（4）小文字和线条最好采用黑色压印，避免套印后产生套印不准而露白的现象，或者将文字转换成笔画较粗的字体，将线条着色的深度和宽度提高。

（5）在Illustrator中进行矢量图形的绘制与编辑过程中应注意线条粗细问题。在使用钢笔工具绘制贝塞尔曲线时，应尽量使用少的锚点以使曲线平滑过渡，对所绘制曲线的线条粗细设置一般不能低于0.076mm，否则在输出和印刷后的成品中线条将不显示。

（6）使用矢量图形编辑软件时，在将所有文字转换成路径之后，还需要将这些文字进行“压印”，否则印刷后的文字边缘会出现白边现象。

（7）在将所绘制的矢量图形导出时应以EPS文件格式导出或存储，否则页面拼版软件不能识别。

（8）所有输入或手绘的矢量图形，其线框粗细应不小于0.1mm，否则印刷品会造成断线或无法呈现的状况。另外，线框不可设定“随影像缩放”，否则印刷输出时会形成不规则线。

（9）CorelDRAW中用填充的方法制作底纹时，如果旋转填充框，填充内容有可能不会一起旋转，应先转换为位图后再旋转。在CorelDRAW中，可使用软件附带的底纹、图案来填充图形，或作为底图，使用时应注意：选择合适的图像分辨率，通常为输出线数的1.5～2.0倍，如分辨率过低会影响图像的精度，太高会影响输出速度。选取的底图应注意其属性是否为CMYK模式，一般填充的底图底纹为RGB模式，应转为CMYK模式。

3.3 印前图像处理

3.3.1 印前色彩处理

图像处理主要是调节图像的层次、色彩、清晰度、反差。层次调节就是调节图像的高调、中间调、暗调之间的关系，使图像层次分明；色彩调节主要是纠正图像的偏色，使颜色与原稿保持一致或追求特殊设计效果；清晰度调节主要是调节图像的细节，以使图像在视觉上更清晰；反差调节就是调节图像的对比度。

Photoshop 软件的图像调整功能非常强大，本节主要以该软件为例，介绍图像调节的技巧与方法。

如果被调节的图像是用于印刷品的设计，在图像开始调节之前，首先要将图像的色彩模式转为 CMYK 模式。

1. 图像层次调节

1）阶调分布调节

色阶是图像阶调调节工具，它主要用于调节图像的主通道以及各分色通道的阶调层次分布，对改变图像的层次效果明显，色阶对图像的亮调、中间调和暗调的调节有较强的功能，但不容易具体控制到某一网点百分比附近的阶调变化。如图 3-14 和图 3-15 所示，打开阶调调节菜单，弹出“色阶”对话框，通过此对话框可调节图像的阶调分布。

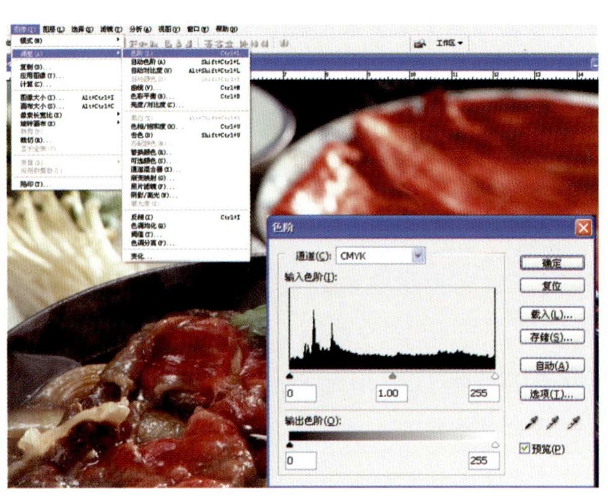

图 3-14　图像的色阶

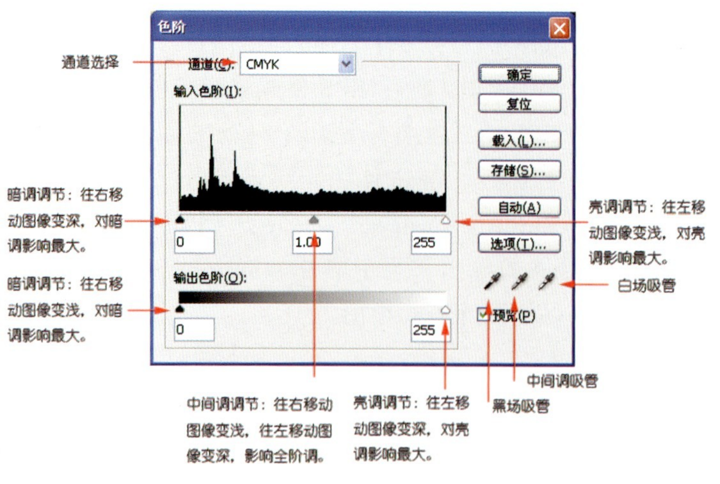

图 3-15　“色阶”对话框中各元素的含义

（1）确定图像的黑场、白场。图像的黑场、白场是指图像中最亮和最暗的地方。通过黑场、白场的确定控制图像的深浅和阶调。确定方法就是用“色阶”对话框中的黑场、白场吸管放到图像中最暗和最亮的位置。

白场的确定应选择图像中较亮或最亮的点，如反光点、灯光、白色的物体等。白场的 C、M、Y、K 的色值应在 5% 以下，以避免图像的阶调有太大的变化。在图 3-16 中可以看出，白场选择 A 位置时，图像变化较小；白场选择 B 位置时，图像变化较大。

图 3-16　白场选取不同位置时的效果

黑场的确定应选择图像中的黑色位置，且选择的点应有足够的密度。正常的原稿，黑场点的 K 值应在 95% 左右。如果图像原稿暗调较亮，则黑场可选择较暗的点，将图像阶调调深。中间调吸管一般很少用到，因为中间调是很难确定的。对一些图像阶调较平，很难找到亮点和黑点的图像，不一定非要确定黑场、白场。

当输出色阶的黑白三角形滑块重合时，即所有色阶并在一点时，图像就变成中性灰。如果都为 0，则变成黑色；如果都为 255，则变成白色。

在图 3-16 所示的“色阶”对话框中，可以看出在“输入色阶”文本框中包含色阶值输入框，其分别对应着黑色、灰色、白色三角形滑块，依次表示图像的暗调、中间调、亮调。

（2）通过滑块调节图像阶调。通道部分包含 RGB 或 CMYK 复合通道或单一通道色彩信息通道的选择，色阶工具可以对图像的混合通道和单个通道的颜色和层次分别进行调节。

在实际应用中，色阶工具一般是对图像的明暗层次进行改变与调整，虽然其具备纠正偏色的功能，但其调整效率并不高。

【案例解析】

打开图片，如图 3-17 所示，在“色阶”对话框中，如图 3-18 所示，拖动左右两个滑块或调整输入色阶值，其效果如图 3-19 所示。经过调整后，图像的暗部变得更暗，而亮部变得更亮。

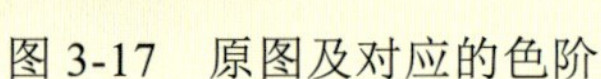

图 3-17　原图及对应的色阶

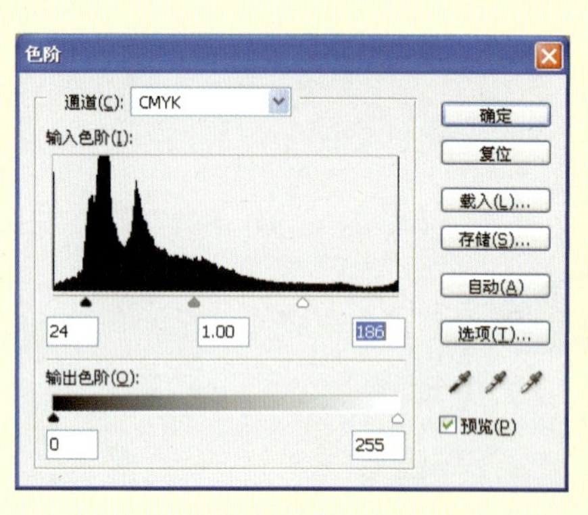

图 3-18　色阶调整

图 3-19　色阶调整后的效果图

每个图像都具有 0 ～ 255 共 256 级色阶值可供选择，在“色阶”对话框中，暗部输入色阶实际调整为 24，表示原图像 0 ～ 24 的色阶合并，即 0 ～ 24 色阶值都被认为是图像最暗的部分 0。同样的道理，亮部调整到 211，表示 211 ～ 255 色阶值都被认为是图像最亮的部分 255。

从理论上讲，输入色阶肯定会造成图像的亮部与暗部色阶损失，但是从图像的视觉效果看，则明暗对比协调，具有层次清晰的效果。

（3）单一通道的调整。图 3-20 中的花朵图像是一张扫描后的图像，红颜色饱和度不足，阶调变化平淡，对比度较弱，层次不明显，采用色阶工具进行调节。

图 3-20　原图及对应的色阶

① 选择综合通道，如图 3-21 所示，向右调拖动暗调调节滑块，使暗调变深的同时向左拖动亮调调节滑块，使亮调变亮以提高图像的对比度。提高整个图像的亮度，使图像更加清晰，层次分明，效果如图 3-22 所示。

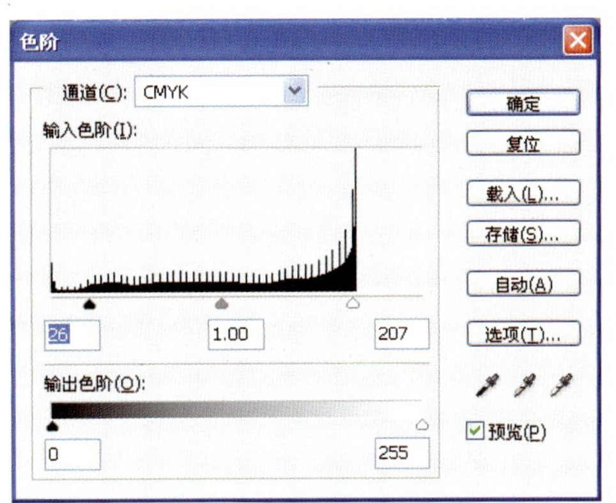

图 3-21　拖动调节滑块

图 3-22　高调整后的效果图（1）

② 加强画面中的红色，选择“洋红”通道，如图 3-23 所示，拖动输入滑块右滑，提高红色饱和度，然后微调亮调滑块，进行参数设置，最终效果如图 3-24 所示。

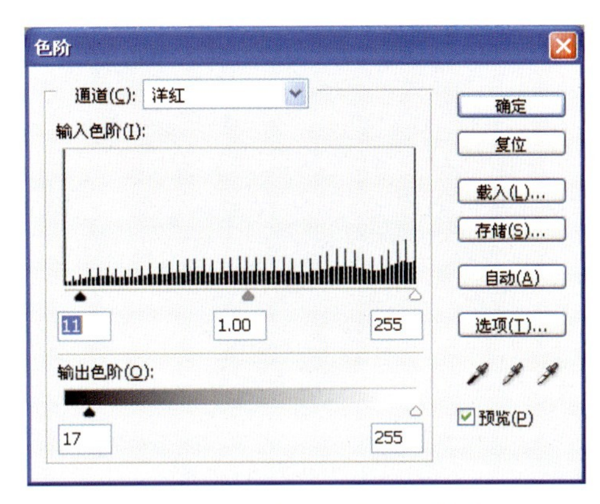

图 3-23　选择“洋红”通道

图 3-24　高调整后的效果图（2）

2）曲线调节

曲线命令与色阶命令类似，但曲线调节与色阶相比，允许调整图像的整个色调范围，并且其调节色调层次比色阶功能更强、更直观，调节图像偏色比色阶更方便。在选择两种工具对图像调节时，建议如果仅仅是涉及高光与暗调时和调节图像黑场与白场时，采用色阶命令，细致调节时使用曲线命令。在“曲线”对话框中，坐标曲线的横轴表示图像当前的色阶值，纵轴表示图像调整后的色阶值。

在图 3-25 所示的“曲线”对话框中，除了原有的两个调整点（黑场与白场）外，还可增加 13 个调节点，如图 3-26 所示，这可以保证曲线的变化形式；调整其中任何一点时，可以保证其他点不变。

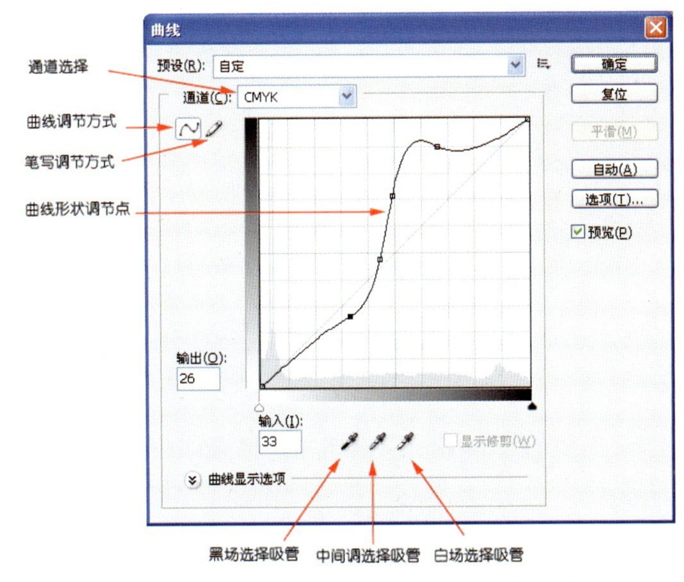

图 3-25　“曲线”对话框中各元素的含义

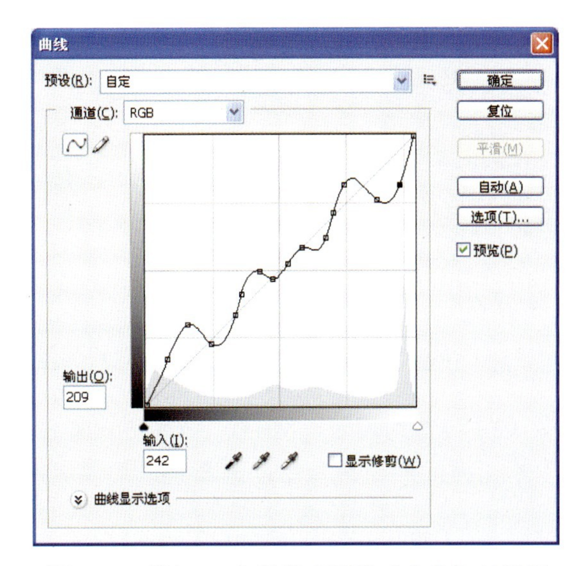

图 3-26　增加 13 个调节点后的“曲线”对话框

图 3-26 所示的“曲线”对话框中还提供了一个“选项”按钮，可以根据需要设置“自动颜色校正选项”对话框，并将其设置为默认值，如图 3-27 所示，凡在图 3-26 中选择“自动”选项，就表示以此为准。

（1）图像整体调整。图像整体调整一般采用曲线调节中的“S”形曲线。

图 3-28 是一幅对比较弱，高亮区域色调较暗且缺少层次，整个画面灰暗的图片。在大多数情况下，这样的图像可用“S”形曲线对图像进行调整，效果如图 3-29 所示。“S”形曲线是根据人眼的视觉特性绘制的，可以使相近的亮色调之间变化自然，并且可以加大对比度。如果单纯将亮调曲线上移，而曲线仍保持一条直线，会使图像中最亮的色调区域较暗且缺少层次，调整后的效果如图 3-30 所示。

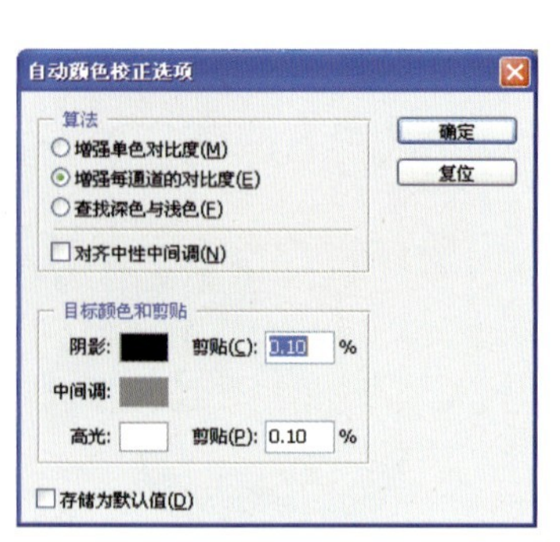

图 3-27 “自动颜色校正选项”对话框

图 3-28 灰暗的原图

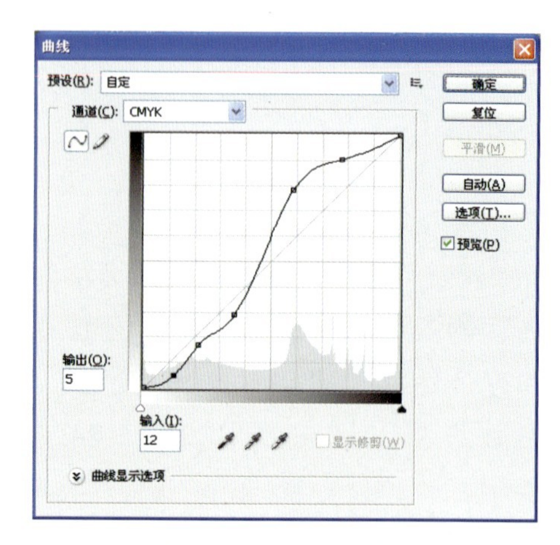

图 3-29 “S”形曲线

（2）特殊效果调节。不难看出，复合通道曲线的变化是对整个图像进行色彩调整。左、下各有一条灰度渐变色条，表明明暗的分布。通过单击按钮进行阶调调整，白色表示亮部，黑色表示暗部。

如图 3-31 所示，通过调整黑白场，即拖动曲线上的原有两个调整点沿水平方向分别向对应的反方向移动，可以加强图像的对比度。

图 3-30 “S”形曲线调整的效果图

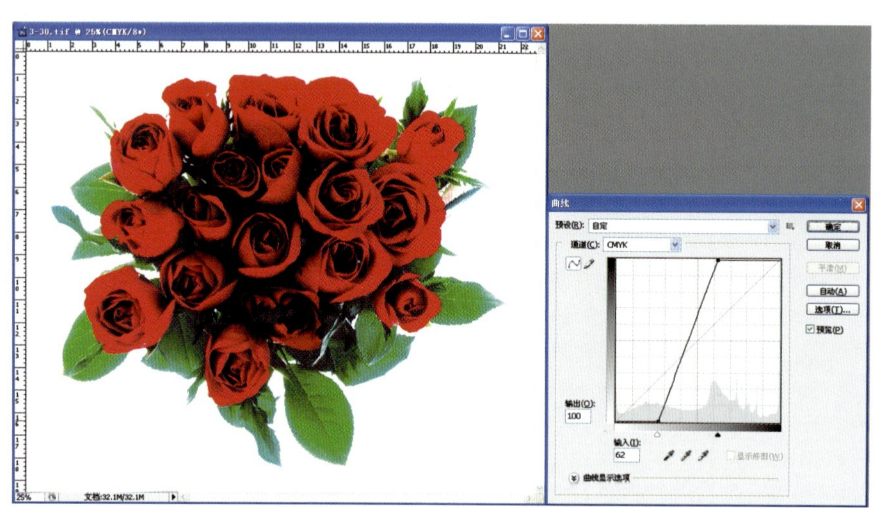

图 3-31 将亮调曲线上移后的效果图

（3）偏色的调整。“曲线”命令对图像偏色的调节，一般通过对某一通道产生作用来纠正偏色。在“曲线”对话框的通道选项中，选择某一个通道进行调整即可。

【案例解析】

（1）打开图 3-32 所示的图像，不难看出图像中的树木与草地颜色明显偏红，而且缺少青色。

（2）打开图 3-33 所示的“曲线”对话框，在“通道”下拉列表框中选择“洋红”，拖动曲线并观察图像的变化，效果如图 3-34 所示。

图 3-32 原图

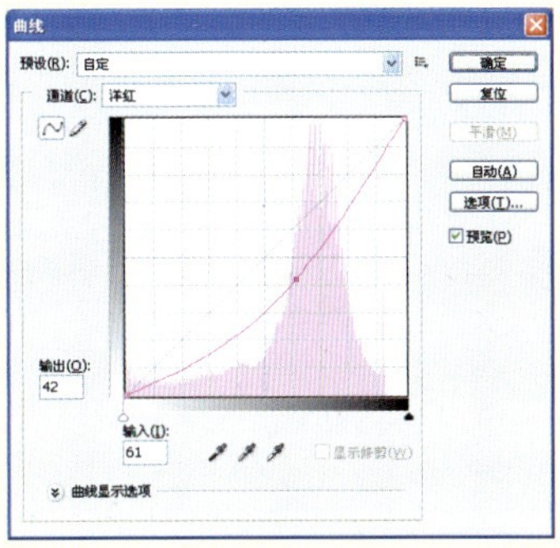

图 3-33 选择“洋红”通道

图 3-34 调整后的效果（1）

（3）选择“青色”通道，如图 3-35 所示，调整曲线，最终效果如图 3-36 所示。

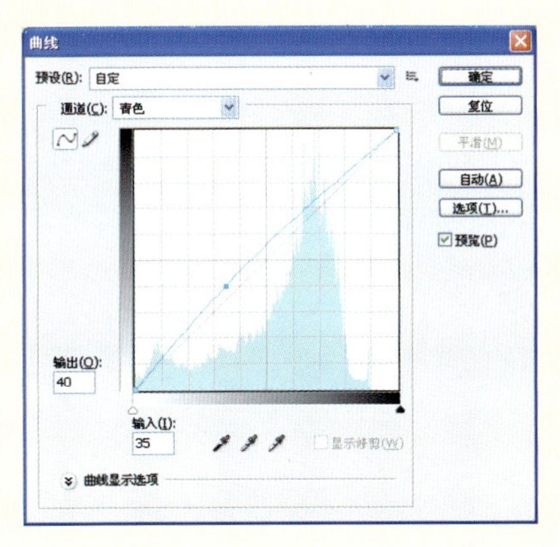

图 3-35 选择“青色”通道

图 3-36 调整后的效果（2）

2. 图像色彩调节

1）色彩平衡调节

色彩平衡是用来调节颜色平衡的工具，可以分别对图像的暗调、中间调、高光进行调节。执行菜单“图像”→“调整”→“色彩平衡”命令，弹出如图 3-37 所示的“色彩平衡”对话框。

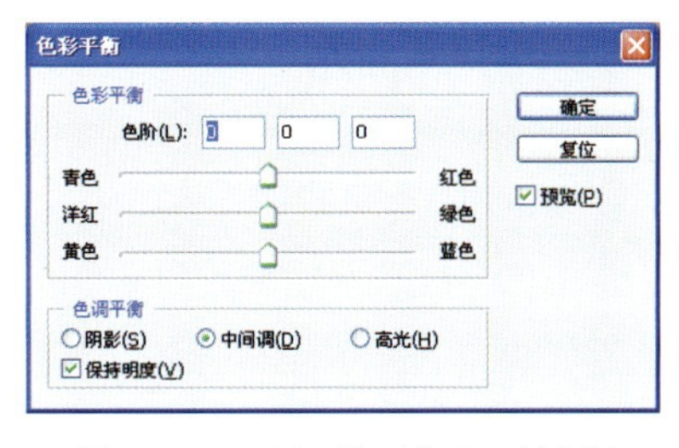

图 3-37 “色彩平衡”对话框

色彩平衡实际上是平衡图像中的互补色，R、G、B 对应 C、M、Y。使用“色彩平衡”命令时一定要确保图像处于复合通道中。然后选择要更改的色调范围，即暗调、中间调、高光，同时选中“保持明度”复选框，防止图像的明度值随颜色的更改而改变。

用色彩平衡工具调节某一种颜色时，会对其他颜色产生影响，而且也会对图像的层次带来不可预料的变化，所以色彩平衡一般只用来对画面颜色调节幅度不大的情况进行调整，建议少用为佳。

【案例解析】

（1）原图如图 3-38 所示，在如图 3-39 所示的“色彩平衡”对话框中，选中“高光”单选按钮，然后适当调整黄色滑块，同时注意观察图像变化，效果如图 3-40 所示。

图 3-38　原图

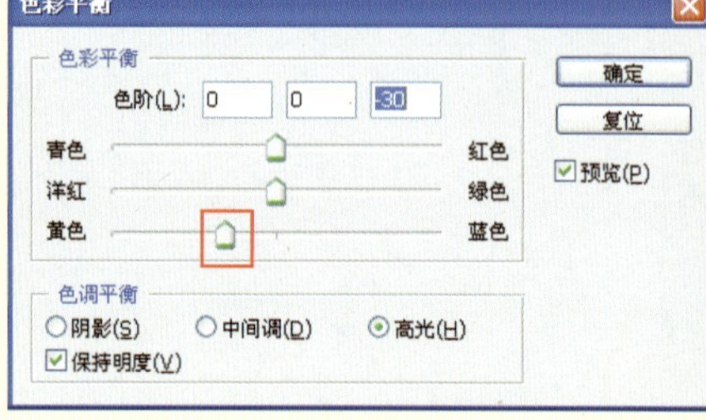

图 3-39　“色彩平衡”对话框

图 3-40　调整后的效果

（2）继续选中“中间调”和“阴影”单选按钮，如图 3-41 和图 3-42 所示，调整滑块并得到相应的效果。

图 3-41　选中“中间调”单选按钮进行调节

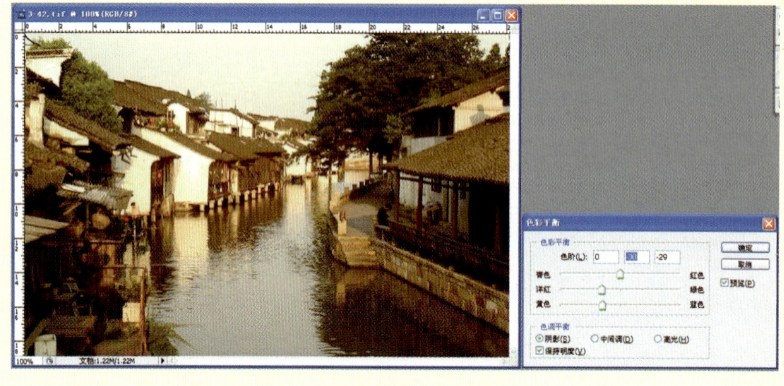

图 3-42　选中“阴影”单选按钮进行调节

2）色相/饱和度

色相/饱和度调整是根据颜色的属性：色相饱和度、明度来对图像进行调节的。

执行菜单“图像”→“调整”→“色相/饱和度”命令，弹出如图 3-43 所示对话框，它可对图像的所有颜色或指定的 C、M、Y、R、G、B 进行调节，对特定颜色的色相、饱和度、明度属性的改变作用很大。该工具以颜色作为调节对象，对某一颜色调整时，不影响其他颜色，有较强的选择性与针对性，是对图像进行色彩调整时的主要工具。

图 3-43　“色相/饱和度”对话框

【案例解析】

以图 3-44 为例，进行色相/饱和度的调节，从而熟练掌握该工具的调节方法。

图 3-44　原图

（1）色相调整。选择“全图”为基准，如图 3-45 所示，调整色相参数，在对话框下方青色色条的对比变化明显，所以图像整体变为冷调，效果如图 3-46 所示，失去了原来画面宁静温暖的感觉。

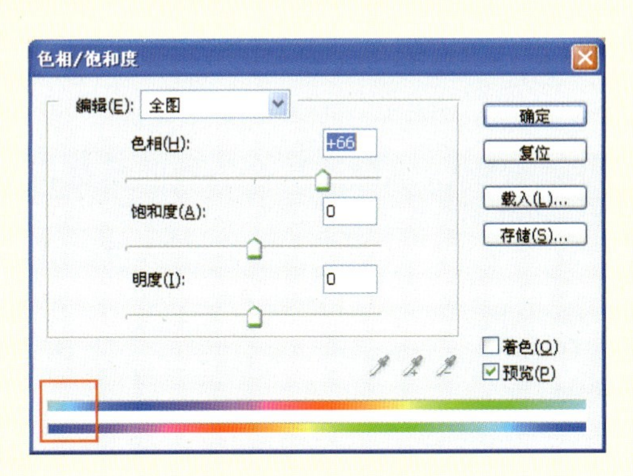

图 3-45　色相调整

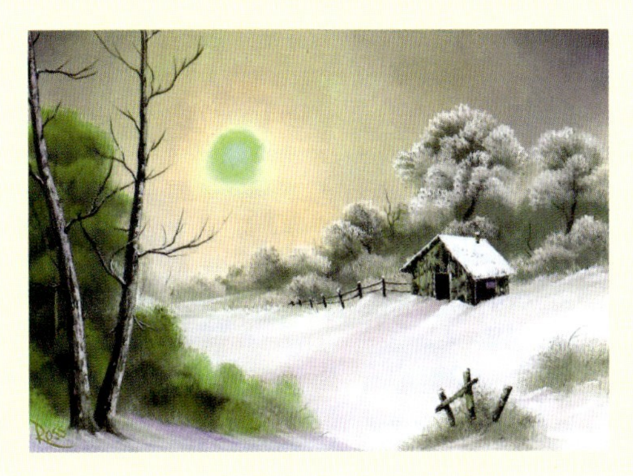

图 3-46　色相调整后的效果

（2）饱和度调整。调整饱和度参数设置如图 3-47 所示，增加整个画面的饱和度，整个画面表现出红色更为饱满的景象，效果如图 3-48 所示。

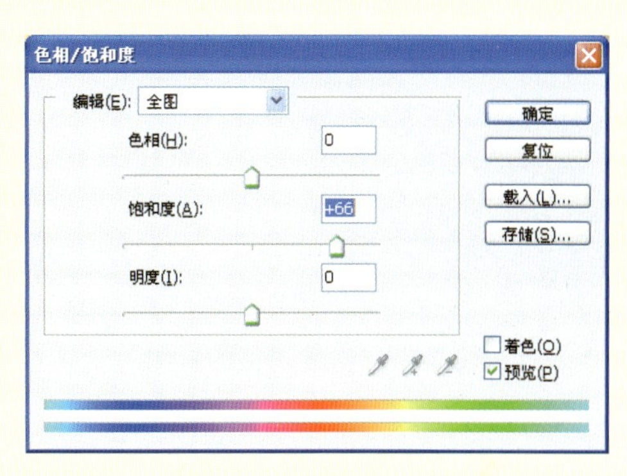

图 3-47　饱和度调整

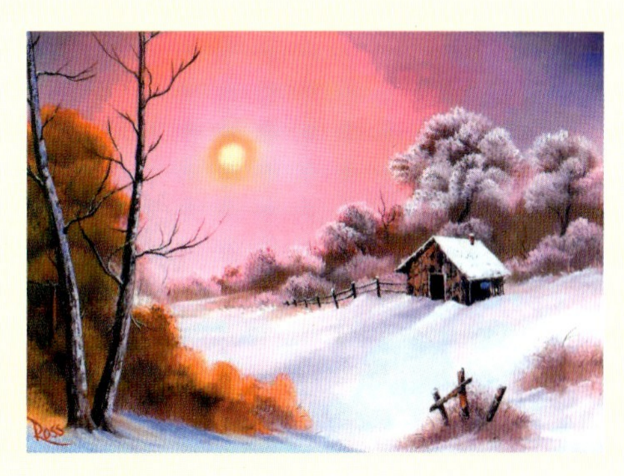

图 3-48　增加饱和度的效果

如果饱和度为负值时，则整个图像变成灰色，对应的色条也变成“彩灰色”，效果如图 3-49 所示。

图 3-49　减少饱和度的效果

（3）明度调整。明度调整是对整个画面的灰调调整，如果调整为正值，则图像的明度增加；如果调整到最大值时，则为白色。如图 3-50 所示，同时色条也相应变化。如果调整为最小值时，则图像为黑色，这与饱和度的调整截然不同。

图 3-50　明度调整的效果

（4）“着色”选项调整。使用该选项，则“编辑”选项变成灰色不可使用。整个图像被某一种颜色覆盖，这种颜色依据色相、饱和度、明度的变化而变化，如图 3-51 所示，但不会对原图像的层次产生影响。

（5）单一通道的调整。其调整方法与全图调整方法类似。只是在调整时在色条中限制一个区域，然后在这个区域中调整相应的色相、饱和度和明度值，效果如图 3-52 所示。

图 3-51　“着色”选项调整的效果

图 3-52　单一通道调整的效果

3）去色

去色是将彩色信息转换为相同颜色模式下的灰度图像。如果是 RGB 色彩模式的图像，则在执行“去色”命令时，图像中的每个像素会指定相等的红色、绿色和蓝色值，使彩色信息均呈中性灰。如果对于黑白图像尽量慎用该命令。而对于 CMYK 色彩模式的图像，则在执行“去色”命令时图像会呈现偏红的灰色，如图 3-53 所示。这是因为 RGB 色彩模式的图像去色后，R=G=B 为中性灰，其对应的 CMYK 值中 C 值偏重，MY 比 C 少 10 左右。C=M=Y 则相当于在中性灰基础上增加了 M、Y，所以图像整体偏红。

图 3-53　去色的效果

4）选择颜色调整

执行菜单“图像”→“调整”→“可选颜色”命令，弹出如图 3-54 所示对话框。在“可选颜色”对话框的颜色调整中，除了 RGB 和 CMYK 以外，还多了白色、中性色、黑色，提供了较大的调整空间，包括黑场与白场细微层次、色彩的调整。

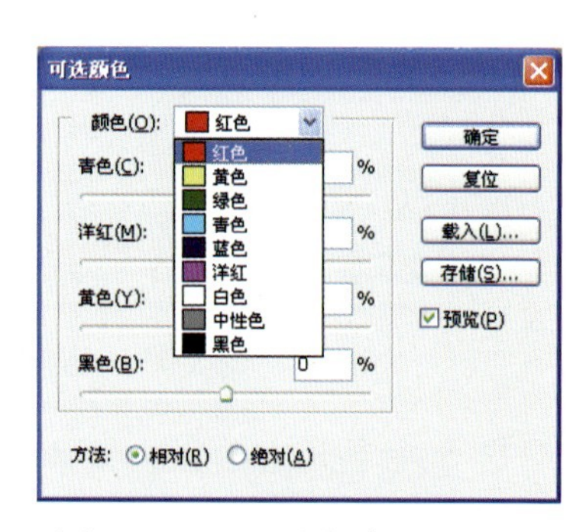

图 3-54　“可选颜色”对话框

“可选颜色”是另外一种校色方法，它针对性更强，可以针对图像的某个色系进行颜色调整，其最大优点在于对其他颜色几乎没有影响，所以在调节图片偏色时非常有用，是设计师常用的校色工具。

【案例解析】

图 3-55　有色偏的原图

图 3-55 是一张偏色的图片，背景色中红色成分较多，使幼儿的肤色不够真实。如果将该图像中过多的红色成分去掉，可通过下面方式调节。

（1）打开“可选颜色”对话框，如图 3-56 所示，选择“红色”进行调节，通过调节滑块降低画面中的红色。从调整后的图 3-57 所示的效果中可以看到，背景红色明显降低，但幼儿的肤色及衣服颜色仍不够真实。

（2）如图 3-58 所示，继续选择“白色”，通过调节“洋红”滑块降低衣服中的红色成分（将滑块拖向左方），如图 3-59 所示对幼儿的肤色起到了较好的效果。

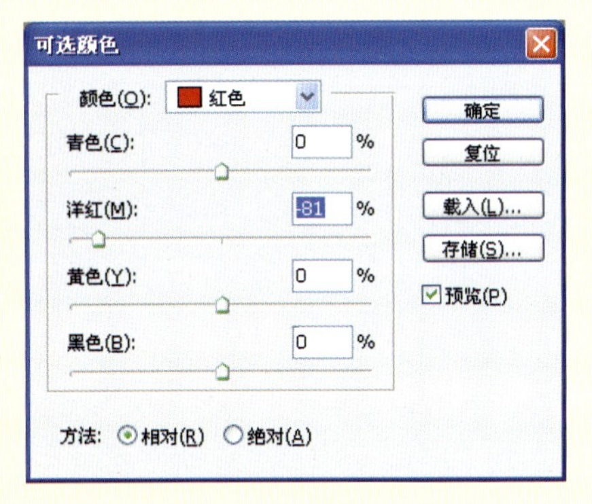

图 3-56　红色调整

图 3-57　调整后的效果（1）

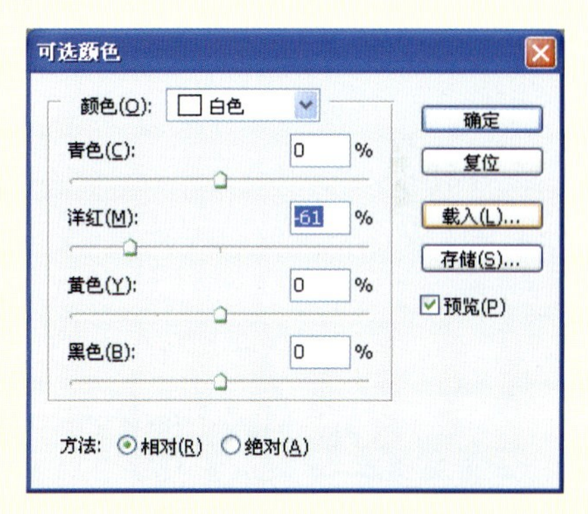

图 3-58　增加洋红成分

（3）通过对白色进行调节，降低了白色中的红色成分，但是幼儿肤色中的黄色仍然偏多，如图 3-60 所示，减少黄色，得到如图 3-61 所示的效果。

图 3-59　调整后的效果（2）

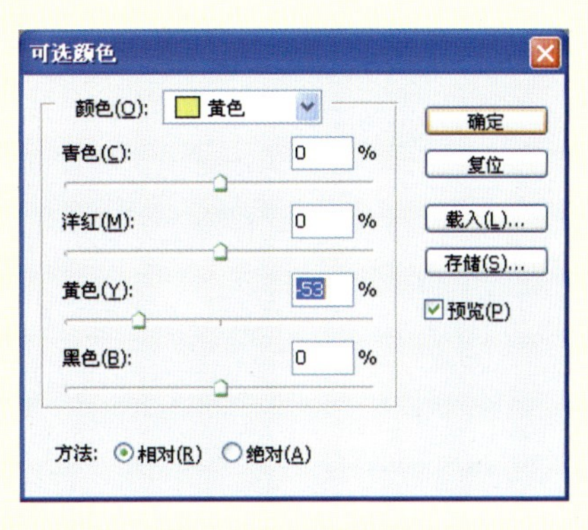

图 3-60　减少黄色

图 3-61　调整后的效果（3）

应用“可选颜色”命令调整图像颜色时应注意以下方面。

（1）在调整过程中不要对不需要调节的色彩产生影响。

（2）一般情况下，应使用“相对”方式，以免使图像阶调变化太大。

（3）进行颜色调整时，要确定色彩模式是 CMYK。

以上是在 Photoshop 软件中几个经常用到的图像色彩调整工具，每个工具各有特点，各有所长。从美术创作角度来讲，色相/饱和度的调整更合适。而“可选颜色”，是从网点的百分比来进行调节的，所以更适合于印刷品设计的颜色调整。

3.3.2 图像品质处理

1. 图像清晰度调节

Photoshop 除了可以对图像的色彩、阶调等方面进行较好的调节外，还可以用于图像清晰度的调节。主要包括两个方面：一个是图像清晰度的强调；另一个是图像的去噪。这是两个相反的过程，强调清晰度会产生噪声，去噪则会降低清晰度，因此合理掌握二者的关系非常重要。

图像清晰度的强调和去噪，主要适用于扫描的图像。因为扫描的图像清晰度都不高，且由于存在着印刷网纹，图像也会比较粗糙，即噪声。

1）图像的去噪

对印刷品进行扫描时，要对原稿进行去网处理，通过去网消除图像上的网纹，这个过程实际上是通过图像虚化的方式来实现的，去噪就是消除和减少印刷品经扫描后产生的网纹。Photoshop 中有以下几种方法可以对图像去噪。

（1）执行菜单“滤镜”→“杂色”→“去斑”命令，可以完成图像的去噪。但是“去斑”命令没有可调节的参数，只能按照一个默认值整体去除，所以功能较弱。

（2）执行菜单“滤镜”→“杂色”→“蒙尘与划痕”命令。通过调节相应参数，既能去除图像的噪声，又能保持图像的清晰度。

（3）利用通道去除噪声。利用通道去除噪声是获得较好去噪效果的有效方式，尤其是对图像各通道噪声不一致的图像效果更好。通过对不同通道的处理，可保证没有噪声通道的清晰度，从而保证了整个图像的清晰度。

【案例解析】

（1）图 3-62 是一张噪声比较大的图片，特别是海水和镜片反光后在水中的波纹部分。在调节过程中通过观察对话框中的小窗口预览调节前和调节后的效果，如图 3-63 所示。用鼠标按住小窗口的画面，则显示调节前的图像，松开鼠标为调节后的图像。

图 3-62　噪声较大的原图

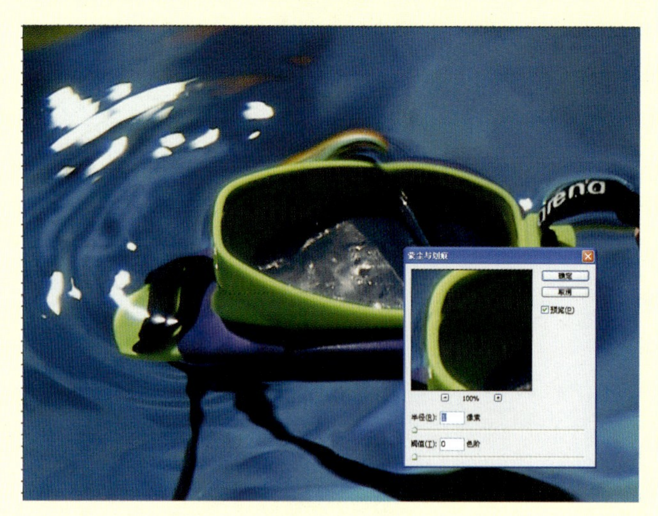

图 3-63　边调节边看去噪效果

（2）图 3-63 是默认值时的设置及去噪局部效果。在使用“蒙尘与划痕”对话框时，鼠标可以在画面中任意位置移动并选择相应位置观察去噪效果。

下面通过参数的调整观察一下图像的变化。

① 增加去噪的半径。可以看到框内的图像已经变得模糊不清，半径越大，去噪效果越强，如图 3-64 所示。

② 提高去噪的阈值。可以看到图像去噪的作用很小，因为阈值数值越大，去噪效果越不明显，如图 3-65 所示。

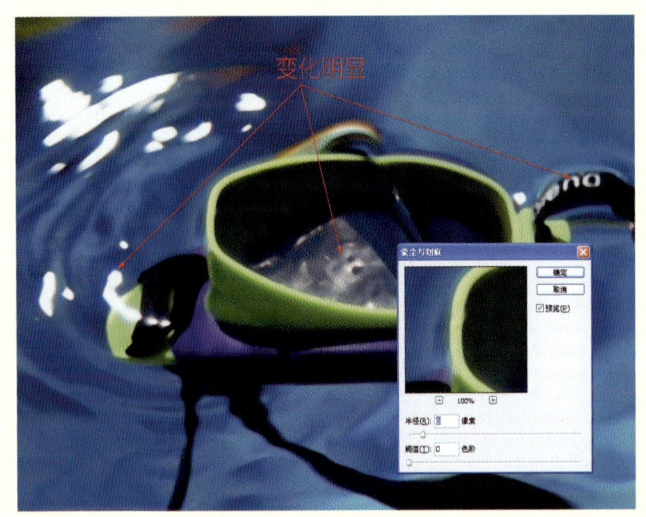

图 3-64　增加去噪的半径

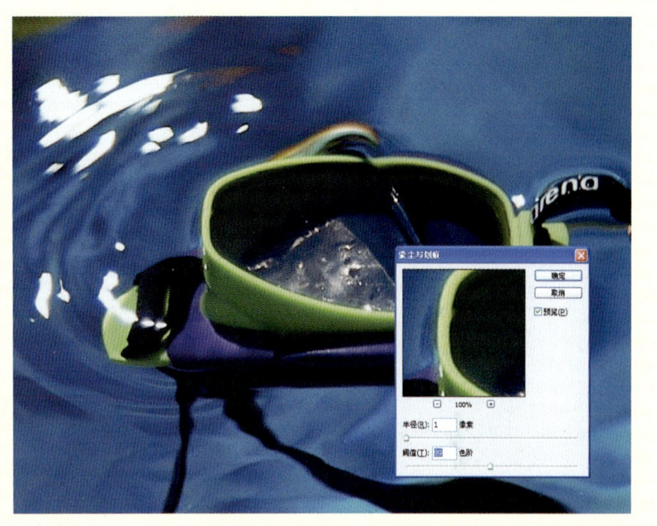

图 3-65　提高去噪的阈值

③ 半径与阈值同时调整，可以将图像调节得恰到好处，如图 3-66 所示。

④ 半径与阈值同时调整过度时的效果，如图 3-67 所示。

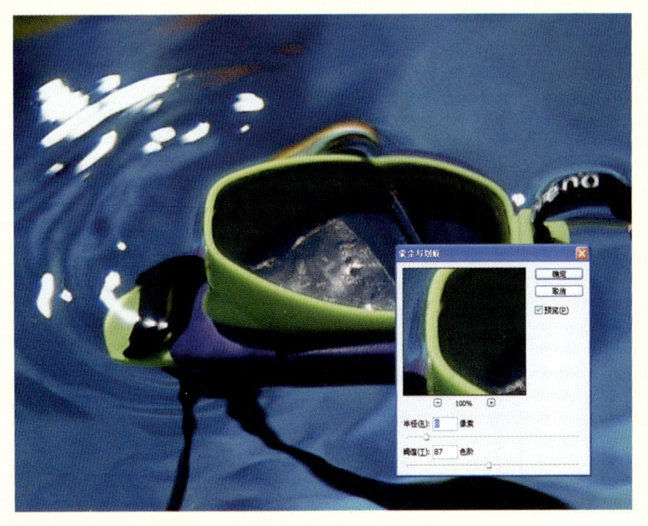

图 3-66　半径与阈值调整成功的效果

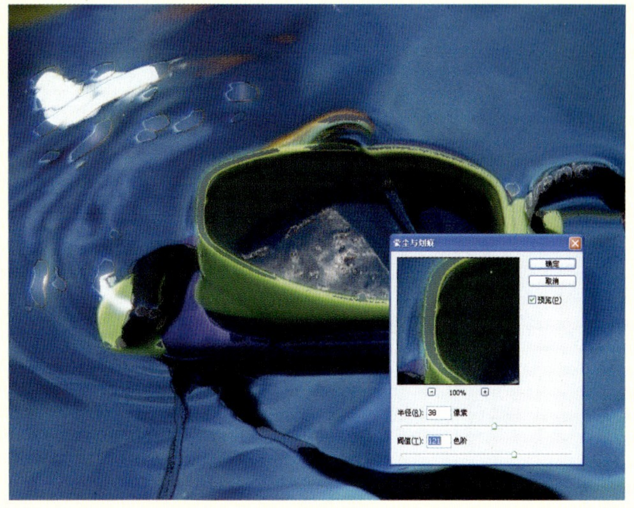

图 3-67　半径与阈值同时调整过度时的效果

（3）再举一个实例，如图 3-68 所示，可以看出“青色”通道中噪声比较多，如果整体去噪会对整个图像的清晰度产生影响，在这种情况下可有针对性地对图像的“青色”通道进行处理，效果如图 3-69 所示。

图 3-68　青色噪声较多的原图

图 3-69　调节后的效果

2）图像的“USM 锐化”调节

并不是所有的图像清晰度都符合要求，尤其是扫描后的图像。对于清晰度不高的图像则需要在图像软件中进行调整。

在 Photoshop 中调节图像清晰度的方式有多种，但只有“USM 锐化”命令具有参数调节功能，可以对图像的清晰度进行细微的调节。执行菜单“滤镜”→“锐化”→“USM 锐化”命令，在其弹出的对话框中包含以下几个参数。

（1）数量：是清晰度调节的幅度，数值越大调节幅度越大。

（2）半径：是以某一个像素为中心时，进行数学计算的像素范围。为了避免图像调节过度，半径以低于 2.0 为佳。

（3）阈值：是指像素灰度值与正在处理的中心像素值的差值大小。阈值越大，清晰度变化幅度越小。

【案例解析】

打开图 3-70 并执行“USM 锐化”命令，观察图像显示框内的图像。将鼠标移到图像上，点按鼠标显示框内参数，如图 3-71 所示，显示框内图像清晰度发生变化，显示了“USM 锐化”命令对图像清晰度进行调节的结果。

图 3-70　原图

“USM 锐化”命令对图像清晰度的调节没有定值，但有一个原则：当图像显示比例为 100% 时，图像中没有地方出现白边或颗粒。出现了细小颗粒意味着不能再继续调节。在调节过程中还需要注意，半径越大，出现白边的可能性越大，如图 3-72 所示。

图 3-71　调出“USM 锐化”对话框

图 3-72　调节后的效果

“USM 锐化”命令不但可以调节整个图像的清晰度，还可以对图像局部的清晰度做调整。如果要调节清晰度，则用选择工具选择该区域，打开“USM 锐化”命令进行调节即可。需要注意的是，选区选好后，应该对选区边缘进行羽化，以避免边缘的生硬。

2. 连续调图像加网

连续调图像是指图像的明暗层次变化是连续的。连续调图像的明暗层次（即阶调）在印刷品上可以通过两种方法来表现：一种是利用墨层厚度的变化，如凹版印刷；一种是利用网点覆盖率。此处讲解的是后者。

按照连续调图像加网的方法，可以分为调幅加网（AM）和调频加网（FM）两种。

1）调幅加网

（1）原理

调幅加网是通过均匀分布、大小不同的网点来表现图像明暗层次变化的加网方式。

① 网点对图像阶调的传递。为了把原稿上图像的明暗层次再现出来，必须制作出加网的阳图或阴图底片，将图像分割成许多不连续的网点，再转晒到印版上，而后用来印刷。印张上单位面积内，网点的总面积大，则油墨覆盖率高，反射光线少，吸收光线多，使人感到阴暗；印张上单位面积内，网点的总面积小，则油墨复盖率低，反射光线多，吸收光线少，给人以明亮的感觉。这样原稿图像的浓淡层次在印张上便可得到再现。

网点是构成连续调图像的基本印刷单元。通过图像处理，在印刷品上体现这种图像单元与空白的对比，达到再现连续调的效果。

② 网点的特性。按照加网的方法，分为 AM 网点和 FM 网点。

AM 网点是最常用的网点，也叫调幅网点。一般是在照相机上，利用网屏或在电子分色机上，通过网点发生器，用激光束进行电子加网形成的。

网屏有玻璃网屏和接触网屏。由于网屏的网孔呈现有序的排列，因此，形成的网点在空间的分布不仅有规律，而且单位面积内网点的数量是恒定不变的，原稿上图像的明暗层次，依靠每个网点面积的变化，在印刷品上得到再现。

原稿墨色深的部位网点面积大，接受的油墨最多；原稿墨色浅的部位，印刷品上网点面积小，接受的油墨量少，这样便通过网点的大小反映了图像的深浅。

（2）复制要素

① 网点覆盖率。网点覆盖面积与对应网格之比，叫作网点覆盖率，通常用百分数来表示，故也叫作网点百分比，如图 3-73 所示。

图 3-73　网点覆盖率

一般连续调图像的暗调部分，网点百分比的范围约为 70% ～ 90%；中间调部分，网点变化范围约为 40% ～ 60%；亮调部分，网点变化范围约为 10% ～ 30%。

② 网点角度。网点角度是指相邻网点中心连线与基准线的夹角。如果以水平线为基准线，网点的角度表示由水平线沿逆时针方向转到网点中心连线的角度；如果以垂直线为基准线，则网点的角度是由垂直线沿顺时针方向转到网点中心连线的角度，如图 3-74 所示。

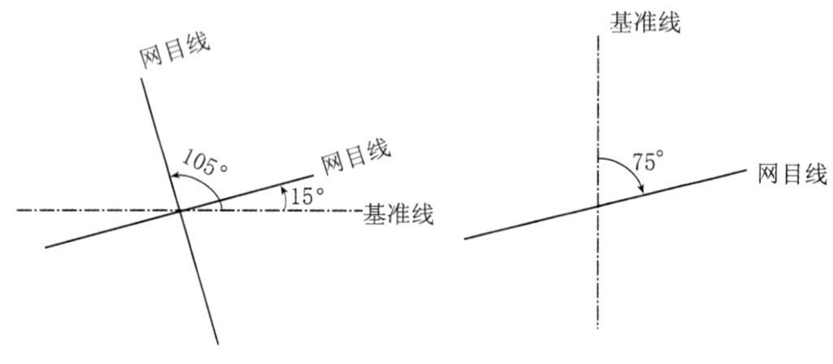

图 3-74　网点角度

彩色印刷品是由四色或四色以上的色版套叠印刷而成的。各色印版上网点都是按周期排列的，相互叠印必然产生摩尔纹，在印刷中俗称“龟纹”。龟纹的产生会严重损害图像的质量。四色印刷中为了避免在叠印时出现明显的摩尔纹，网点夹角以不小于 22.5° 为宜。我国推荐网线夹角为：黄版用 0°，品红版用 15°（或 75°），黑版用 45°，青版用 75°（或 15°），如图 3-75 所示。

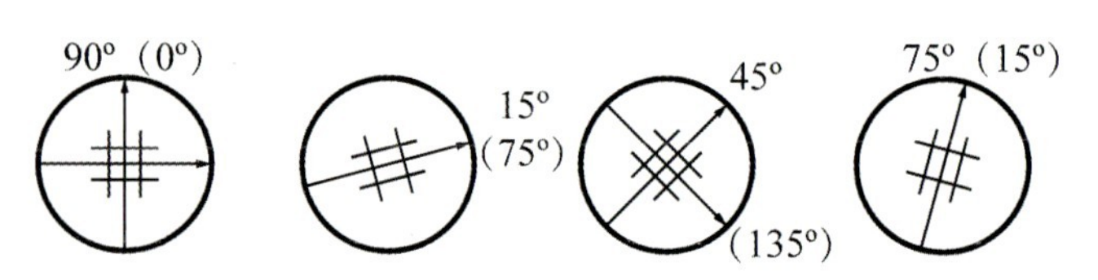

图 3-75　我国推荐的网线夹角

国际上通常采用的彩色网线角度有以下几种。

- 双色印刷：深色用 45°，浅色用 75°。
- 三色印刷：黄色用 15°，品红色用 75°，青色用 45°。
- 四色印刷：黄色用 0°，品红色用 15°，青色用 75°，黑色用 45°。

③ 网点线数。单位长度内，所容纳的相邻网点中心连线的数目叫作网点线数。

网点线数愈高，单位面积内容纳的网点个数愈多，阶调再现性愈好，如图 3-76 所示为网点数再现的效果。精细印刷品，一般使用平滑度较高的纸张印刷，应该选择高网点线数来复制。如使用 150g/m² 的铜版纸印刷杂志封面，可以选择 60 ～ 70 线/cm。

图 3-76　不同加网点线数对比

④ 网点形状。网点形状是指 50% 网点的形状。常用的网点形状有方形、圆形、椭圆形、链形等，如图 3-77 所示为调幅网点示例。此外，在印刷复制中，为了达到某种特殊的艺术效果，会采用一些特殊形状的网点。

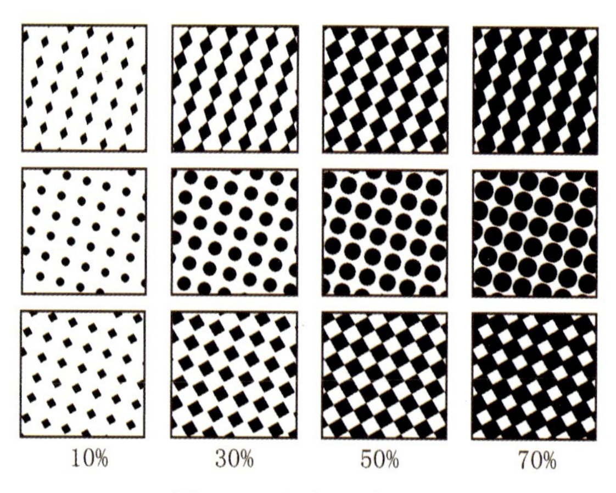

图 3-77　调幅网点示例

2）调频加网

20 世纪 90 年代，产生了图像的调频加网方式，出现了 FM 网点，也叫作调频网点。它是利用计算机，在硬件和软件的配合下形成的。网点在空间的分布没有规律，为随机分布。每个网点的面积保持不变，依靠改变网点密集的程度，也就是改变网点在空间分布的频率，让图像的明暗层次在印刷品上得到再现。如图 3-78 所示为网点覆盖率为 25% 的调幅加网网点与调频加网网点，图 3-79 为调频加网图像。

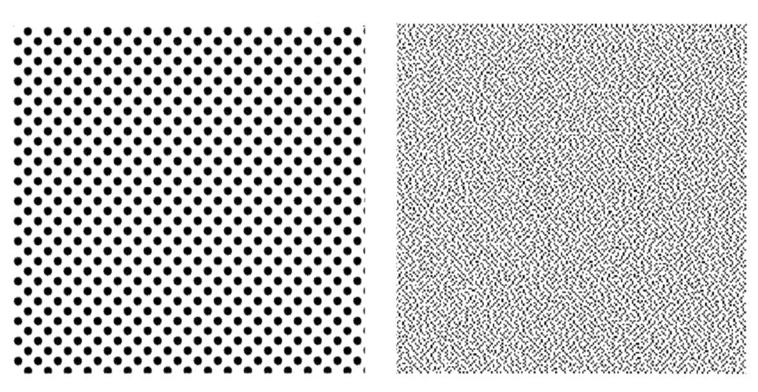

图 3-78 网点覆盖率为 25% 的调幅加网网点（左）与调频加网网点（右）对比

图 3-79 调频加网图像

FM 网点和 AM 网点都属于面积调制式网点。但是，AM 网点因存在角度问题，常常出现有损印刷美感的“龟纹”。而 FM 网点是随机的，没有角度问题，故不会产生“龟纹”，如图 3-80 所示为出现“龟纹”的对比效果。此外，FM 网点比 AM 网点的分辨率高，因此，对图像阶调的还原性超过 AM 网点。

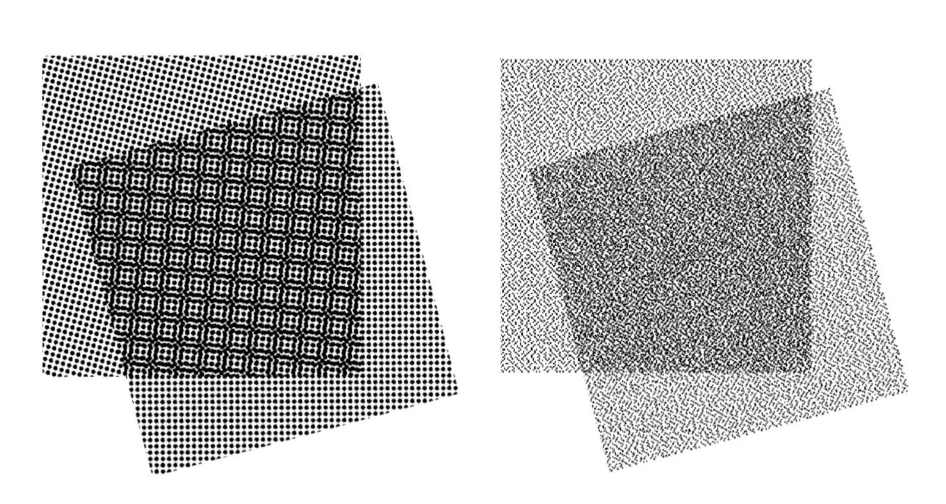

图 3-80 调幅加网会产生“龟纹”（左）VS 调频加网不会产生“龟纹”（右）

3.4 原稿的数字化处理

现代印刷作业流程，是一个数字化的工作流程，印前的处理工作更多的是对数字文件的处理。因此，在非数字的原稿确认之后，需要把原稿输入计算机系统，方便以后的操作，非电子原稿是不能被计算机读取的，需要将其数字化。印刷中通常使用扫描仪、数码相机等输入设备进行扫描、拍摄来实现原稿的数字化。

3.4.1 常用设备

扫描仪和数码相机是将图像数字化最常用的图像输入设备，它们的性能直接影响到数字图像的质量。由于印刷所需的图像质量要求较高，所以印刷中使用的扫描仪和数码相机都是十分专业的设备。

1. 扫描仪

扫描仪是印前系统的关键设备，也是计算机系统的信息采集与输入设备。扫描仪采用光电转换原理将连续调图像转换为可供计算机处理的数字图像，实现图像信息的数字输入。平面作品的非电子原稿大部分都是通过扫描实现数字化的。所以，从图像的性质来说，原稿图像是连续调的，其颜色深浅是无限过渡和变化的。经过扫描仪扫描捕获的图像则是离散的，是由一个个的点组成的。

印刷原稿扫描所用的扫描仪属于专业扫描仪，其扫描质量要比普通扫描仪高。专业扫描仪可分为滚筒扫描仪和平板扫描仪。这两类扫描仪的结构和工作原理、功能、质量都有一定的区别。

扫描仪还可以与光学字符识别软件OCR（Optic Character Recognize）配合，将扫描的文稿转换成文本形式，节约了大量的手工录入文字时间。

2. 数码相机

近年来，数码相机以其高分辨率、无损传输、方便快捷等特点而备受关注，成为图像数字化输入的主要设备之一。由于专业数码相机能够获取高质量的数字图像，因此数码相机也是当今印前系统的重要输入设备。在印刷领域，数码相机通常用于拍摄立体的非电子原稿。

3.4.2 扫描输入

图像扫描是计算机平面设计的第一道工序，扫描质量的高低直接影响最终成品的质量。尽管现在图像处理软件功能强大，但如果将扫描质量低、达不到标准的图片在软件程序中处理，设计师技术再高也无法调整好先天不足的图像。

扫描技术是一项经验性比较强的工作，一个扫描技师在桌面出版流程中有着举足轻重的地位，扫描经验的积累是通过长期、大量的工作实践实现的。

对于专业的印刷公司和印前输出中心，图像的扫描一般采用高档的滚筒扫描仪。它的参数设定都在扫描软件中完成，然后进行正式扫描。因此，参数的设定很重要。不同类型的扫描仪的操作方法并不完全一致，但扫描的基本技术是一致的。下面是扫描的基本步骤与技术应用。

1. 原稿分析

原稿是印刷复制的客观依据，拿到原稿后，应该对其进行仔细分析。在标准光源下，观察原稿，按照原稿的阶调层次、颜色状况、清晰度（含颗粒性）标准及缺陷程度，将原稿分成标准、中等、次等及不能复制几种，以决定在扫描时是要忠实复制、少量调整，还是要进行纠正。

限于扫描仪的工作原理，扫描得到的图像或多或少会出现失真或变形。因此，好的原稿对得到高品质的扫描效果是格外重要的，而品质不佳的原稿，即使通过软件处理可以改善扫描效果，但终究属于亡羊补牢的做法。至于那些污损严重的图像，无论如何处理也无法得到期待的效果，因此，一定要尽量使用品质出色的原稿扫描。对一些尺寸较小的稿件，应尽量放置在扫描仪中央，这样可以减小变形。

（1）分析原稿的色彩和层次。色彩分析主要是观察原稿是否有超出扫描仪识别范围的色彩，是否有超出印刷油墨色域范围的色彩；层次分析是观察原稿的明暗层次、阶调是否完整，理想的阶调范围是原稿的亮调和暗调部分均有细节，具有一定的层次。

（2）分析原稿中的黑场和白场。黑场为暗调最暗处，白场为亮调中极高光的部分。黑场与白场的确定就是确定原稿阶调的起点和终点。扫描明暗层次理想的原稿只要维持原稿的黑场与白场不变即可。扫描明暗层次不理想的原稿，可以通过黑场与白场的设置来改变图像层次。其规律是：白场设在较深的部位，整个图像会变浅；黑场设在较浅的部位，整个图像会变暗。

（3）分析原稿的缺陷。如果原稿画面整体较暗，则调整中间调；如果原稿画面整体较亮，则降低亮度；如果原稿画面偏色，则减掉一定量所偏向的色等。

（4）观察原稿是否清晰，如果清晰度不够，应对清晰度进行调整，如选用扫描仪中的“锐化”选项等。如图 3-81 所示为扫描仪的对话框。

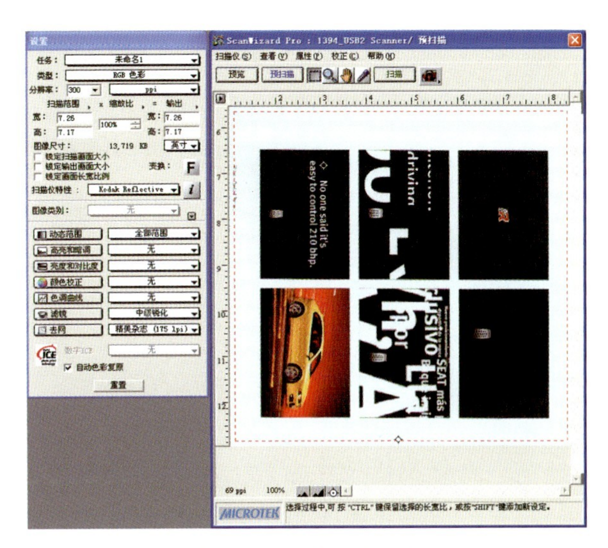

图 3-81 扫描仪对话框

2. 扫描参数的设定

为了获得最佳扫描效果，特别是当原图像有缺陷时，需要充分发挥扫描仪提供的一些原稿校正功能，仔细调整扫描仪的预设值，在此仅对常用的几个项目做介绍。

1）确定原稿的类型

根据扫描仪的不同，其选择内容通常包括反射照片、天然色正片、负片、印刷原稿、黑白线条稿、用户自定义等。应根据原稿的类型进行相应地选择，平板扫描仪预览框中包含的原稿类型如图 3-82 所示。

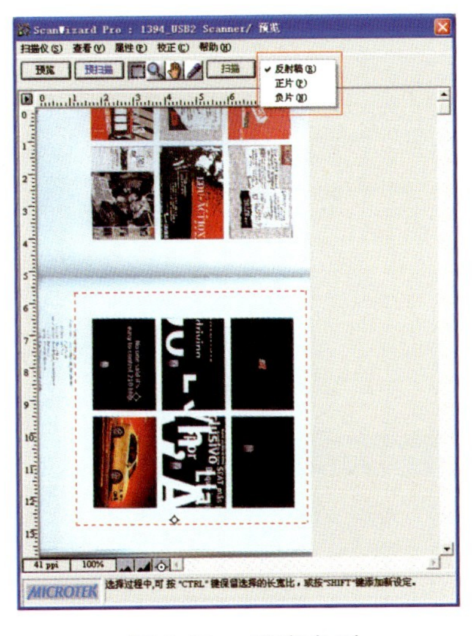

图 3-82 原稿类型

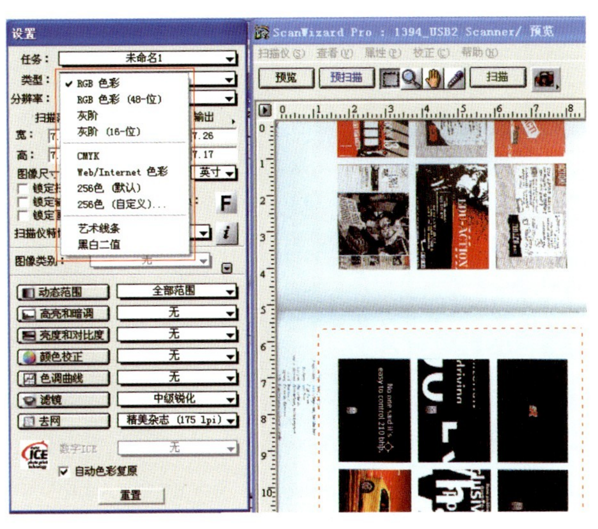

图 3-83 色彩模式

2）确定扫描色彩模式

常用的色彩模式包括灰度模式、黑白模式、RGB 模式和 CMYK 模式，如图 3-83 所示。

灰度模式扫描出来的图像有较高的清晰度，不仅有黑、白两色，还包括真实的灰度色调。大部分黑白照片、绘画临摹等扫描原稿都采用此模式扫描。

黑白模式扫描出来的图像只有黑、白两种颜色，没有灰度色阶。素描、钢笔画、一般的工程设计图或简单的机械部件图以及 OCR 文字识别等都采用该模式扫描。

RGB 色彩模式和 CMYK 色彩模式用于彩色图片、照片等，RGB 色彩模式扫描图像适用于屏幕显示，CMYK 色彩模式扫描图像适用于打印和印刷输出。

3）分辨率的设置

扫描仪的分辨率有光学分辨率、插值分辨率和扫描分辨率。

光学分辨率是扫描仪分辨率的关键指标，光学分辨率越高，扫描图像质量越好，扫描图像放大的倍率越高。有些扫描仪在参数上标称可达到很高的扫描分辨率，但其不是光学分辨率，而是经过插值计算的分辨率，而衡量扫描仪分辨率高低的重要参数是光学分辨率，它是指在单位长度上扫描仪能采样信息点的多少。它决定了取样的最小点的大小及原稿能放大的倍数。用 dpi（每英寸点数）或 lpi（每英寸线数）为单位来表示。

插值分辨率又称为最大分辨率，是光学分辨率通过软件方法插值计算出来的分辨率，其只是增加了像素，而没有增加细节和原稿的精细程度。所以插值分辨率对专业设计来说，并没有实际的意义。插值分辨率一般要比光学分辨率大。在选择扫描仪时，主要看扫描仪的光学分辨率，因为光学分辨率获取的是原始信息，而插值所产生的新的点是派生的。

扫描分辨率是指扫描仪在扫描时实际使用的输入分辨率。它由最终输出分辨率、原稿放大尺寸、扫描光学分辨率等因素决定。

在扫描彩色图像时，一般的规律是

实际输入的扫描分辨率（dpi）= 印刷网线数（lpi）×2× 放大倍率

例如，当印刷网线数用 175lpi，放大倍率为 200% 时，扫描精度为：175×2×200%=700dpi。超过 700dpi，会增大文件的数据量，降低运算处理速度，而图像品质并不会有显著的提高。

处理黑白线条稿时，应以输出设备的分辨率为扫描分辨率。如输出到 300dpi 黑白激光打印机，则用 300dpi 扫描即可；用于 250dpi 激光照排输出，则应以 250dpi 扫描黑白线条稿。

实际使用中，分辨率设置越高，扫描文件越大，扫描速度越慢，不方便管理和保存，因此在实际扫描时，极少用到扫描仪的最高分辨率，要根据文档的性质采用不同的分辨率。一般设置如下。

（1）照片，采用 350 ～ 400dpi 的分辨率，一些特殊的，甚至可以采用 600dpi 或更高的分辨率。

（2）检测报告、营业执照、代码证等，采用 300dpi 分辨率。

（3）重要文件（如重要证据、证明等），采用 300dpi 分辨率。

（4）工程签证文件等采用 300dpi 分辨率。

（5）普通合同文本、文字记录等，采用 150 ～ 200dpi 分辨率。

（6）用于 OCR 文字识别，建议采用 300dpi。

4）去网选择

印刷品由于本身在印刷过程中进行了加网处理，扫描时会有四色网点产生的“龟纹”，因此在扫描时必须进行去网处理。在扫描仪的去网选项中，如原稿为照片，则选择不去网（无）；如原稿为报纸或类似稿件，则选择“报纸（85lpi）”选项，该选项一般用于 85lpi 以下印刷品的去网；如原稿为 133lpi 左右的印刷品（如胶版纸印刷品），选择“杂志（150lpi）”选项；如原稿为 175lpi 印刷的精美彩色印刷品（如铜版纸印刷品），则选择“精美杂志（175lpi）”选项。

有些高档扫描仪可直接在“去网”选项中设定去网线数，根据原稿的印刷档次及纸张选择合适的去网线数即可，如图 3-84 所示。

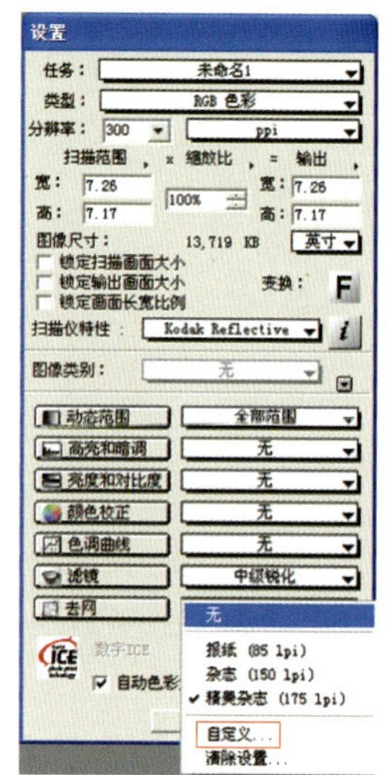

图 3-84　去网线数的设置

3.5 数字原稿的存储格式

无论是图像还是图形都有自己的存储格式。文件格式就是在磁盘上保存数字文件所用的数据存储规则。文件存储时要根据文件的用途、文件存储空间、传输等问题来选择恰当的文件格式。

目前，在印刷处理领域中，有 JPEG、TIFF 和 EPS 三种常用的数据格式。EPS 和 TIFF 格式是桌面出版人员最感兴趣的两种基本格式，它们是精度高、无损失的图像格式；而 JPEG 格式通常是网上下载的图片和数码多媒体的工作人员所常用的格式，采用压缩形式节约磁盘空间，但因为精度和有损压缩的问题不太适合印刷。其他格式如 PICT、GIF、WMF 等，在使用前通常要转换为上述常用的三种文件格式。

1. JPEG 格式

JPEG 是一种图像有损压缩文件格式，也是目前应用最广泛的图像格式之一。JPEG 格式在存储过程中有多种压缩比供选择。但当压缩比太大时，文件质量损失较大，如细节处模糊，颜色发生变化等。JPEG 格式的文件一般不用来印刷，很多排版软件也不支持 JPEG 文件的分色，但在网页制作方面被广泛应用。

2. TIFF 格式

TIFF 格式是桌面出版系统中最常用、最重要的文件格式，同时也是通用性最强的位图图像格式，Mac 和 PC 系统的设计类软件都支持 TIFF 格式。在印刷品设计制作要求中，图像文件如果没有特殊要求，绝大多数存储为 TIFF 格式。

在 Photoshop 中存储 TIFF 格式时，系统会提示是否对存储的图像进行压缩。用于印刷的图像，则选择不压缩（NONE）或选择 LZW 格式压缩。LZW 压缩方式能有效地降低文件的大小，最重要的是其对图像信息没有损失，而且可以直接输入其他软件中进行排版。

TIFF 格式是跨平台的通用图像格式，不同平台的软件均可对来自另一平台的 TIFF 文件进行编辑操作。如 PC 平台的 Photoshop 就可以直接打开 Mac 平台的 TIFF 文件进行编辑处理。

3. EPS 格式

EPS 格式也是桌面出版过程中常用的文件格式之一。它比 TIFF 文件格式应用更广泛。TIFF 格式是单纯的图像格式，而 EPS 格式也可用于文字和矢量图形的编码。最重要的是 EPS 格式可包含挂网信息和色调传递曲线的调整信息。但在实际的操作过程中，一般不采用在图像软件中进行加网的操作。FreeHand、Illustrator、CorelDRAW 等图形软件可直接输出（不是存储）EPS 格式文件，并置入其他软件中进行排版。Photoshop 可直接打开由图形软件输出的 EPS 文件，在打开时可根据设计需要重新设定图像的尺寸和分辨率。

此外，EPS 文件的一个重要功能是包含路径信息，该功能可为图像去底，是设计师常会用到的功能，应熟练掌握。

4. PSD 格式

PSD 格式是 Photoshop 软件独有的文件格式，只有 Photoshop 才能打开使用（也可以跨平台使用）。其特点是可以包含图像的图层、通道、路径等信息，支持各种色彩模式和位深。其缺点是文件较大，不支持压缩。

5. GIF 格式

GIF 格式是主要用于互联网的一种图像文件格式。GIF 通过 LZW 压缩，只有 8 位，表达 256 级色彩，在网页设计中具有文件小、显示速度快等特点。但只支持 RGB 和 Index Color 色彩模式，不能用于印刷品的制作。

6. BMP 格式

BMP 格式是 PC 电脑 DOS 和 Windows 系统的标准文件格式。一般只用屏幕显示，不用于印刷设计。

7. PICT 格式

PICT 格式为分辨率 72dpi 的图像文件，一般用于屏幕显示或视频影像。

8. PDF 格式

PDF 格式是在 PostScript 的基础上发展而来的一种文件格式，它最大的优点是能独立于各软件、硬件及操作系统之上，便于用户交换文件与浏览，PDF 文件可包含矢量图形、点阵图像和文本，并且可以进行超文本链接，可通过 Acrobat Reader 软件阅读。PDF 文件在桌面出版中，是跨平台交换文件最好的格式，可有效地解决跨平台交换文件出现的字体不对应问题。目前桌面出版方面的应用软件均可存储或输出为 PDF 格式。PDF 格式是未来印刷品设计制作过程中应用最普遍的文件格式。

3.6 原稿的分析、判断与合理使用

当从客户或通过其他途径获取了原稿后，为了忠实地还原原稿，保证印刷的质量，在对图像原稿进行处理之前，应该审图。人们习惯通过视觉或主观印象来判定图像的优劣，如果没有评判标准，只凭人眼（感觉）来对图像质量的审视极不稳定，应该使用仪器和技术手段来控制图像的质量，用数据和指标来分析颜色才是可行的方法。通过审图，观察图像的曝光度是否适中，层次是否丰富等，做到心中有数，使图像的层次损失降到最低。不同类型原稿的处理方法各不相同。

原稿的正确评判非常重要。如果原稿的质量不适合印刷，那么在印刷中即使使用最好的设备、最先进的技术都不可能获得高质量的印刷品。因此，做好原稿的评判尤为重要。如此可使各个过程参数的设置更准确，还可以使印刷成品的图像还原更真实、色彩层次更加丰富，由此减轻了扫描及图像处理时的工作量，起到了事半功倍的作用。

3.6.1 清晰度

清晰度是评判原稿非常重要的技术指标，如果原稿图像清晰自然，则扫描出的图像就会轮廓清晰、层次丰富，给人赏心悦目的感觉。如果原稿清晰度过低，扫描出的图像就会无细节、无层次，给人视觉模糊的感觉。

1. 非数字原稿清晰度

对于非数字原稿，清晰度通常和原稿的介质有很大的关系。

（1）摄影原稿。摄影原稿图像的清晰度与感光材料、拍摄时的抖动、照相机镜头的解像力、被摄对象的自然条件等许多因素有关。其中材料的颗粒度与清晰度有很大的关系，颗粒越细所得的图像清晰度越高，原稿质量就越好，原稿的放大倍率也可以适当增大。在实际生产中综合各方面考虑，照相原稿通常以反转片的原稿为最好，其次是照片，选用感光度为200的胶片比400的要好。

（2）艺术作品原稿和印刷品原稿。由于记录材料的关系，通常艺术作品原稿和印刷品原稿在数字化过程中的扫描特性并不如摄影原稿那么好。艺术作品通常可直接利用专用照相机拍摄获得照相原稿，再对照相原稿进行扫描。因此一定要非常重视拍照的技术和自然环境，否则会影响艺术品的真实再现。采用这类方法，在拍摄过程中会有信息损失，清晰度会受到一定的影响。

当然，还有许多艺术品是不允许或不方便拍照的，因此只能使用艺术作品的印刷品作为原稿扫描复制，通常称为“二次原稿”。由于印刷品本身具有网点结构，一般的印刷品密度为 0 ～ 1.8，反差小，清晰度也较低，原稿质量相对较差。所以尽量不采用印刷品，在必须使用时，一定要选择质量最好的印刷品进行二次原稿的还原。

2．数字原稿清晰度

对数字图像而言，分辨率是衡量其清晰度的重要指标。数字原稿的分辨率通常用点/英寸（即 dpi）表示。若仅对数字原稿做单纯的清晰度评价，可直接根据其分辨率的高低做出判断，分辨率越高，图像就越清晰，图像质量就越好。如图 3-85 为 300dpi、图 3-86 为 100dpi、图 3-87 为 50dpi，可以看出药片的轮廓对比效果。

印刷中数字原稿的分辨率通常设为 300dpi 以上，但并不是越高越好。

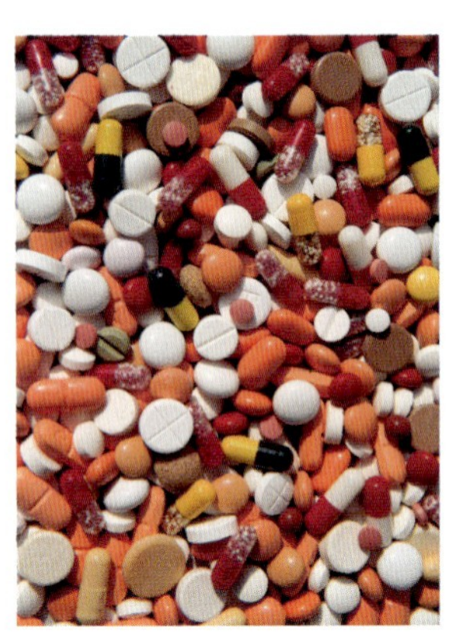

图 3-85　300dpi 图像

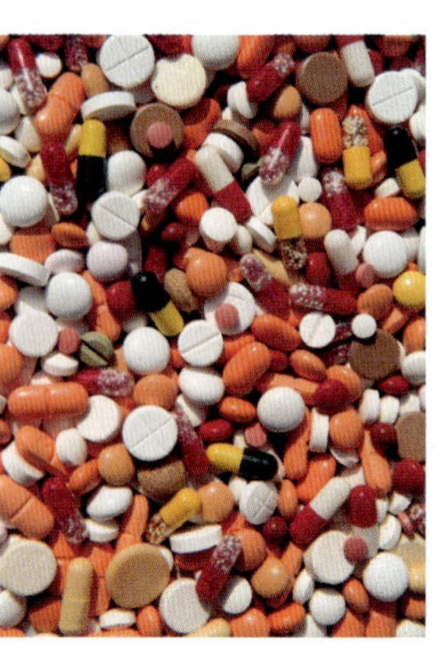

图 3-86　100dpi 图像

图 3-87　50dpi 图像

在实际的应用中数字原稿都要按一定的缩放比例进行复制，数字原稿经过不同比例的缩放，得到的复制品的分辨率是不相同的。放大倍率越高，其复制品分辨率越低，反之则分辨率越高。因此实际操作中尽可能不要放大处理图像，控制缩放比例。

3．判断清晰度的方法

图像的清晰度，是指人眼睛对图像的感受，判断图像的清晰度需要人眼去观察。通常图像的清晰度可以通过以下几个方面来考量。

（1）分辨出图像线条之间的区别。观察远处（近实远虚）点的分辨率或者细微层次的精细程度。

（2）确认线条边缘轮廓是否清晰，图像边界的虚实程度。边界密度变化大就是虚，边界密度变化小就是实，边界密度变化小的图像清晰。如图 3-88 所示木纹和线条清晰可见。

图 3-88　线条边缘轮廓是否清晰的图片

（3）图像的明暗层次之间，尤其是细部的明暗对比或细微反差大小。即图像相邻点之间是否有密度差以及密度差的大小，图像相邻两点之间的差别越大，图像就越清晰。如图 3-89 所示近处的山楂与远处的树叶遥相呼应，对比明显突出果实，衬托出一片丰收景象。

图 3-89　明暗层次对比明显的图片

3.6.2 图像层次

层次也称为阶调，是指一幅图的明暗、深浅变化。原稿的层次是指复制密度范围内视觉可识别的明度级别，级数越多，则层次越丰富。

1. 高光调、中间调、暗调

为了分析方便，通常把原稿图像分为三个层次范围：高光调、中间调、暗调。

（1）高光调，是指图像中最亮或较亮的部分，一般颜色较浅，对应印刷品上的网点在 0% ～ 25%。

（2）暗调，是指图像中最暗或较暗的部分，一般颜色较深，对应印刷品上的网点在 75% ～ 100%。

（3）中间调，是指图像的高光、暗调以外的部分。一般印刷品图像中网点百分比在 25% ～ 75% 的部分被划分为中间调，如图 3-90 所示的图片层次清楚，高光调、中间调、暗调分布合理。图 3-91 对应的“色阶”分布图中可以看到曲线流畅，波峰与波谷分配合理。

图 3-90　层次清楚的图片

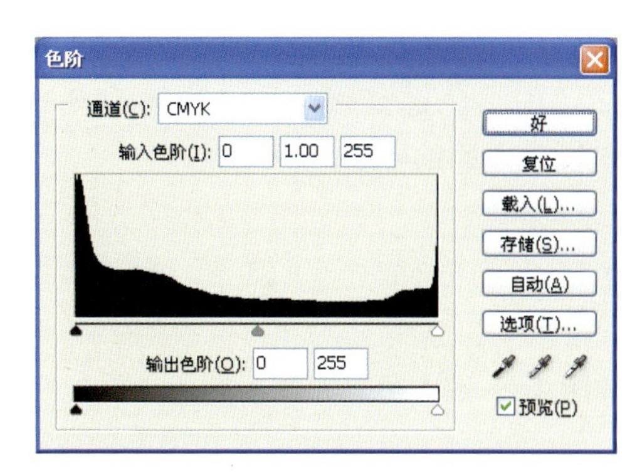

图 3-91　图片的色阶分布均匀合理

正常原稿的层次应具备整个画面不偏亮，也不偏暗，高调、中调、低调均有，色彩感觉自然顺畅，密度变化级数少，层次丰富等特征。但是，不少彩色反转片，在拍摄或冲洗阶段多少存在着“闷”（即整个反转片密度过高，没有高光点，暗调和中间调接近而缺乏层次）、“平”（即反转片的最暗处密度不高，高光调和暗调的密度相差不大，反差小）、“崭”（即反转片的最暗处密度高，反差大，中调、暗调层次损失过多）等弊病，在印前设计制作中要加以注意。

2. 非电子原稿的层次

对于非电子原稿，要求主体部分层次（特别是高光调、中间调部分层次）变化完整丰富，相对密度范围在 2.0 之内，采用电子分色工艺时，原稿相对密度范围可稍大些，但应控制在 2.4 以内。在色彩还原时，对记忆色的再现力求真实准确，中性灰区域以 R、G、B 三种滤色片测定相对密度之差不大于 0.03，并在高光调、中间调和暗调各部分均达到灰平衡。

3. 数字原稿的层次

数字原稿的层次效果可通过其灰度直方图来评价。灰度直方图反映的是一幅数字图像中各灰度级像素出现的频率。由灰度直方图可判断数字图像各部分层次段的分布状况。若灰度直方图没有大起大落的波峰和波谷，则整幅图像的层次分布较均匀、丰富。

若灰度直方图出现大面积的波谷，则图像中对应波谷的灰度级的层次较少，出现不连续的效果；若灰度直方图出现大面积的波峰，则图像以对应波峰的灰度级的层次为主。

利用灰度直方图还可判断一幅数字图像的层次范围是否合理。灰度直方图说明图像用全部可能的灰度级表现了图像层次的变化。如果一幅灰度直方图表明图像灰度的变化范围为 50 ～ 200，那么原景物中亮调（0 ～ 49）和暗调（201 ～ 255）的层次都被损失了，这些信息是无法被重新恢复的；而有些灰度直方图表明图像用超出了正常的 0 ～ 255 的亮度范围来表现原景物亮度的变化，那么经复制后图像对应于亮度低于 0 或高于 255 的密度层次都将分别被归为 0 或 255，也就是说，图像的这部分高调和暗调层次将被损失掉。

4. 原稿的色彩

衡量一幅原稿图像的优劣，除了层次和清晰度外，颜色也是一个很重要的技术指标。一幅图像原稿的颜色通常从色调和偏色两个角度来评价。

1）冷暖色调

原稿的色彩是多种多样的，但是画面的主色调通常不是属于暖色调（黄色、橙色、红色等，如图 3-92 所示），就是属于冷色调（青色、蓝色、紫色等，如图 3-93 所示）。当然，绿色为中性色调，不给人以冷暖感觉（见图 3-90）。但是，绿色偏黄的黄绿色则倾向于暖色调，而偏青的翠绿色则倾向于冷色调。由此可见，中性色调是很少的。原稿的冷暖色调分析对确定以后印刷的色序十分重要。

图 3-92　暖色调图片

图 3-93　冷色调图片

2）原稿的偏色

在拍摄时因环境或光线的限制，经镜头获得的影像，多数都带有色偏。还有因拍摄彩色反转片时曝光不正确，显影、冲洗等技术没有掌握好，都会造成原稿偏色。图 3-94 为正常的效果，但原稿偏色通常有整体偏色（图 3-95 偏青色）、低调偏色（图 3-96 偏红色）、高调偏色和高低调各偏不同的颜色（即交叉偏色）等情况。与图 3-94 相比较，在纠正原稿偏色时要纵观整体，避免处理一种颜色时引起其他颜色的变化。

5. 幅面

幅面是衡量原稿的又一重要技术参数。为了满足印刷的需要，在实际的操作中通常要把原稿放大或缩小。对于数字原稿和非数字原稿，在放大或缩小的处理上做法相同。

图 3-94　正常图片

图 3-95　偏青色图片

图 3-96　偏红色图片

1）数字原稿

在保证分辨率大于 300dpi 的情况下，数字原稿的尺寸可以根据排版的需要自由调节。常用的图像处理软件（如 Photoshop）可以很方便地处理。

2）非电子原稿

照片、底片、艺术作品、印刷品等原稿经过扫描之后也可以变成数字图像。由于这些材料的精度不同，携带的信息量也不相同，在扫描时可以放大不同的倍数。在大多数原稿中，反转正片可以扩大的倍数最高，照片其次，艺术作品稍差，印刷品尽可能不要放大。

6. 印刷对原稿的要求

为了保证印刷的效果，印刷原稿需要满足以下几个条件。

（1）黑白原稿。以黑白或彩色线条构成的原稿，要求线条清晰、粗细适当、无断笔现象。

（2）连续调原稿。对于有层次的连续调绘画原稿，要力求颜色与实物接近，要求主体部分层次完整丰富，图像的细节清晰。

（3）原稿密度。密度是印刷业衡量软片的透光率、印刷品颜色深浅的一个常用物理量。

密度表示了物体吸收光量大小的性质。物体吸收光量大，其密度就高；物体吸收光量小，其密度就低。

为了保证扫描的效果，原稿的密度范围为 0.3 ～ 2.1，反差为 1.8 时最为合适。彩色反转片原稿密度差要控制在2.4以内。若原稿反差小于2.5，复制时进行合理压缩，效果也较理想；但原稿反差大于2.5，即使复制时进行阶调压缩，也会造成层次丢失过多，效果欠佳。

（4）原稿颜色。由于印刷所能表现的色彩范围有限，过于饱和的颜色可能无法再现，所以原稿的色彩不宜过于饱和。同时，尽量避免偏色，如果原稿偏色，印刷成品肯定偏色。

（5）最佳原稿选择。在各类原稿中，以反转片的质量为最好，其次是照片，较差的是印刷品。照片最好是光面相纸，布纹相纸的照片清晰度欠佳。所以应尽量使用反转片原稿。

（6）幅面大小。原稿类型不同，可放大倍数也不同。对于数字原稿，不管其放大多少倍，至少要保证分辨率在300dpi以上；对于模拟原稿，必须要考虑其放大倍数对于印刷品质量的影响。

知识链接

1．图片处理

1）人物照片

舞台上的剧照，因为有强烈的色灯、追光灯照射，往往会出现人物皮肤偏红、偏黄、偏蓝或者呈月白色等。这样的图片通常亮部非常亮（高光射灯的照射），甚至出现白场绝版的情况，暗部（黑场）不够暗，所以调整时尽量保持原稿的完整性。

在办公室、工厂车间、摄影棚、展览会、居室等室内环境中，皮肤颜色会受周围光线的影响（透过门窗的光线、日光灯、白炽灯等）而偏色。

户外的照片容易受到自然光线、拍摄角度的影响，而且不同地区、不同民族、不同阶层的人物肤色都有明显差别。

如果遇到以上图片，则尽量保持原稿的本色。除非确实是严重偏色的图片以及曝光过度或曝光不足的图片，稍作调整即可，不要用统一标准去调整，否则反而会使原本的环境色遭到破坏。

2）风景照片

风景照片通常色彩、明暗对比强烈，层次丰富，调整时要注意增加色彩的饱和度。由于彩色照片受拍摄地点、环境等因素的影响，黑场与白场的CMYK值可能有所变化，如海洋与戈壁滩、中午与黄昏、强光和阴雨天、顺光与逆光拍摄的照片的黑场与白场会有所变化。所以符合自然状态是最重要的。

2．跨页的问题

尽量避免图片跨页。因为跨页颜色匹配困难，图案很难搭配（特别是木纹等），而且会使装订和折页工序变得复杂，并因此产生很多次品，造成纸张的浪费。

【案例直击】

错误应用案例

（1）错用默认黑色给文字填色时，如文字字号太小，在印刷过程中一旦出现套印误差，则文字将会印成糊团。

（2）当图像的底色为黑色时，如果选用默认黑色，底色上的文字会因底色的套印误差将文字糊死，尤其是笔画较细的字体，如宋体等。

上述两个问题在目前的报纸广告中经常出现，甚至有整版或半版的文章都出现上述情况，其后果可想而知。

FreeHand灰色图形文字的处理。在印刷制作中，为了保证输出时得到满意的效果，通常在设置颜色时黑色成分中加入1%的黄。这时，黑色不再被视为黑色，而是一种混合色，因而不会发生和黑色一样的叠印。而1%的网点在输出及印刷过程中已损失掉，对色彩并无影响。因此加上1%的黄，让底色镂空出来，该色也就不会成为叠合色。

在印刷品的设计制作中，较小的黑色文字叠加在彩色页面元素上时，则需要设置叠印，以免漏白，线条一般需要设置为叠印，特别是较细的线条更应该注意。

此外，选择叠印也是有效避免漏白的最有效手段。设置叠印，底色不镂空，则不需要套色，也就不存在因套印不准而出现白边。

【专题训练】

1. 色彩模式

印刷品的设计与制作过程中，必须了解不同的色彩模式对印刷品产生的影响。比较典型的例子就是图像选择了错误的色彩模式，而导致设计过程中本应是彩色的图像，而印刷品却是黑白的。所以，在设计印刷品时色彩模式的正确转换至关重要。下面就几种计算机平面设计中常用的RGB、CMYK色彩模式做简单介绍。

1）RGB 模式

RGB 是色光的色彩模式。R 代表红色，G 代表绿色，B 代表蓝色，三种色彩叠加可形成其他色彩。因为三种颜色都有 256 个亮度水平级，所以三种色彩叠加就形成 1670 万种颜色，也就是真彩色，足以再现绚丽的世界。

在 RGB 模式中，红、绿、蓝相叠加可以产生其他颜色，因此该模式也叫作加色模式。它广泛地用于生活中，如显示器、投影设备以及电视机等许多设备都采用加色模式来呈现色彩。扫描仪在扫描时首先提取的就是原稿图像的 RGB 色光信息。

就图像编辑而言，RGB 是最佳的色彩模式，因为它可以提供全屏幕的 24bit 的色彩范围，即真彩色显示。但是，如果将 RGB 模式用于打印就不是最佳的了，因为 RGB 模式所提供的有些色彩已经超出了打印的范围，因此在打印一幅真彩色的图像时，就必然会损失一部分亮度，比较鲜艳的色彩会失真。这主要是因为打印所用的是 CMYK 模式，而 CMYK 模式所定义的色彩要比 RGB 模式定义的色彩少很多，因此打印时，系统自动将 RGB 模式转换为 CMYK 模式，这样就难免损失一部分颜色，出现打印后色彩失真的现象。

2）CMYK 模式

当阳光照射到一个物体上时，这个物体将吸收一部分光线，并将剩下的光线反射，反射的光线就是所看见的物体颜色，这就是减色模式，同时也是与 RGB 模式的根本不同之处。看物体时用到减色模式，而且在印刷时应用的也是这种模式。

CMYK 模式实质指的是再现颜色时印刷的 C、M、Y、K 网点大小，其与印刷用的四个色版是对应的，CMYK 色彩空间对应着印刷的四色油墨。对计算机设计人员来说，CMYK 色彩模式是最熟悉不过的，因为在进行印刷品的设计时，有一道必做工作就是将其他色彩模式的图像转换成 CMYK 模式（特殊要求除外）。如果图像的颜色模式未从 RGB 色彩模式转换成 CMYK 模式，就会导致彩色图像被印成黑白图像的错误。

2. 为什么印刷时要加入黑墨

CMY 三色印刷时可以产生黑色，但为什么色彩模式是 CMYK，即印刷时需要专门的黑版呢？

首先，这样可以节约油墨。例如 10% 的黑色，用 C、M、Y 来实现，需要 C10%+M10%+Y10%，合计 30% 的墨量，不如直接用 K10% 节约。

其次，C100%、M100%、Y100% 等量叠加后产生的并不是理想的黑，而是咖啡色，为了提高印刷色彩的层次，加黑版。

项目实训

1．RGB 与 CMYK 色彩模式的根本区别是什么？

2．试采用“调整”菜单下的相关命令，从色相、饱和度等方面分析前文中郁金香的图片是否适合印刷，如果不适合，应如何调整？

3．实际印刷时是以一个一个的像素为单元印，还是加网后的点？

4．用印刷的三原色 CMY 就可以组合出不同的颜色，为何还要加 K 版？

5．印刷过程中的黑和白是怎样体现的？

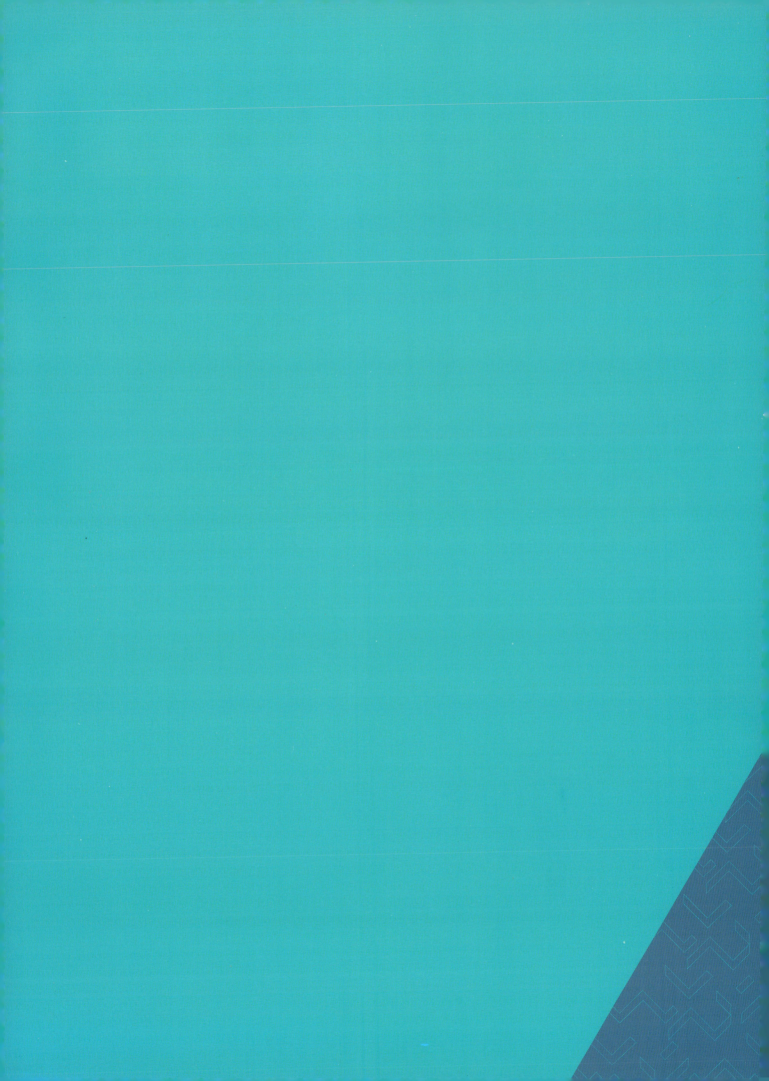

第4章 文字处理与文件交换

计算机字体的类型

计算机的字库

文字设计

文字编排

4.1 计算机字体的类型

计算机平面设计系统处理的对象有图形、图像和文字，而在整个桌面出版流程中，文字的处理看似简单，却最容易出现问题。文字是表达信息的主要载体，文字的印刷效果直接影响到产品的阅读性，因此印前文字的处理显得尤为重要。

为了有效地避免桌面出版流程中出现文字问题，设计制作人员应对字体有全面的认识与了解，掌握了与字体有关的知识与技术，才能在设计制作过程中避免可能出现的问题。

按照计算机对字体描述方法的不同，字体可以分为两大类：一类是点阵字体；另一类是轮廓字体。

1．点阵字体

点阵字体是以像素点阵列来表示文字的，这种字体放大后会出现锯齿边缘，所以一般点阵字体只用作屏幕显示，而不用其打印和输出。点阵字体的质量与分辨率相关，分辨率越高，字体越清晰。但点阵字体经过放大、扭曲等操作会出现锯齿，因此在计算机设计制作中应避免使用点阵字体。图 4-1 为放大率 100% 的点阵文字，图 4-2 为放大率 300% 的点阵文字，图 4-3 为放大率 500% 的点阵文字。

字体设计

图 4-1　放大率 100% 的点阵文字

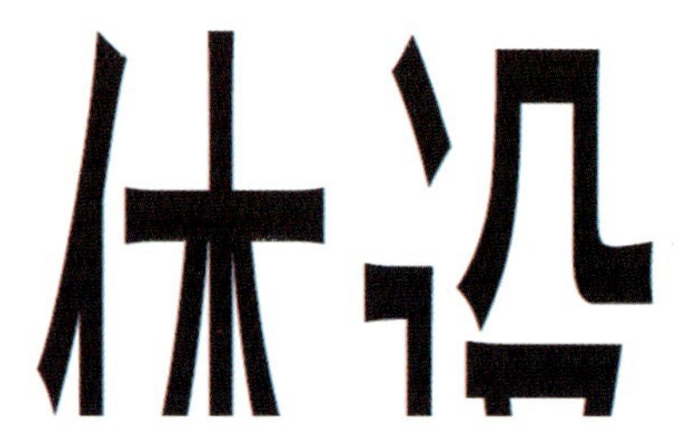

图 4-2　放大率 300% 的点阵文字

图 4-3　放大率 500% 的点阵文字

2．轮廓字体

轮廓字体是通过几何曲线来描述文字的轮廓，是桌面出版中最理想的字体。它可以任意地放大、旋转、扭曲，字体轮廓边缘总是光滑的，边缘不会出现锯齿。轮廓字体可以分为两种：TrueType 字体和 PostScript（PS）字体。图 4-4 为放大率 100% 的轮廓文字，图 4-5 为放大率 400% 的轮廓文字。

字体设计

图 4-4　放大率 100% 的轮廓文字

图 4-5　放大率 400% 的轮廓文字

1）TrueType 字体

TrueType 字体是由 Apple Computer 公司和 Microsoft 公司联合开发的一种新型数学字形描述技术。它可以用于屏幕显示，也可以用于打印机打印，无论放大或缩小，字符轮廓总是光滑的，不会有锯齿出现。但相对于 PostScript 字体，其质量要差一些，特别是文字太小时，输出会不清楚。

2）PostScript（PS）字体

PS 字体是 Adobe 公司用 PostScript 语言描述的一种曲线轮廓字体，PS 字体专用于 PostScript 设备输出，如 PS 激光打印机和照排机输出，是输出质量最好的字体，但不能用于屏幕显示。所以 PS 字体一般准备两套字体：一套用于屏幕显示；另一套安装在与打印机或照排机相连的硬盘上。输出时，系统会自动在硬盘中调出与屏幕显示相对应的 PS 字体进行打印输出。

字型指同一个字符的不同形式，例如汉字有黑体、楷体、宋体、隶书等各种形式。在设计过程中，可根据设计需要有选择地应用字型，通过各种不同艺术风格字型的运用，丰富版面的表面形式。如图 4-6 所示为不同字库文字的效果对比。

文鼎字库粗黑　印前设计

汉仪字库粗黑　印前设计

安托字库粗黑　印前设计

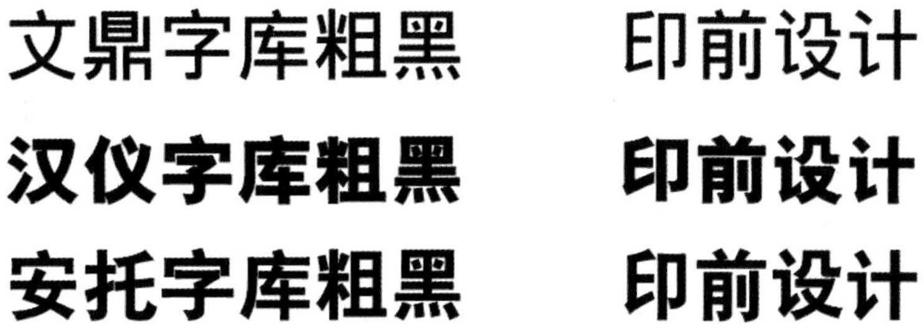

图 4-6　不同字库文字的效果对比

4.2 计算机的字库

字库是各种字符、字型的集合。不同的字库在字型方面有着不同的风格。字库一般由专业的公司生产开发。目前在国内的广告设计、桌面出版领域中，常用的字库有文鼎字库、汉仪字库、方正字库等。

桌面出版系统使用的字库有两种标准：PostScript 字库和 TrueType 字库。这两种字体标准都是采用曲线方式描述字体轮廓，因此都可以输出很高质量的字形。PostScript 汉字库分为显示字库和打印字库。显示字库安装在编辑排版用的计算机上，用来制作版面时显示用，通常由低分辨率的点阵字构成。打印字库要挂接在 RIP 上，在解释页面时由 RIP 把需要的字库输入页面并解释成记录的点阵。PostScript 汉字使用方便，输出速度快，是输出中心必备的字库。但 PostScript 字库有价格贵、制作花样变化少等缺点，适合制作变化不太多的内文和标题。

TrueType 字体是 Windows 操作系统使用的唯一字体标准，Macintosh 计算机也用 TrueType 字体作为系统字库。TrueType 字体的特点是非常便宜，字款丰富，经过特殊处理后可做出很多特殊效果，很受使用者的喜爱。

TrueType 字体也可作为 PostScript 字库的显示用，各家制作字库的公司同时都有这两种标准的产品。因此当使用 TrueType 字体制作版面时，输出时仍然可以将它代换成 PostScript 字库输出。

字库选择的原则是：经常到哪一家制版输出中心输出菲林，便首选使用这家制版输出中心使用的字库。这样做的原因在于字库能够统一，可以最大限度地避免因字库不统一造成的文字排版错误。

4.3 文字设计

4.3.1 文字的字号、字距、行距

1．字号

对于文字大小各个国家有不同的表述。熟悉文字大小的不同表述方式及文字在实际印刷后的大小，对印刷品的前期设计帮助很大。最好是不同大小的文字各打印出一份，贴到设计室，方便随时查对。

（1）号数制：国内的方正、华光等排版系统的字体大小表述方式，常用的有初号、一号、二号、三号、四号、五号等，以此类推，数值越大，文字越小，如图 4-7 所示。

（2）点数制：磅（Point）是国外常用的表示文字大小的单位，一般用 P 表示，1P=0.35mm。点数和号数之间的大小对应关系如表 4-1 所示。

初号：印刷设计

一号：印刷设计

二号：印刷设计

三号：印刷设计

四号：印刷设计

五号：印刷设计

六号：印刷设计

七号：印刷设计

图 4-7　不同字号的效果对比

表 4-1　点数和号数之间的大小对应关系

号数制	初号	一号	二号	三号	四号	五号	六号	七号
点数制	42P	28.5P	21P	16P	14P	10.5P	8P	5.25P

2．字距

字距是指单个字符之间的距离。中文字体要注意一些标点符号不能在行首。对英文而言，一般习惯于词距之间空半个中文字符格。有时考虑到英文单词在行头和行尾的完整性，也会压缩字距或加大字距。

3．行距

行距是指行与行之间的空间，其实际大小是行的基线到基线之间的距离，可以根据需要调节行距。

4.3.2　文字设计的常见问题

在排版过程中，文字是最容易出错的内容。下面重点介绍在进行文字处理时容易出现的问题及解决方案。

1．文字的颜色问题

印刷过程是一个机械的过程，影响印刷质量的因素很多，有设备因素、材料因素，还有人为因素。

四色字问题是较为常见的问题。输出前必须检查出版物文件内的黑色字，特别是小字，要检查是不是只有黑版上有，而在其他三个色版上不应该出现。如果出现，则印刷出来的成品质量就不会很好。特别是RGB 色彩模式转为 CMYK 色彩模式时，黑色文字 100% 会变为四色黑，必须处理一下才可输出菲林。

彩色印刷是 CMYK 四色套印混合出各种色彩，在文字的用色方面低于 12P 的文字在颜色上应尽量少于三色。否则一旦印刷时四色套印不准或纸张因潮湿发生变形都会导致色彩错位，如字体中 CMY 三色，其中 M 套印不准，就会在字体边缘出现红边，影响印刷质量，如图 4-8 所示。所以过小的文字应以单色为好，如果是两色的文字，其中有一色为黄色为好，因为黄色较浅，即使出现套印问题，也看不出来。

图 4-8　文字的套印

2．文字加粗问题

在设计排版软件中，文字均有加粗功能，如英文软件中的 Heavy、Bold，中文软件中的“粗体”等，通过此功能可获得文字加粗的效果。目前设计师进行平面设计工作所用的应用软件均由国外软件公司开发，对中文的支持或多或少存在一些问题。文字加粗对英文字体没有任何影响，中文字体加粗后，通过打印机打印看不出任何问题，但输出菲林后一般会出现双影或飞角现象。

加粗时所加的字边不能超过原字号大小的 3%。如字体本身就是粗体字，则这个比例更小。很小的彩色文字做陷印处理会使文字模糊，所以要避免使用。

3．灰色文字的正确处理

灰色实际上就是黑色，当黑色色值为 100% 时，称为黑色；当黑色色值小于 100% 时，一般称为百分之多少的黑，即灰色。例如，黑色色值为 50% 时，就称为百分之五十的黑。由于在制版输出时黑色版通常设定为压印，即在黑色的下边，底色是不镂空的，所以当灰色文字叠印在色块上面时，正确的设定灰色的做法是 K 的网点 +1% 的 Y。这样做的目的是让文字下面的底色镂空，以保证灰色色值的正确。如果不增加 1% 的 Y，则文字下面的底色是不镂空的，印刷后灰色的色值是灰色与底色的混合色，而不是自己想要的灰色。当灰色文字叠印在色块上的增加 1% 的 Y 和不加 1%Y 的印刷效果图，如图 4-9 所示。

4. 字体的一致性

印刷品在设计制作时用到的字体，应与制版输出中心所用的字体保持一致。如制版输出中心所用的字体为汉仪字体，在设计制作时也应该选用汉仪字体。字体不一致时，到制版输出中心，文件打开时会提示进行字体替换。由于不同的字体是由不同的开发公司开发的，字体的属性及特点均不统一，在进行字体替换后，字体的行距、字距等会发生变化。这些变化将导致最后印刷品出现文字问题，影响印刷质量。如果直接打印输出，胶片上的文字往往会发生错位。在实际工作中经常遇到因文字问题导致客户索赔或拒收的情况，给设计制作单位带来严重的经济损失。

字体输出一定要注意选择合适的打印机，喷墨打印机输出 PS 字体会有锯齿现象，但是激光打印机输出 PS 字体光滑可见。

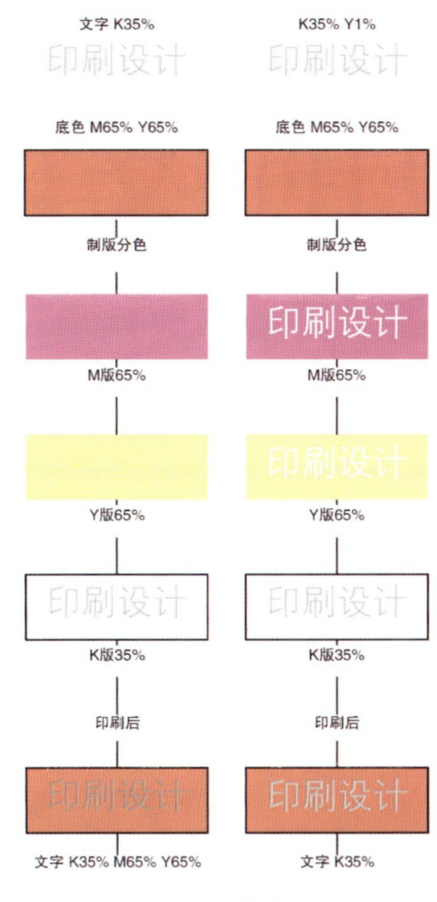

图 4-9　灰色文字两种叠印方案对比

文字不要使用系统字，若使用会造成笔画交错处有白色节点。文字转成曲线后，请注意字间或行间是否有跳行或互相重叠的错乱现象。如果笔画处有白色节点，以打散的指令处理即可。黑色文字不要选用套印填色。

【案例直击】

为了避免做出来的文件输出或发外交流时对方缺少字体，可以通过图形处理软件将美术文字转换成曲线矢量形式，即把文字曲线化或转为路径再填充其他图案即可。

下面介绍在 Photoshop 中如何将文字转为路径并填充新的图案。

（1）启动 Photoshop 软件，如图 4-10 所示，新建文件并输入文字“印前设计”。

印前设计

图 4-10　输入文字

（2）执行菜单“图层”→“文字”→“创建工作路径”命令，如图 4-11 所示。可将文字转换为路径，效果如图 4-12 所示，此时在“路径”面板中可以看出路径的存在。

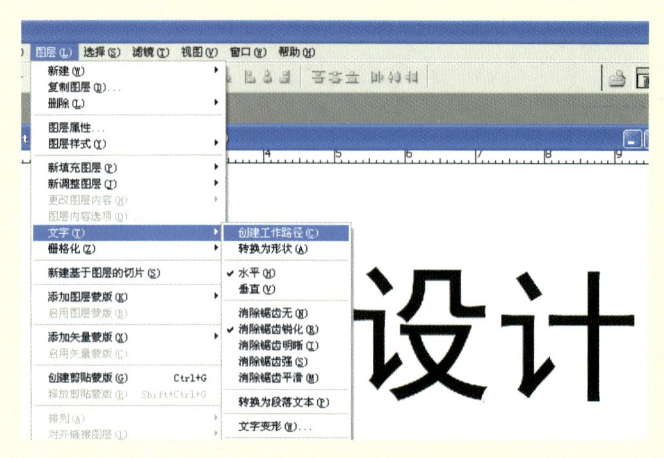

图 4-11　执行将文字转成路径命令

图 4-12　路径效果

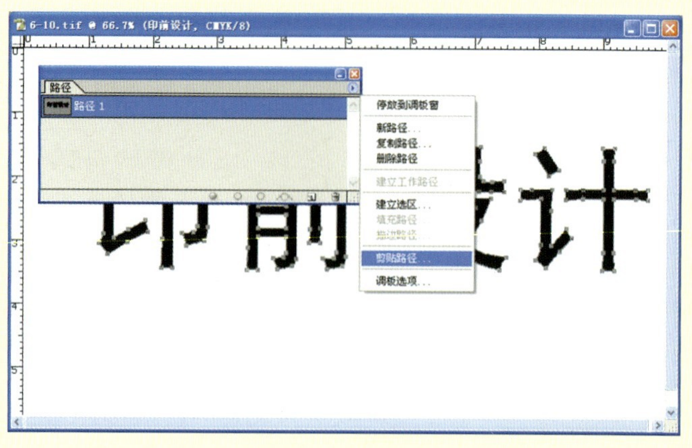

图 4-13　存储路径

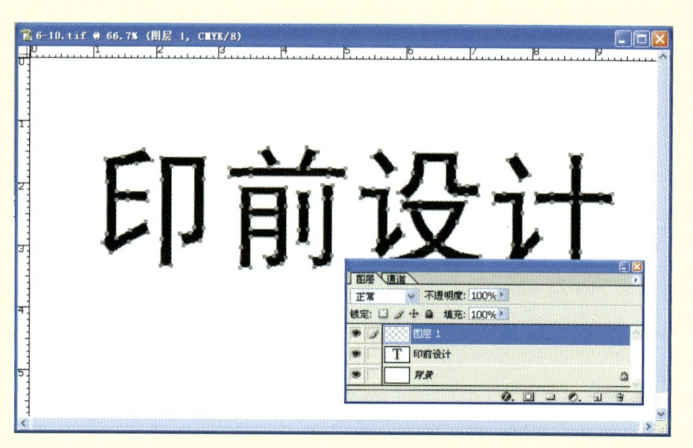

图 4-14　剪贴路径后新建图层

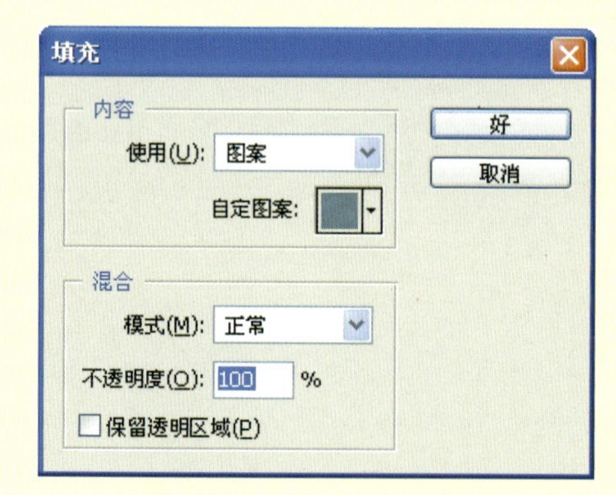

图 4-15　“填充”对话框

（3）单击“路径”面板右侧三角按钮，在弹出的下拉菜单中选择“存储路径”命令，确认后再选择“剪贴路径”命令，如图 4-13 所示。在“图层”面板中新建图层，如图 4-14 所示。

（4）执行菜单“编辑”→“填充”命令，选择适当的图案，如图 4-15 所示。填充后的效果如图 4-16 所示（关闭文字图层效果）。

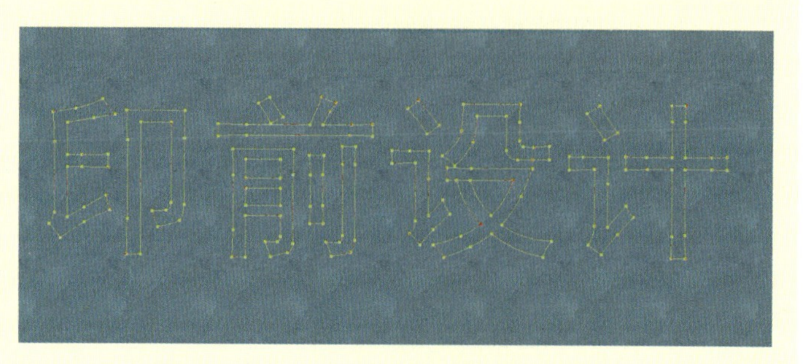

图 4-16　填充后的效果

（5）将文件存储为 TIF 格式，如图 4-17 所示即可置入排版软件（如 InDesign）中。

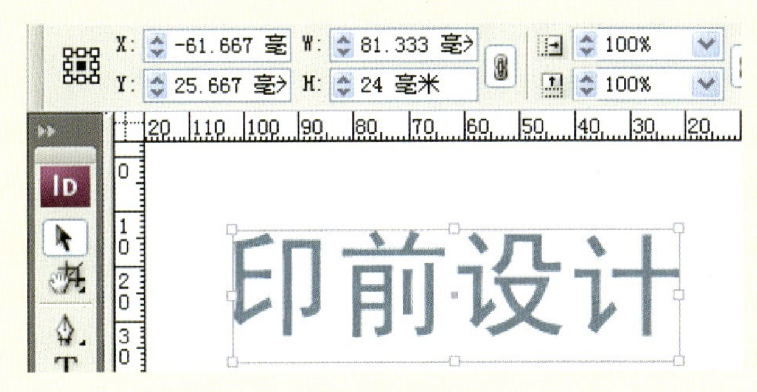

图 4-17　置入 InDesign 中的效果

总之，在印前文字处理中，经常会采用文字转换路径方法来解决一些问题。

5. 特效字的处理

为了满足设计的需要，经常需要对文字进行特殊效果处理，从而增强文字的艺术感，突出文字的表现力，如图 4-18 所示。这些带有特殊效果的文字应尽量在图形图像处理软件中完成。

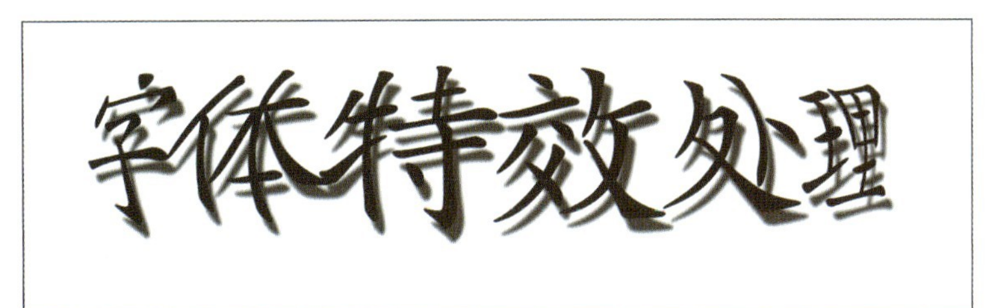

图 4-18　字体特殊效果

并不是字体特效在所有软件上均可获得相同的效果。例如，中文文字加粗问题，在印前设计软件中，有些软件可以对文字加粗，如“Heavy 效果”“Bold 风格”“加粗处理”等。英文字体支持这些效果，但是中文字体就不支持了。处理方法是将文字转换为曲线，再进行描边处理。

1）彩色文字处理

将彩色字体置入彩色背景，甚至在白纸上置入彩色文字时会产生一系列问题。

设计彩色字体时应注意以下原则：字体和背景颜色的对比度越大越好，近似的亮度和颜色要避免使用。将字体转换成路径，然后分别指定边框颜色和填充颜色即可产生带边框的文字。避免共鸣的颜色并置，例如红色和黄色的组合在人眼看来是非常刺激的，这样就是一种干扰。彩色字体有时需要让背景色镂空才能保证颜色的准确性。对较小的彩色文字采用压印是非常好的办法。

2）字体的显示

如果选用的是 TrueType 字体，则它无论放大多少都会显示很光滑；而如果选用的是 PS 字体，且系统没有运行 ATM（Adobe Type Manager，即字库管理系统），则显示用的是位图字，容易出现锯齿，但这不会造成打印问题，在激光打印机上输出时是光滑的文字。

用彩色喷墨打印机打出来的 PS 字为锯齿状。这是因为彩色喷墨打印机不是 PS 打印机，它的打印基本上是由打印机的控制语言控制，实现的是屏幕打印。如果屏幕上字体显示有锯齿，则打印出来的文字亦会有锯齿。

在给客户打印校稿时，用 PS 打印机较好。如果使用一般非 PS 打印校稿，制作中有些错误可能发现不了，特别是有关 PS 解释的错误就不易被发现，这样可能会带来工作上的损失。

4.4 文字编排

在印前设计工作中，原则上并不提倡在 Photoshop 软件中直接输入文字，尤其是大量的段落文本。通常都是在矢量软件（Illustrator、Core1DRAW、FreeHand）和排版软件（InDesign）中输入文字和段落文本，以保证文字边缘光滑、细致。

4.4.1 Photoshop 中文字的处理方法

虽然 Photoshop 中的文字具有矢量性，但是 Photoshop 软件主要是用来处理图像的，特别是输入的文字如果比较小，在最终的印刷品中文字边缘会有毛边或者锯齿出现。有些设计人员可能只对 Photoshop 比较熟悉，或在作品设计中使用的文字比较少（海报设计等），所以往往习惯在 Photoshop 中直接输入文字，这种情况下，一方面要保持文字的矢量性不变，即在没有确认文字的大小之前不要将其合并图层或栅格化。但是如果存储为 TIF 格式，文字的矢量性就会消失。另一方面可以通过一些转换来保持文字的矢量性和光滑度（如保存为 EPS 格式）。但是如果是大量的段落文本等，建议不要在 Photoshop 中输入。

Photoshop 中输入文字的颜色默认为前景色。用户可以先设置好前景色作为文字的颜色，并设置好需要的字体、字号等，然后再输入文字。

当局部文字需要不同的色彩时，选择需要改变颜色的文字，单击文字属性栏里的颜色按钮，在弹出的对话框中，选择需要的颜色。需要注意的是，选择的颜色要符合印刷的需要，不能选用色溢（超出 CMYK 色域范围）的色彩，如图 4-19 所示。

打开“字符”和“段落”面板，如图 4-20 所示。在“字符”面板中，可以对字体、字号、字距、行距、基线、上标、下标、粗体、斜体、下画线、删除线等多种文字功能进行设置。在“段落”面板中，有段落的居左、居中、居右、对齐、段落缩进等各种编辑选项。就像在 Word 里一样使用，整体而言，Photoshop 对文字的编辑功能提高了很多，而且 Photoshop 对英文的音节换行功能使得英文排版更加顺畅。

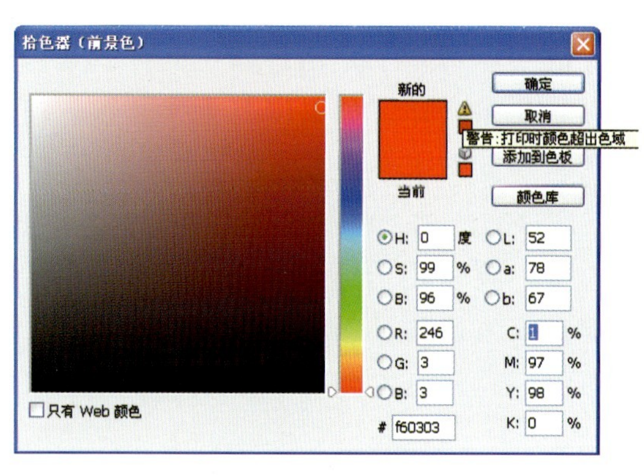

图 4-19　色域警告

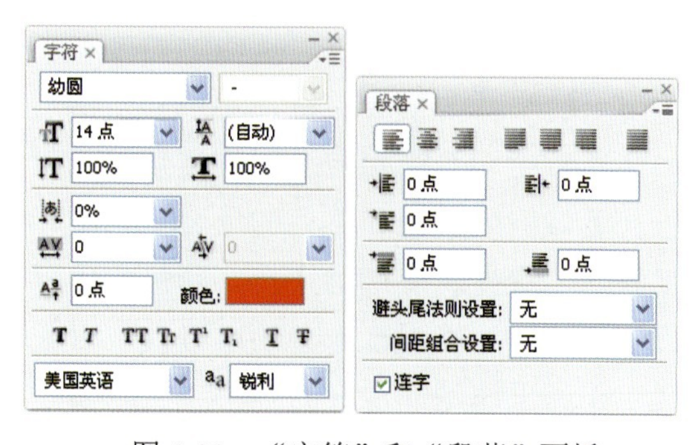

图 4-20　“字符”和“段落”面板

4.4.2 CorelDRAW 中文字的处理方法

在 CorelDRAW 中输入文字，与 Photoshop 中一样，选择文字工具后，既可以按美术字直接输入文字，也可以输入段落文本。在 CorelDRAW 中输入美术字的方法适合于大标题、字数不多的文字块。如果需要大量文本，则建议使用文本框。选择文字工具后拖曳出一个文本框，输入段落文字，文字会因为文本框的左右限制而自动换行。但在 Core1DRAW 中英文单词在文本框内不能实现自动字节换行，而是根据空间自动调整整个单词在上一行还是下一行，如图 4-21 所示。

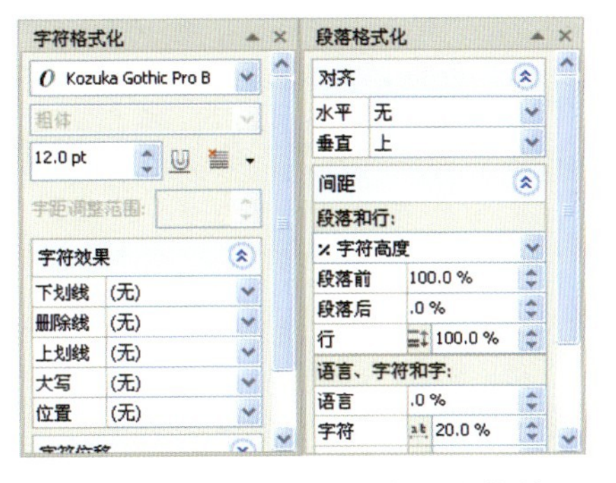

图 4-21　字符和段落格式化菜单

4.4.3 Illustrator 中文字的处理方法

Illustrator 的文字输入工具功能分得比较细，也比较直观，但总的来说，与 Core1DRAW 类似。不同的是，在 Core1DRAW 中文字输入工具是一键多用，而在 Illustrator 中则是专键专用，如图 4-22 所示。但实际上不需要用那么多文字工具，只要用第一个文字工具在不同的情况下按相应的键盘按键，并单击相应的位置就可以切换到其他几个工具具有的功能，这与 Core1DRAW 类似。

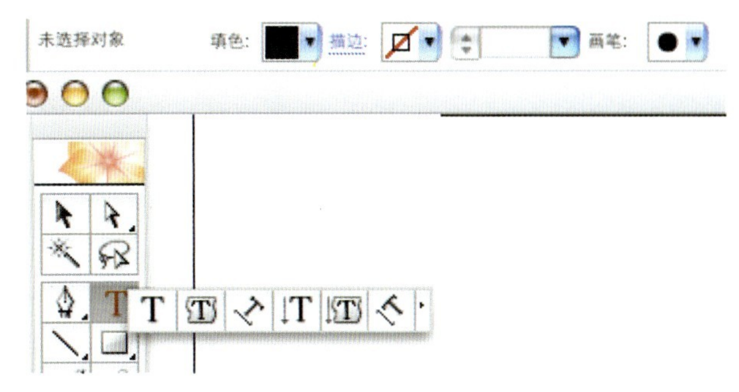

图 4-22　Illustrator 中的文字专用键

经验提示：在 Illustrator 中更改文字以及填充颜色

在 Illustrator 中更改文字以及填充颜色或者轮廓颜色时，打开“颜色”面板，单击“颜色”面板右边的侧三角按钮，可以进行颜色模式的调整，如图 4-23 和图 4-24 所示。而对于印前设计则不建议采用此方法。按照印前设计和印刷的需要，在新建文件时就应设置好文件的色彩模式，选定模式为 CMYK（印刷色彩模式）。如果选择 RGB 模式，文件色彩模式将以 RGB 生成，调色盘也会变成 RGB 模式。

Illustrator 中不管填充色为何种颜色，只要使用文字工具，文字则默认为黑色。调整文字颜色时只要在调色盘中输入相应的 CMYK 色值，或者双击调色盘上的填充色块，就会弹出与 Photoshop 差不多的拾色器窗口，在此窗口中设置颜色会非常直观、灵活。

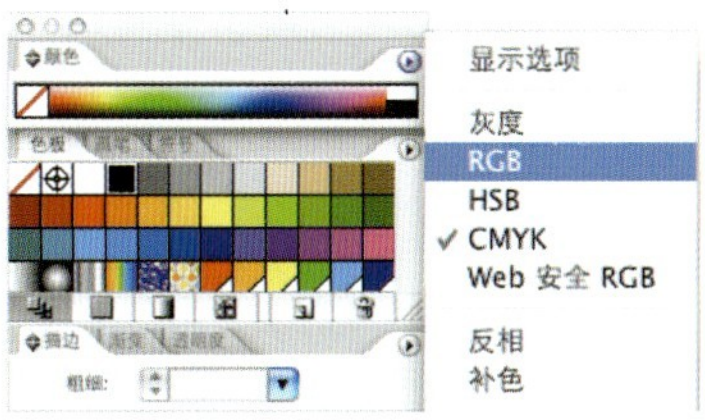

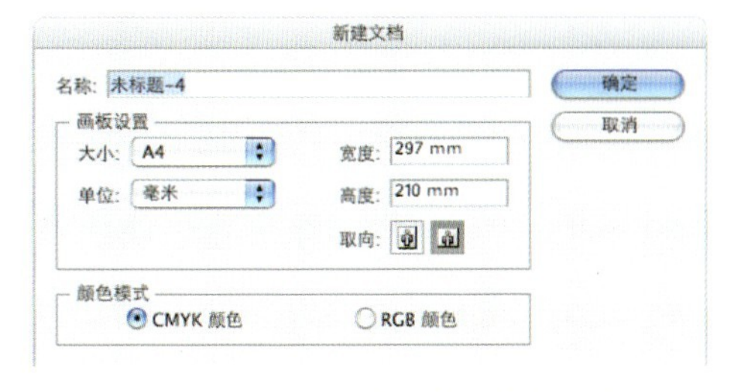

图 4-23　Illustrator 中颜色模式的调整（1）

图 4-24　Illustrator 中颜色模式的调整（2）

4.4.4 FreeHand 中文字的处理方法

FreeHand 中的文字输入与 Core1DRAW 和 Illustrator 的方法相近，常规文字输入只需要激活文字工具，在页面上单击即可输入文字。换行同样需要手动回车执行，唯一不同的是 FreeHand 在输入文字时，文字上方会出现一个定位标尺，如图 4-25 所示，可以让设计师轻松地给文字进行定位，特别适合表格中文字的输入。

FreeHand 可以很轻松地完成大量的文字排版工作，只需要使用文字工具，在页面上拖拉出一个文本框，输入的文字会根据文本框的大小自动换行。同时结合文本菜单或者属性面板中的对象文本面板，对文本进行调整。

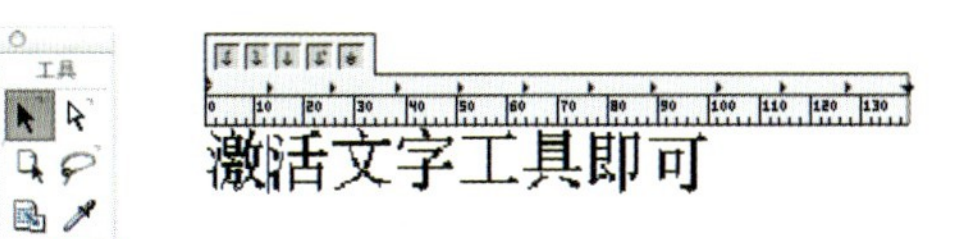

图 4-25　FreeHand 中的文字输入

经验提示：在 FreeHand 中更改文字以及填充颜色

在 FreeHand 中可以轻易地设置和修改颜色模式。在颜色混合器中单击相应的按钮，可以设置 CMYK、RGB、HLS 等颜色模式。按照印前设计和印刷的需要，选定模式为 CMYK（印刷色彩模式），混色器上的调色盘将由 CMYK 四色生成。如果选择 RGB 模式，调色盘会变为 RGB 模式。设计师及印前设计人员，在建立文件时尽量以 CMYK 模式（印刷色彩模式）为当前的颜色模式。

虽然在混色器中选择了 CMYK 模式，但由于 FreeHand 的工具栏中默认的颜色填充色为 RGB 颜色，所以必须在混色器中将设置好的 CMYK 颜色存储为样本色，然后调用颜色样本来填充对象，如图 4-26 所示。

在混合器里可以移动滑块来设置需要的 CMYK 颜色。设置完成后，单击“添加到样本”按钮，将设置的颜色保存为样本。也可以直接单击“添加到样本”按钮，输入 CMYK 数值添加到样本中。在添加样本的同时可以选择“四色法”或“专色”来存储颜色，如图 4-27 所示。

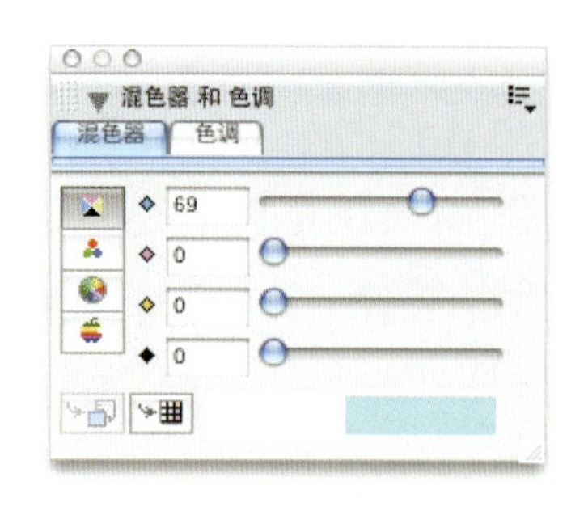

图 4-26　FreeHand 中颜色的设置

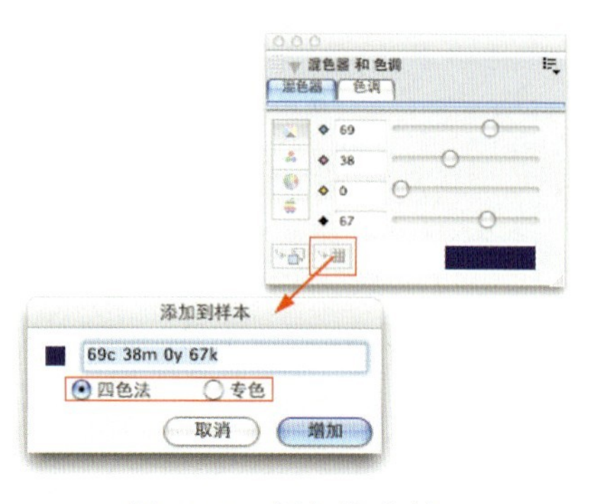

图 4-27　颜色的存储

同样在 FreeHand 中不管填充色为何种颜色，只要使用文字工具，文字则默认为黑色。文字的上色也需要先设置颜色并存储为样本，然后通过工具栏的颜色填充或者在属性面板中进行颜色的更改。

FreeHand 给文本添加边框颜色也很方便，先选中文字，在属性对象文本面板上添加笔触按钮，就可以为文字加上边框，添加笔触以后，属性对象文本面板中会自动出现文本笔触，默认的颜色为黑色，选中文本笔触后，可以在下面的选项里设置笔触的粗细和颜色等。

无论是在 CorelDRAW、Illustrator 中，还是在 FreeHand 中，轮廓线都不宜过细。例如，在 CorelDRAW 中有极细线，实际粗细只有 0.076mm，一旦遇到曲线轮廓，出片后就会出现断线、虚线等情况。一般轮廓线宽度要求在 0.1mm 以上，而填充色都在 CMYK 范围内，所以不用担心会出现色溢的情况。

4.4.5　InDesign 中文字的处理方法

Adobe 公司推出的 InDesign CS2 及以上版本支持双字节的中文字体，这样大大方便了中文字体的使用。设计人员可以直接使用文字工具在页面上拖拉出一个文本框，然后在文字属性栏或“字符”面板里选择好中文字体，就可以输出文字或者直接“复制/粘贴”外部的文字进入文本框。

InDesign 作为一个专业的排版软件，在文字排版方面具有很强的能力，可以胜任书刊、报纸、宣传画册、海报等项目制作排版的编排工作。在 InDesign 中，文字同样是以文本框的形式存在，拖动文本框的四周可以很轻松地调节文字在文本框的位置，而文字的大小不会受到文本框拖动的影响。

如果文本很长，输入的文字可能只需要将其中的一部分内容放在第一页（或者放在版面的某一位置），而另外的内容放在其他页面（或者版面的另一位置），可以用选取工具调整文本框下边节点到需要断开的位置，这样需要断开的文字被隐藏起来了，这时文本框下方将显示为红色“+”号状态，表示文字有隐藏的文本内容。

激活“挑选”工具，在红色“+”号上单击，光标会变成文本图标。然后在页面上的其他地方再单击，就能重新置入一个新的文本框。这个重新置入的文本框里的文本并不是独立的，而是将隐藏的部分用另外一个文本框显示出来。新的文本框和原来的文本框里的文字是相连的，拖动原来文本框的大小，会发现新文本框里的文本也会一起改变。而原来的文本框下的红“+”号变成了一个实心的小三角，而新文本框的左上角也出现了一个实心小三角，这就说明这两个文本框里的文本是联系在一起的，如图 4-28 所示。

InDesign CS2 及以上版本对文字的处理已经不单单停留在简单的排版，可以为文字加上一些特殊效果，如阴影、羽化等，而且执行起来很简单，只需要选中文字，执行菜单“对象”→“效果”→“投影”命令。

InDesign CS2 及以上版本可以在文字不转换为曲线的前提下设置文字边框粗细及为边框填色。在“描边”面板中设置文字的边框粗细，再依次单击颜色按钮，将文字轮廓设置为当前填充颜色状态，并在颜色里设置需要的边框颜色，如图 4-29 所示。

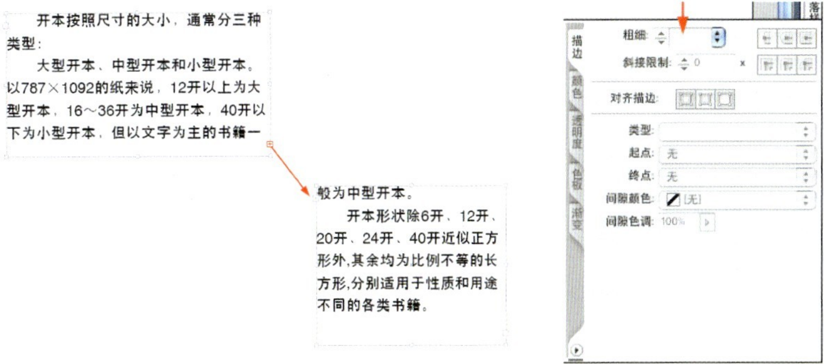

图 4-28　文本拓展　　图 4-29　文字特殊效果处理

知识链接

1．Windows 中使用的十三种 TrueType 字体

Courier New	Courier New Bold
Courier New Italic	Courier New Bold Italic
Times New Roman	Times New Roman Bold
Times New Roman Italic	Times New Roman Bold Italic
Arial	Arial Bold
Arial Italic	Arial Bold Italic
Symbol	

2．文字图形与图形文字

文字图形是指将文字作为最基本单位的点、线、面出现在设计中，使其成为排版设计的一部分，甚至整体达到图文并茂、别具一格的版面构成形式。这是一种极具趣味的构成方式，往往能活跃人们的视线，产生生动妙趣的效果。

图形文字是指将文字用图形的形式来处理构成版面。这种版式在版面构成中占有重要的地位。运用重叠、放射、变形等形式在视觉上产生特殊效果，给图形文字开辟了一个新的设计领域，如图 4-30 所示。

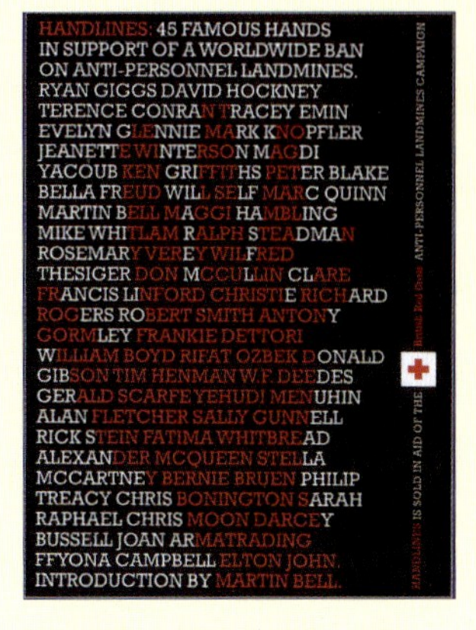

图 4-30　图形文字

项目实训

1．在 Photoshop 中，如何保证图案文字清晰的印刷效果？

2．如何确保彩色文字在印刷过程中的质量？

3．分别用不同字体、不同软件编辑中英文字号对照表。

第 5 章　排版软件的应用

版式设计概述

文字与版式

在 Adobe InDesign CC 软件中排版

在 CorelDRAW X8 软件中排版

在 Illustrator CS6 软件中排版

5.1 版式设计概述

版式设计是现代设计艺术的重要组成部分，是视觉传达的重要手段。表面上看，它是一种关于编排的学问，实际上，它不仅是一种技能，更实现了技术与艺术的高度统一，是现代设计者所必备的基本功之一。

1. 版式设计的概念

版式设计是指设计人员根据设计主题和视觉需求，在预先设定的有限版面内，运用造型要素和形式原则，根据特定主题与内容的需要，将文字、图片（图形）及色彩等视觉传达信息要素，进行有组织、有目的的组合排列的设计行为与过程。

2. 版式设计的原则

1）思想性与单一性

排版设计本身并不是目的，设计是为了更好地传播客户信息。设计师常常自我陶醉于个人风格以及与主题不相符的字体和图形中，这往往是造成设计平庸失败的主要原因。一个成功的排版设计，首先必须明确客户的目的，并深入了解、观察、研究与设计有关的方方面面，简要的咨询是设计良好的开端。版面离不开内容，更要体现内容的主题思想，用以增强读者的注目力与理解力。只有做到主题鲜明突出，一目了然，才能达到版面设计的最终目标。

2）艺术性与装饰性

为了使排版设计更好地为版面内容服务，寻求合乎情理的版面视觉语言显得非常重要，也是达到最佳诉求的体现。构思立意是设计的第一步，也是设计作品所进行的思维活动。主题明确后，版面构图布局和表现形式等成为版面设计艺术的核心，也是一个艰难的创作过程。怎样才能达到意新、形美、变化而又统一，并具有审美情趣，这取决于设计者文化的涵养。所以，排版设计是对设计者的思想境界、艺术修养、技术知识的全面检验。

版面的装饰因素是由文字、图形、色彩等通过点、线、面的组合与排列构成，并采用夸张、比喻、象征等手法体现视觉效果，既美化了版面，又提高了传达信息的功能。装饰是运用审美特征构造出来的，不同类型的版面信息具有不同方式的装饰形式，它不仅起着排除其他、突出版面信息的作用，而且又能使读者从中获得美的享受。

3）趣味性与独创性

排版设计中的趣味性，主要是指形式的情趣。这是一种活泼的版面视觉语言。如果版面本无多少精彩的内容，就要靠制造趣味取胜，这也是在构思中调动了艺术手段所起的作用。版面充满趣味性，使传媒信息如虎添翼，起到了画龙点睛的传神功力，从而更吸引人，打动人。趣味性可采用寓意、幽默和抒情等表现手法来获得。

独创性原则实质上是突出个性化特征的原则。鲜明的个性，是排版设计的创意灵魂。试想，一个版面多是单一化与概念化的大同小异，人云亦云，可想而知，它的记忆度有多少？更谈不上出奇制胜。因此，要敢于思考，敢于别出心裁，敢于独树一帜，在排版设计中多一点个性而少一些共性，多一点独创性而少一点一般性，才能赢得消费者的青睐。

4）整体性与协调性

排版设计是传播信息的桥梁，所追求的完美形式必须符合主题思想内容，这是排版设计的根基。版面只重视表现形式而忽略内容，或只求内容而缺乏艺术表现，都是不成功的。只有把形式与内容合理地统一，强化整体布局，才能体现版面构成中独特的社会和艺术价值，才能解决设计应说什么、对谁说和怎样说的问题。

强调版面的协调性原则，也就是强化版面各种编排要素在版面中的结构以及色彩上的关联性。通过版面的文、图之间的整体组合与协调性的编排，使版面具有秩序美、条理美，从而获得更好的视觉效果。

3．版式设计的形式原理

1）重复交错

在排版设计中，不断重复使用的基本形或线，它们的形状、大小、方向都是相同的。重复使设计产生安定、整齐、规律的统一。但重复构成的视觉感受有时容易显得呆板、平淡、缺乏趣味性的变化，因此，在版面中可安排一些交错与重叠，打破版面呆板、平淡的格局，如图 5-1 和图 5-2 所示。

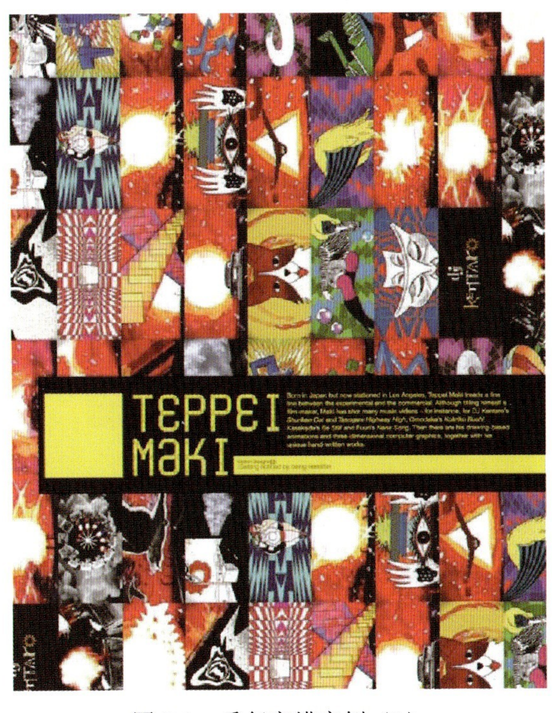

图 5-1　重复交错实例（1）

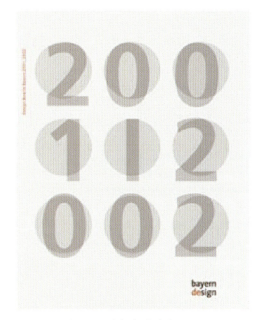

图 5-2　重复交错实例（2）

2）节奏韵律

节奏与韵律来自于音乐概念，正如歌德所言：“美丽属于韵律”。韵律被现代排版设计所吸收。节奏是按照一定的条理、秩序、重复连续地排列，形成一种律动形式。它有等距离的连续，也有渐变、大小、长短、明暗、形状、高低等的排列构成。在节奏中注入美的因素和情感个性化，就有了韵律，韵律就好比是音乐旋律，不但有节奏，更有情调，它能增强版面的感染力，开阔艺术的表现力，如图 5-3 和图 5-4 所示。

图 5-3　节奏韵律实例（1）

3）对称均衡

两个同一形的并列与均齐，实际上就是最简单的对称形式。对称是同等同量的平衡。对称的形式有以中轴线为轴心的左右对称、以水平线为基准的上下对称和以对称点为源的放射对称，还有以对称面出发的反转形式。其特点是稳定、庄严、整齐、秩序、安宁、沉静，如图 5-5 和图 5-6 所示。

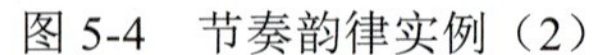
图 5-4　节奏韵律实例（2）

图 5-5　对称均衡实例（1）

图 5-6　对称均衡实例（2）

4）对比调和

对比是差异性的强调，对比的因素存在于相同或相异的性质之间，也就是把相对的两要素互相比较之后，产生大小、明暗、黑白、强弱、粗细、疏密、高低、远近、硬软、直曲、浓淡、动静、锐钝、轻重的对比，对比的最基本要素是显示主从关系和统一变化的效果。

调和是指适合、舒适、安定、统一，是近似性的强调，使两者或两者以上的要素相互具有共性。对比与调和是相辅相成的。在版面构成中，一般事例版面宜调和，局部版面宜对比，如图 5-7 所示。

图 5-7　对比调和实例

5）比例适度

比例是形的整体与部分以及部分与部分之间数量的一种比率。比例又是一种用几何语言和数比词汇表现现代生活和现代科学技术的抽象艺术形式。成功的排版设计，首先取决于良好的比例：等差数列、等比数列、黄金比等。等差数列、等比数列的运用能使画面看起来有活泼的跳跃感，又不失平衡感；黄金比能求得最大限度的和谐，使版面被分割的不同部分产生相互联系。

适度是版面的整体与局部以及与人的生理或习性的某些特定标准之间的大小关系，也就是排版要从视觉上适合读者的视觉心理。比例与适度，通常具有秩序、明朗的特性，予人一种清新、自然的新感觉，如图 5-8 所示。

图 5-8　比例适度实例

6）变异秩序

变异是规律的突破，是一种在整体效果中的局部突变。这一突变之异，往往就是整个版面最具动感、最引人关注的焦点，也是其含义延伸或转折的始端，变异的形式有规律的转移、规律的变异，可依据大小、方向、形状的不同来构成特异效果。

秩序美是排版设计的灵魂，它是一种组织美的编排，能体现版面的科学性和条理性。由于版面是由文字、图形、线条等组成，尤其要求版面具有清晰明了的视觉秩序美。构成秩序美的原理有对称、均衡、比例、韵律、多样统一等。在秩序美中融入变异的构成，可使版面获得动态效果，如图 5-9 和图 5-10 所示。

图 5-9　秩序美实例（1）

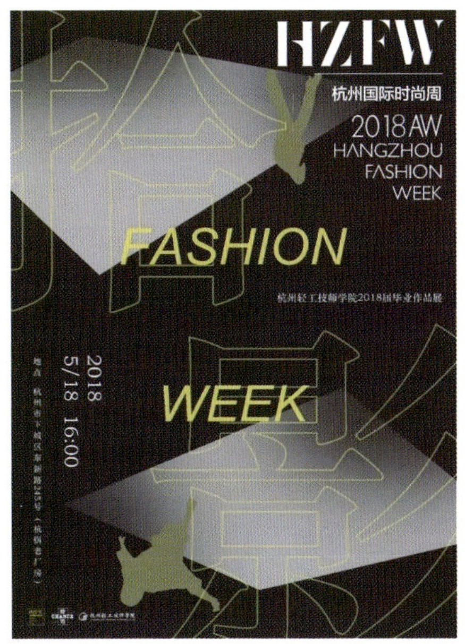

图 5-10　秩序美实例（2）

7）虚实留白

中国传统美学上有“计白守黑”的说法，是指编排的内容是“黑”，也就是实体，斤斤计较的却是虚实的“白”。

留白则是版中未放置任何图文的空间，它是“虚”的特殊表现手法。其形式、大小、比例决定着版面的质量。留白的感觉是一种轻松，最大的作用是引人注意。在排版设计中，巧妙地留白，讲究空白之美，是为了更好地衬托主题，集中视线和造成版面的空间层次，如图 5-11 和图 5-12 所示。

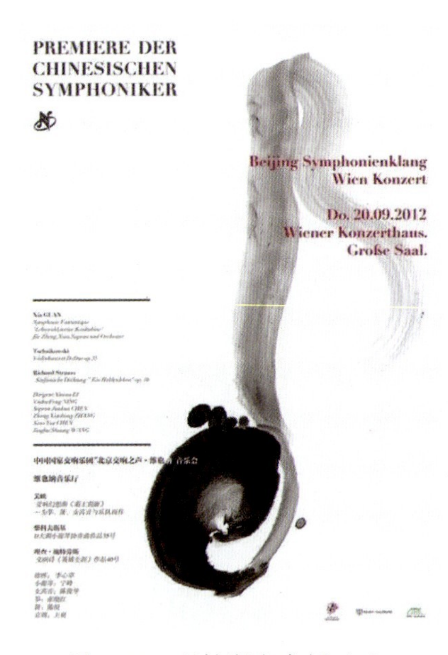

图 5-11 巧妙留白实例（1）

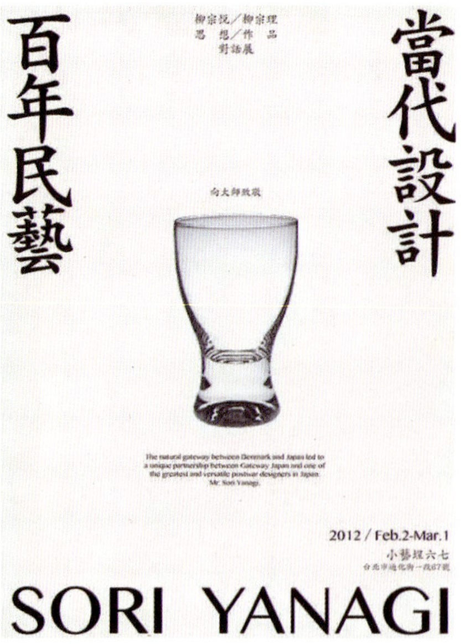

图 5-12 巧妙留白实例（2）

8）变化统一

变化与统一是形式美的总法则，是对立统一规律在版面构成上的应用。两者完美结合，是版面构成最根本的要求，也是艺术表现力的因素之一。

变化是一种智慧、想象的表现，是强调种种因素中的差异性方面，造成视觉上的跳跃。

统一是强调物质和形式中种种因素的一致性方面，最能使版面达到统一的方法是保持版面的构成要素少一些，而组合的形式却要丰富一些。统一的手法可借助均衡、调和、秩序等形式法则，如图 5-13 和图 5-14 所示。

4．版式设计的基本类型

常见的版式设计主要包括骨格型、满版型、上下分割型、左右分割型、中轴型、曲线型、倾斜型、对称型、重心型、三角型、并置型、自由型和四角型等十三种。

1）骨格型

常见的骨格有竖向通栏、双栏、三栏和四栏等。一般以竖向分栏为多。图片和文字的编排上，严格按骨格比例进行编排配置，给人严谨、和谐、理性的美。骨格经过相互混合后的版式，既理性有条理，又活泼而具有弹性，如图 5-15 和图 5-16 所示。

图 5-13 变化统一实例（1）

图 5-14 变化统一实例（2）

图 5-15 骨格型实例（1）

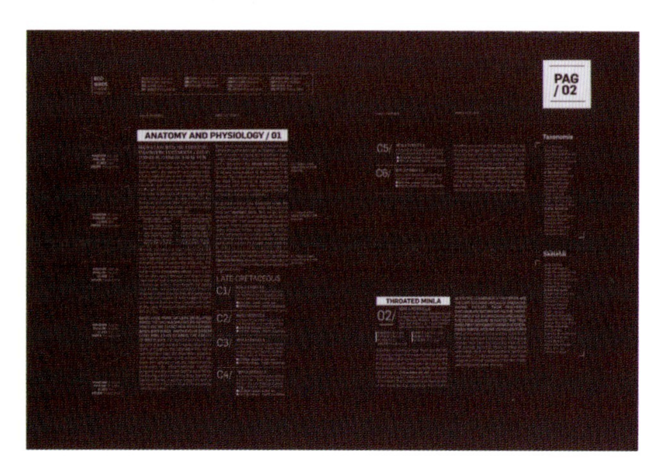

图 5-16 骨格型实例（2）

2）满版型

版面以图像充满整版，主要以图像为诉求对象，视觉传达直观而强烈。文字的配置在图像的某个部位做辅助说明及点缀之用。满版型给人大方、舒展的感觉，是商品广告常用的形式，如图 5-17 和图 5-18 所示。

3）上下分割型

整个版面分成上下两部分，在上半部分或下半部分配置图片（可以是单幅或多幅），另一部分则配置文字。图片部分感性而有活力，而文字部分则理性而静止，如图 5-19 和图 5-20 所示。

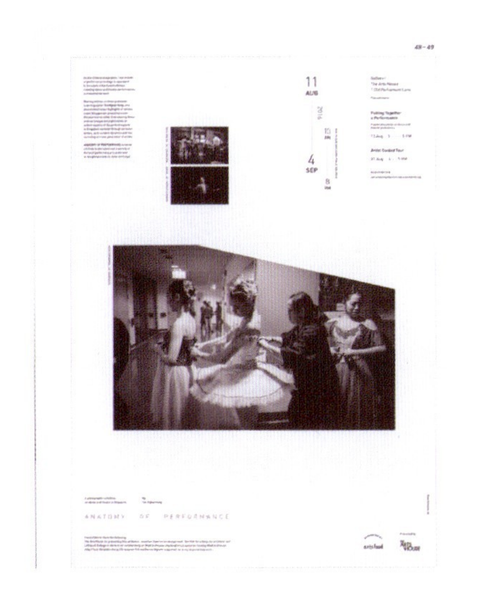

图 5-17　满版型实例（1）

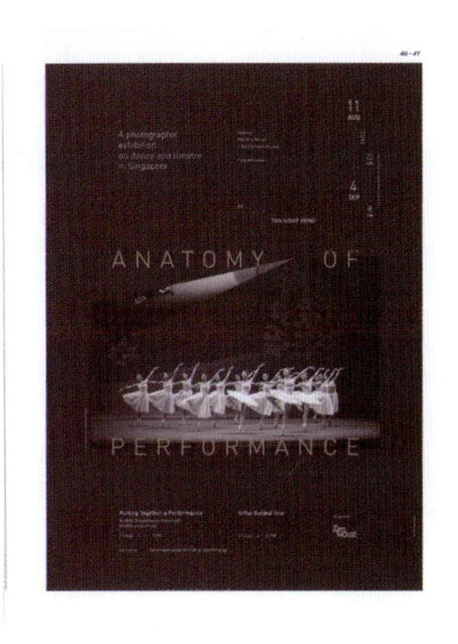

图 5-18　满版型实例（2）

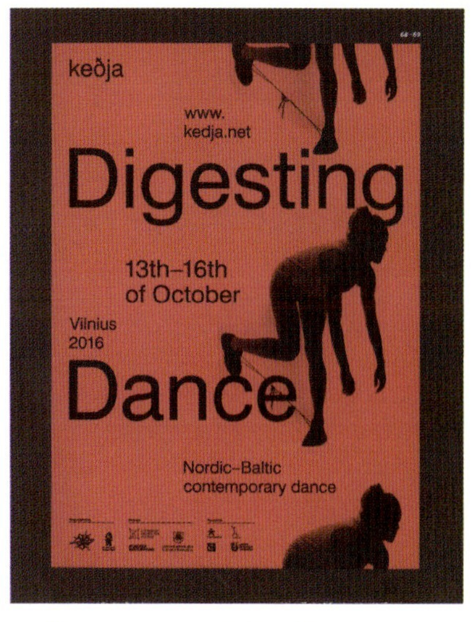

图 5-19　上下分割型实例（1）

4）左右分割型

整个版面分割为左右两部分，分别配置文字和图片。左右两部分形成强弱对比时，造成视觉心理的不平衡。这仅是视觉习惯（左右对称）上的问题，不如上下分割型的视觉效果自然。如果将分割线虚化处理，或用文字左右重复穿插，左右图、文会变得自然和谐，如图 5-21 和图 5-22 所示。

5）中轴型

将图形做水平或垂直方向排列，文字配置在上下或左右。水平排列的版面，给人稳定、安静、平和与含蓄之感；垂直排列的版面，给人强烈的动感，如图 5-23 和图 5-24 所示。

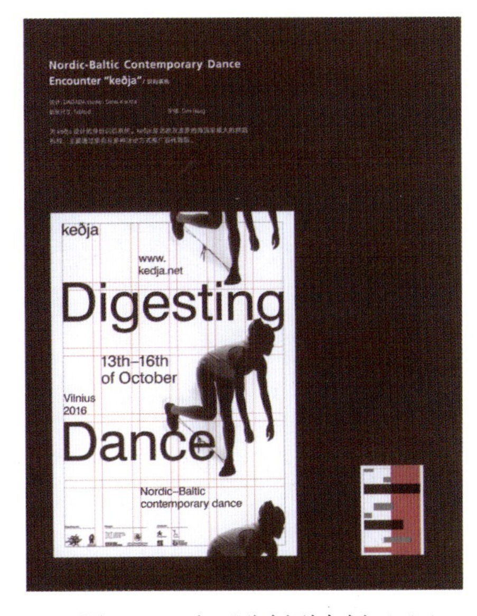

图 5-20　上下分割型实例（2）

图 5-21　左右分割型实例（1）

图 5-22　左右分割型实例（2）

6）曲线型

图片或文字在版面结构上做曲线的编排构成，产生音乐般的节奏和韵律，如图 5-25 和图 5-26 所示。

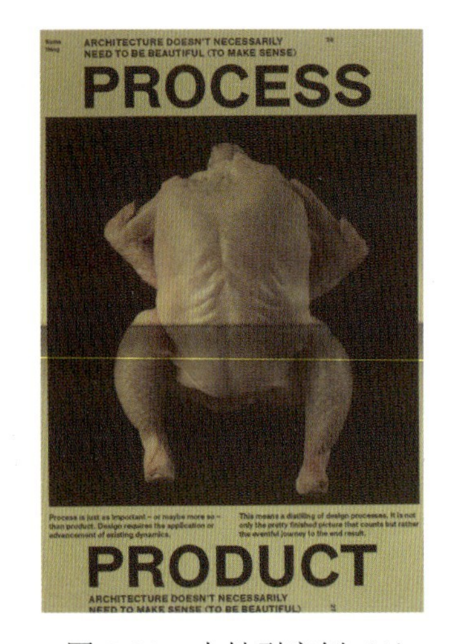

图 5-23　中轴型实例（1）

图 5-24　中轴型实例（2）

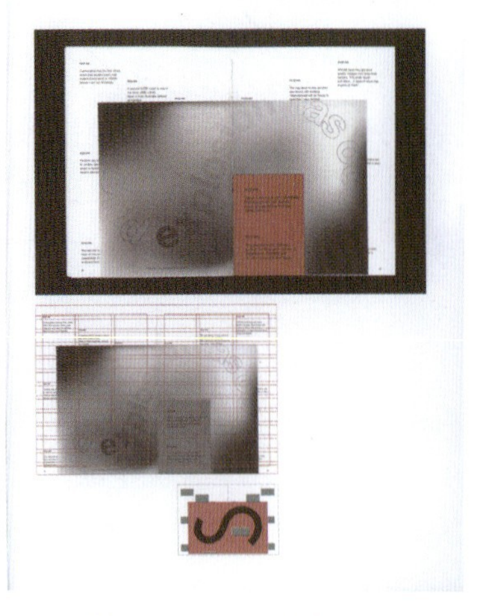
图 5-25　曲线型实例（1）

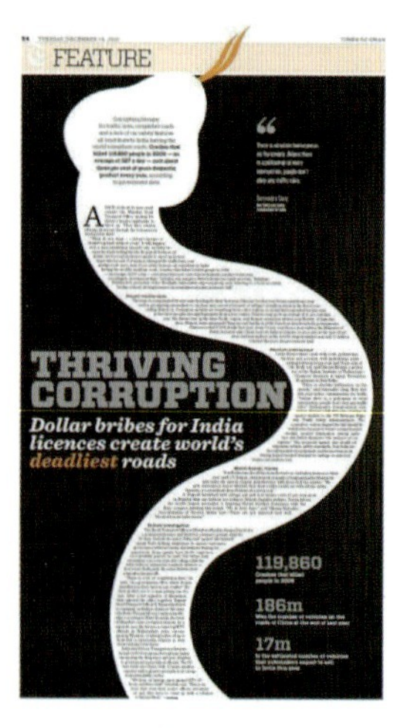

图 5-26　曲线型实例（2）

7）倾斜型

版面主体形象或多幅图像做倾斜编排，造成版面强烈的动感和不稳定因素，引人注目，如图 5-27 和图 5-28 所示。

8）对称型

对称的版式，给人稳定、理性、秩序的感受。对称分绝对对称和相对对称，一般多采用相对对称手法，以避免过于严谨。对称一般以左右对称居多，如图 5-29 和图 5-30 所示。

图 5-27　倾斜型实例（1）

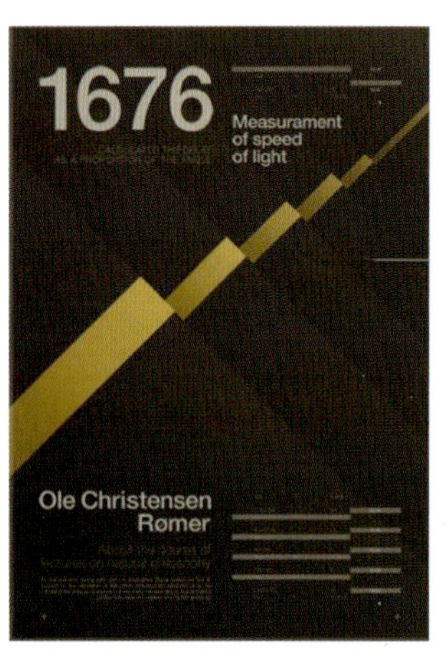

图 5-28　倾斜型实例（2）

图 5-29　对称型实例（1）

图 5-30　对称型实例（2）

9）重心型

重心型版式产生视觉焦点，使其更加突出。它有以下三种类型。

（1）中心：直接以独立而轮廓分明的形象占据版面中心，如图 5-31 所示。

（2）向心：视觉元素向版面中心聚拢的运动，如图 5-32 所示。

（3）离心：版面构成要素向外做发散状编排。犹如石子投入水中，产生一圈一圈向外扩散的弧线运动，如图 5-33 所示。

图 5-31　重心型实例（1）

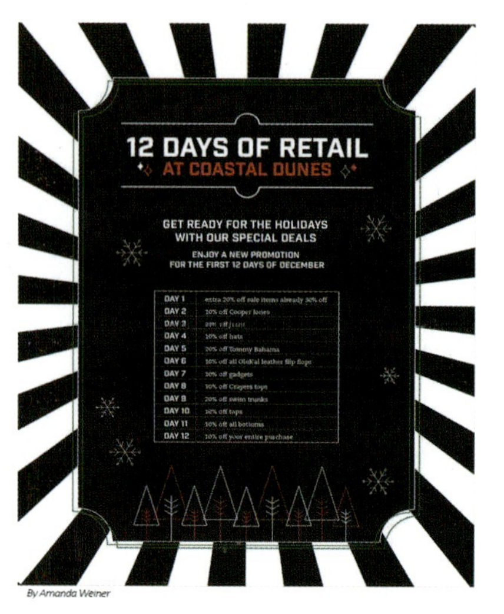

图 5-32　重心型实例（2）

10）三角型

在圆形、矩形、三角形等基本图形中，正三角形（金字塔形）最具有安全稳定性，如图 5-34 和图 5-35 所示。

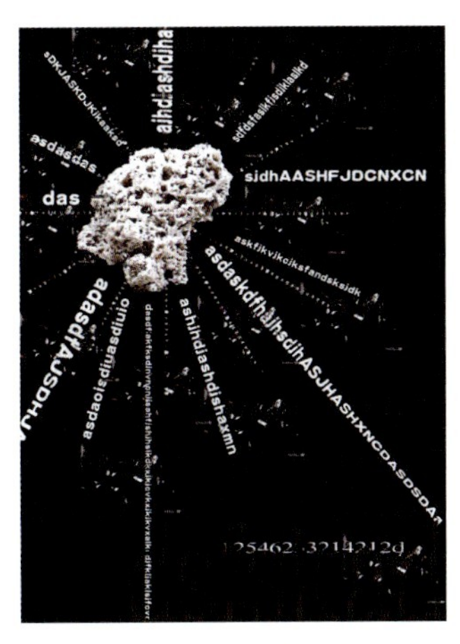

图 5-33　重心型实例（3）

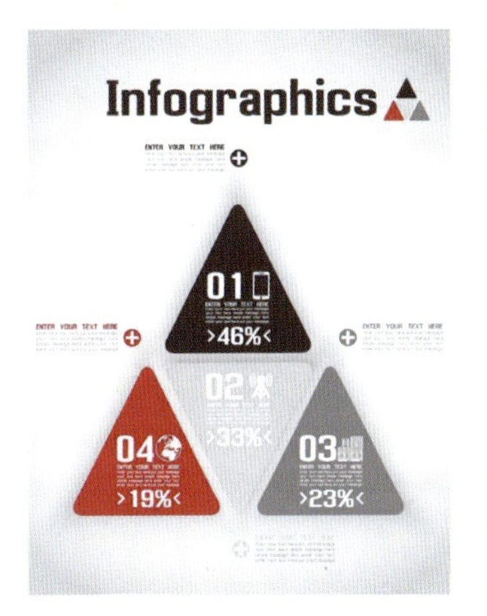

图 5-34　三角型实例（1）

图 5-35　三角型实例（2）

11）并置型

将相同或不同的图片做大小相同而位置不同的重复排列，并置构成的版面有对比、解说的意味，给予原本复杂喧闹的版面以秩序、安静、调和与节奏感，如图 5-36 和图 5-37 所示。

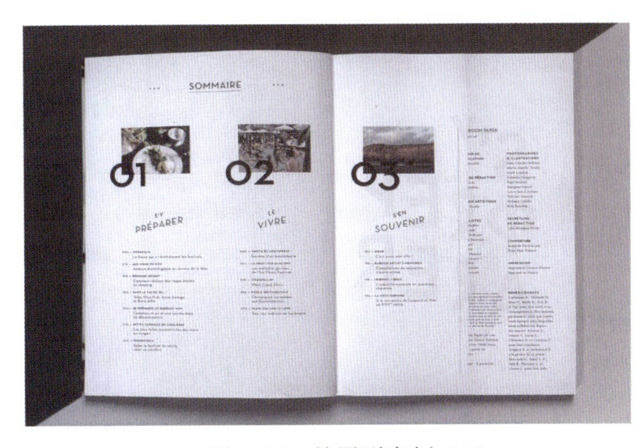

图 5-36　并置型实例（1）

图 5-37　并置型实例（2）

12）自由型

自由型是无规律的、随意的编排构成，有活泼、轻快的感觉，如图 5-38 和图 5-39 所示。

13）四角型

版面四角以及连接四角的对角线结构上编排图形，给人严谨、规范的感觉，如图 5-40 和图 5-41 所示。

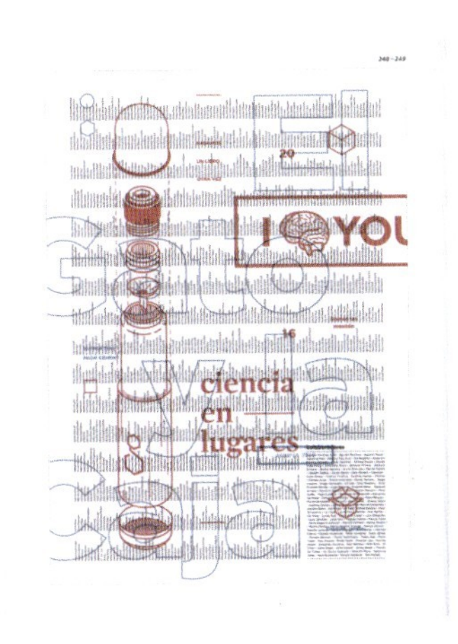

图 5-38　自由型实例（1）

图 5-39　自由型实例（2）

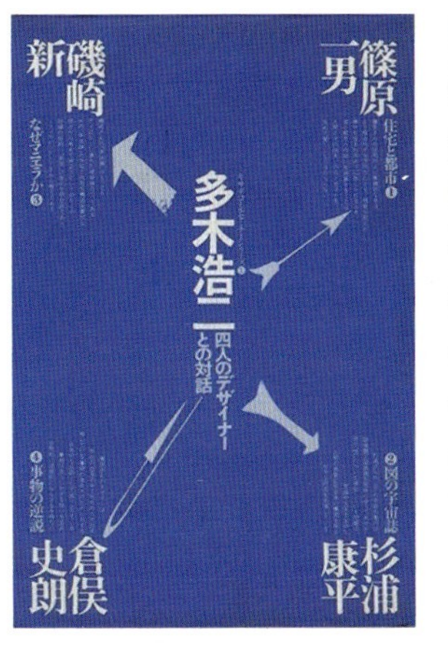

图 5-40　四角型实例（1）

图 5-41　四角型实例（2）

5.2 文字与版式

5.2.1 版式设计的基本构成要素

版式设计意味着对印刷品可视部位每一个细节的推敲，包括图形图像的正确选择、图形图像的精心安排、文字的巧妙运用、空间的虚实变化、色彩的合理搭配运用等，其目的是使版式要素通过版式语言相互沟通，使版式设计者的思想和版式传达的信息能够迅速进入读者的心灵。

版式语言是由版式要素组成的，版式要素主要包括版芯、空白、栏区、标题、文字、插图、图形图像、装饰线、花边、底纹以及页码等，它们不仅是版式结构的基本要素，也是形成版式设计风格的重要基础，会使版式语言更加生动、活泼，如图 5-42 所示。

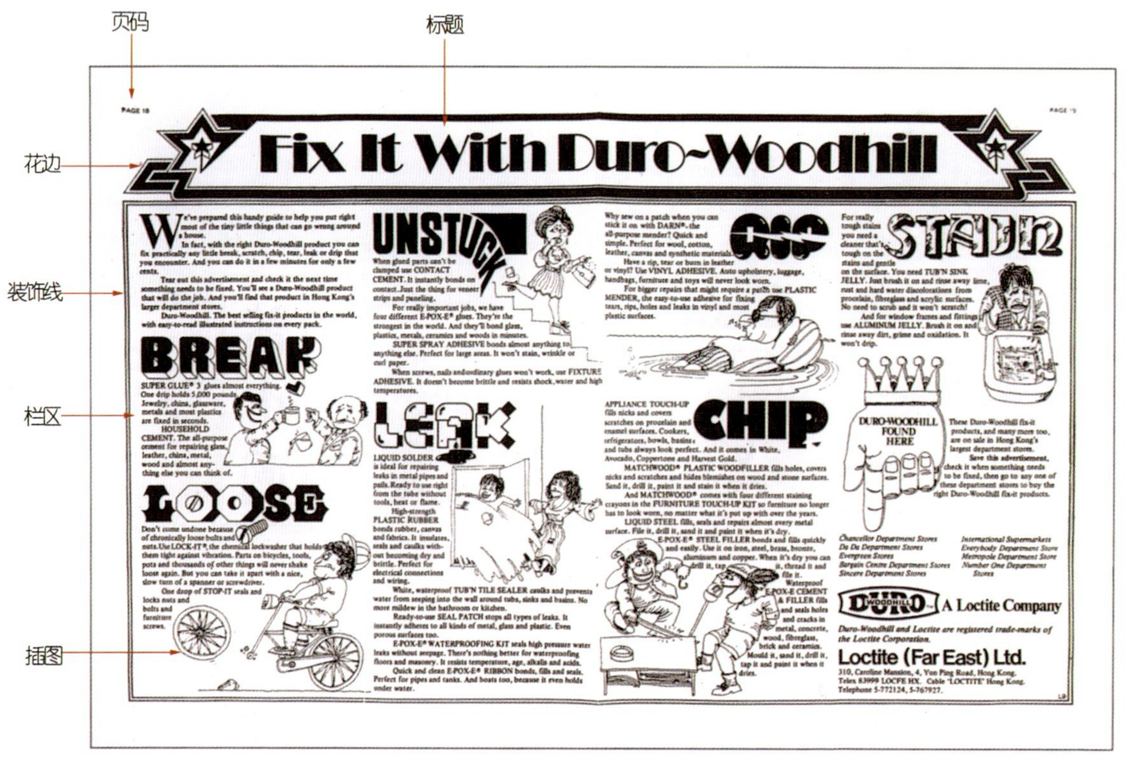

图 5-42　版式要素

版芯的设计主要包括版芯尺寸（大小）和版芯在版窗中的位置设计。版芯的大小，也可以说是空白的大小，是十分重要的，它可以决定给人的印象。甚至相同的文字、相同的照片，因版芯大小及所留空白不同，会给人以不同的印象。版芯大、空白小的版页富有生气，显得信息丰富；版芯小、空白大的版面显得有品位，给人格调高雅的恬静感觉，能让人以舒适的心情去阅读，如图 5-43 所示。

（1）版芯：指正文所占用的面积，即图、文及装饰性的纹样在页面中所占的空间。

（2）天头：指版芯上边至成品边缘的区域。

（3）地脚：指版芯下边至成品边缘的区域。

（4）订口：指书页装订部分的一侧，即版芯内侧边至成品边缘的区域。

（5）切口：指书页除了订口边外的其他三边。

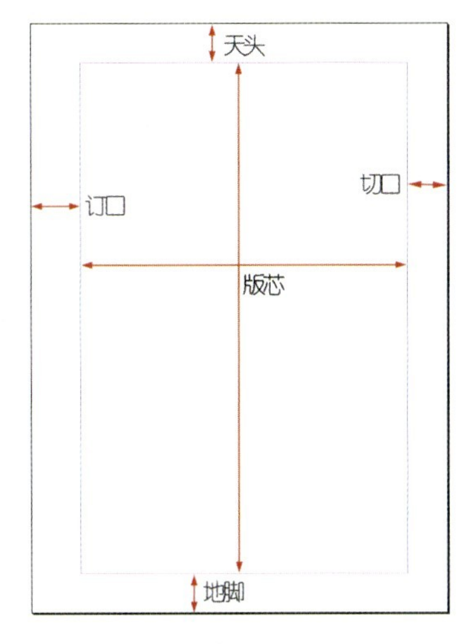

图 5-43　版芯的设计

5.2.2　以文字为主的排版样式

文字在排版设计中，不仅仅局限于信息传达意义上的概念，而更是一种高尚的艺术表现形式。文字已提升到启迪性和宣传性、引领人们的审美时尚的新视角。文字是任何版面的核心，也是视觉传达最直接的方式，运用经过精心处理的文字材料，完全可以制作出效果很好的版面，而不需要任何图形，如图 5-44 和图 5-45 所示。

图 5-44　文字排版实例（1）

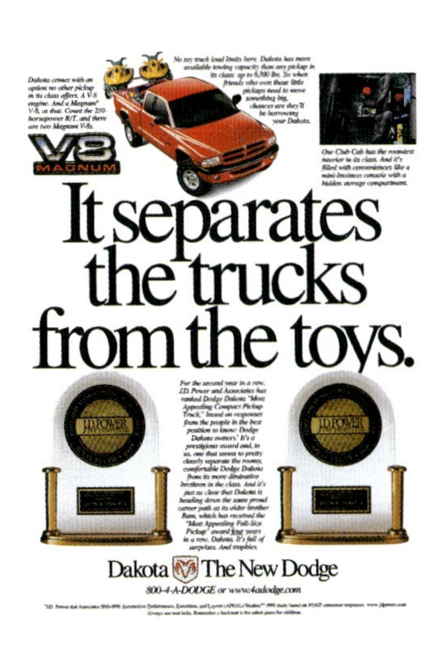

图 5-45　文字排版实例（2）

1．字体、字号

字体的设计、选用是排版设计的基础。中文常用的字体主要有宋体、仿宋体、黑体、楷体四种。在标题上为了达到醒目的效果，又出现了粗黑体、综艺体、琥珀体、粗圆体、细圆体以及手绘创意美术字等。在排版设计中，选择 2 ～ 3 种字体为最佳视觉结果，否则，会产生零乱而缺乏整体效果。在选用的字体中，可考虑加粗、变细、拉长、压扁或调整行距来变化字体大小，同样能产生丰富多彩的视觉效果。

2．字距与行距

字距与行距的把握是设计师对版面的心理感受，也是设计师设计品味的直接体现。一般的行距在常规的比例应为：字号为 8 点，行距则为 10 点，即 8 ∶ 10。但对于一些特殊的版面来说，字距与行距的加宽或缩紧，更能体现主题的内涵。现在国际上流行将文字分开排列的方式，感觉疏朗清新、现代感强。因此，字距与行距不是绝对的，应根据实际情况而定。

3. 行宽、分栏与标题

1）行宽

行宽与分栏应根据方便阅读的原则和版面形式美的需要进行设计。书籍、杂志的内文编排，无论是横排还是直排，行的长度不应太长或太短。过长的行，字数一定多，读者开始有兴趣阅读，但读到行尾时便会产生不耐烦的感觉，而且读完一行，要续读第二行时，视线会很难落在第二行的准确位置上。

根据科学测定，行宽在 100mm 左右比较适合人的视域，所以，一般 32 开图书的字行长度多在 80 ～ 105mm，大 32 开排 27 ～ 29 个五号字，普通 32 开排 25 ～ 27 个五号字。

2）分栏

分栏有助于版面的活泼变化，但如果栏太多，所排的栏太窄，字数太少，视线因行太短而会向左右或上下频繁移动，读者同样容易疲劳。若是英文书籍，行的排列太短，便可能有许多英文要分开来排，否则的话，那段文字的排列一定参差不齐。

3）标题

标题是正文的向导，是正文的灵魂，是编辑用精辟简练的语言把读者的心理或意识活动有指向性地调动起来，并予以集中的一种手段。标题的内容本身固然能牵动读者的目光，若再用恰到好处的艺术形式烘托标题，则会使标题因形象美而进一步产生吸引力。标题也是调整版面黑、灰、白色调的重要因素。若版面中无标题，通篇是文字，整版清一色灰调子，没有停顿间歇，未免呆板。对于标题的处理，一般应做如下考虑。

（1）标题必须醒目，让人看起来一目了然。

（2）要考虑到篇题、章题、节题以及引题、主标题与副标题等字体、字号的区别与联系。

（3）防止背题。即图书的编排中，标题恰好赶在版尾，题下无文的情况应禁止，必须通过调整上一行正文，将标题窜至下页。

（4）考虑字体、字号、位置以及美术字设计等的整体效果。

4. 编排形式

文字的编排形式多种多样，大致可以理解为以下几种。

（1）左右对齐：这种格式十分适用于报纸、杂志和其他需要充分利用版面的出版物，其缺点是为了使每行左右对齐，有时字母间距会变得不均匀。

（2）左对齐：这是最舒服的格式，也是习惯做法。因为读者可以沿着左边垂直轴线找到每行的开头，而右边的空白使整个段落显得自然顺畅。

（3）右对齐：这种格式适用于少量的字体，如标题等，因为每一行起始部分的不规则增加了阅读的时间和精力。

（4）自由格式：这种格式具有现代感，但排版会花费大量时间。

另外还有文图穿插、突出字首、自由编排等形式。如图 5-46 所示，正文（白色字）使用中间对齐格式，辅文（黑色字）采用左对齐格式，底部的装饰符号居中，左右采用自由格式。

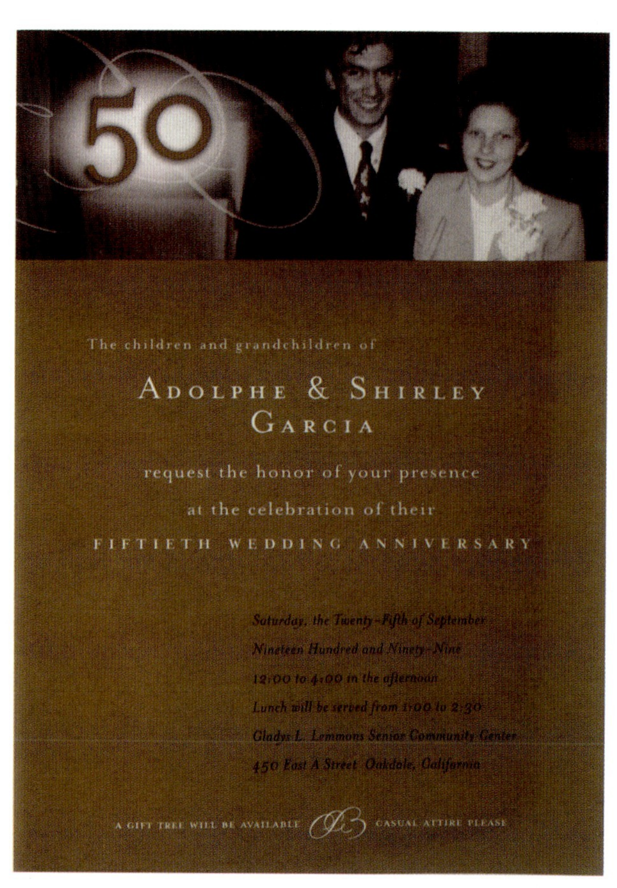

图 5-46　成功排版实例

5.3 在 Adobe InDesign CC 软件中排版

Adobe InDesign CC 作为专业排版软件，在对拥有大量文字的稿件排版时，表现得非常优秀。它可以一次建立多个页面，同时为了便于多个页面的管理，InDesign 提供了一个主页的控制面板。用户可以根据工作需要在页面控制面板的主页控制区中建立如杂志的书眉和页码等一些固定元素。

5.3.1 参数设置

执行菜单“编辑”→“首选项”→“常规”（Windows 操作系统）或“InDesign”→“首选项”→“常规”（Mac OS 操作系统）命令，弹出如图 5-47 所示的“首选项”对话框。

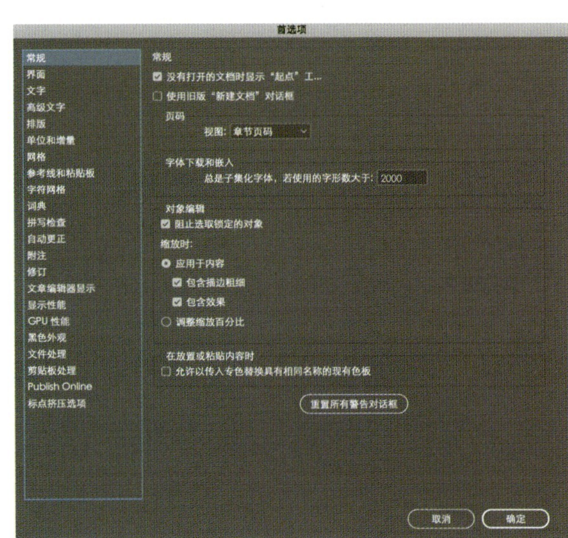

图 5-47　“首选项”对话框

1. 常规设置

在“首选项”对话框中，选择“常规”选项卡，在这里可以对页码编制方案等控制项进行设置。

在 InDesign 中，有两种页码编制方案，分别是绝对页码和章节页码，如图 5-48 所示。绝对页码是指以文档的首页为第一页，以递增的顺序连续编制页码的方式；章节页码指的是在一个文档中，以不同节为单位，分别编制页码的方式。

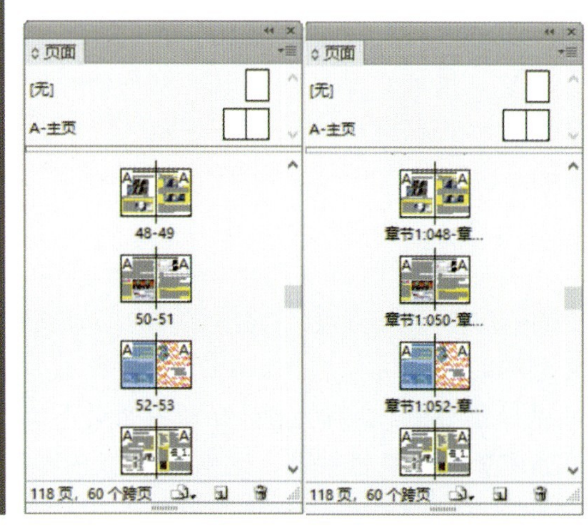

图 5-48　两种页码编制方案

2. 显示性能

在 InDesign 软件中定义的显示方式有三种：快速、典型、高品质，如图 5-49 所示。这三种方式可以分别应用于矢量图、位图图像以及透明效果图上。

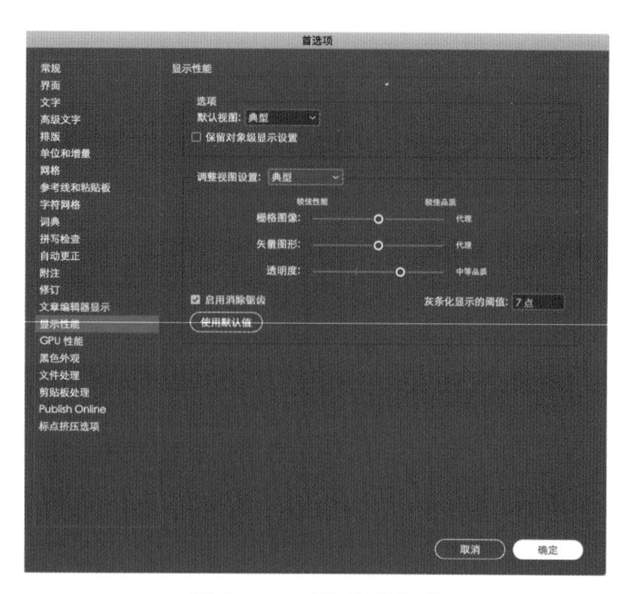

图 5-49　三种显示方式

3. 位图图像

位图图像的显示有三种状态：灰度图、72dpi 的预示图像和当前视图状态下支持的最高分辨率的图像。

4. 矢量图像

控制矢量图像的显示效果。它的状态与位图图像滑条状态相同。

5. 透明效果

透明效果控制有四个选项：关闭、低质量、中等质量和高质量。“关闭”状态下没有透明效果显示；“低质量”状态下只显示不透明和混色效果；“中等质量”状态下则可以显示羽化和阴影效果；而“高质量”状态下则以 144dpi 的效果显示阴影、羽化和 CMYK 混色效果。推荐使用“中等质量”状态。如果 CMYK 模式内包含透明色彩，则可以使用“高质量”状态显示。

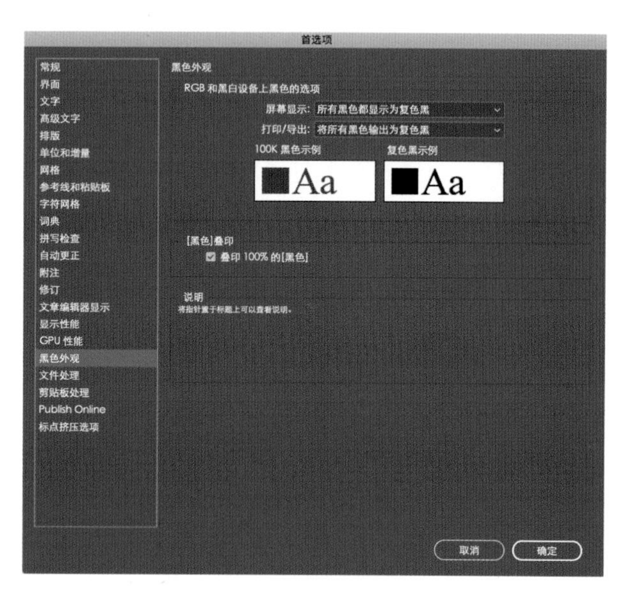

图 5-50　“黑色外观”选项卡

6. 黑色外观

在“首选项”对话框中，选择“黑色外观”选项卡，如图 5-50 所示。“叠印 100% 的 [黑色]”复选框默认状态下是被选中的，并确保在整个组版过程中，始终处于选中状态。它可以保证文档中压在彩色背景色之上的黑色字符，或是彩色块外的黑色描边线不会出现漏白现象。

7. 剪贴板处理

在“首选项”对话框中，选择“剪贴板处理”选项卡，如图 5-51 所示。选中“复制 PDF 到剪切板”复选框意味着在复制页面上选定内容时，软件将选定的内容以 PDF 文件的形式保存在剪贴板上。如果将该 PDF 文件粘贴到 Adobe 的其他软件内，对象的颜色和字体均不发生变化。该选项开辟了将 PDF 文件作为剪贴板交流格式的先河。

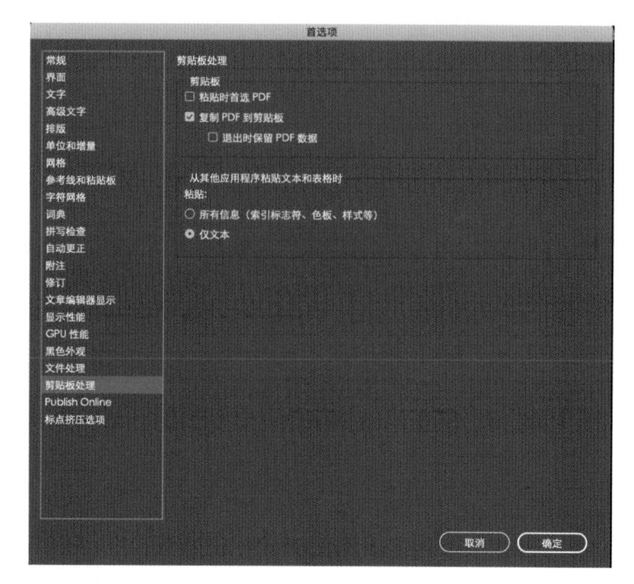

图 5-51　“剪贴板处理”选项卡

选中“粘贴时首选 PDF”复选框意味着从其他软件（如 Illustrator）复制到剪贴板上的内容，在粘贴到 InDesign 文档中时，会优先选择以 PDF 文件格式进行粘贴，这样可以保留复制内容的透明效果。如果不选中这复选框则以 AICB 格式进行粘贴，这种格式与 EPS 格式非常类似，它只能将透明效果分割成许多更小的不透明的对象，然后转成 InDesign 的内部对象格式。

5.3.2 文档创建

执行菜单“文件”→“新建”命令，弹出“新建文档”对话框。在其中设置文档页数、页面尺寸、边空、页面方向等参数。单击“边距和分栏”按钮，在弹出的对话框中设置边距、栏数、栏间距以及排版方向等参数，如图 5-52 所示。

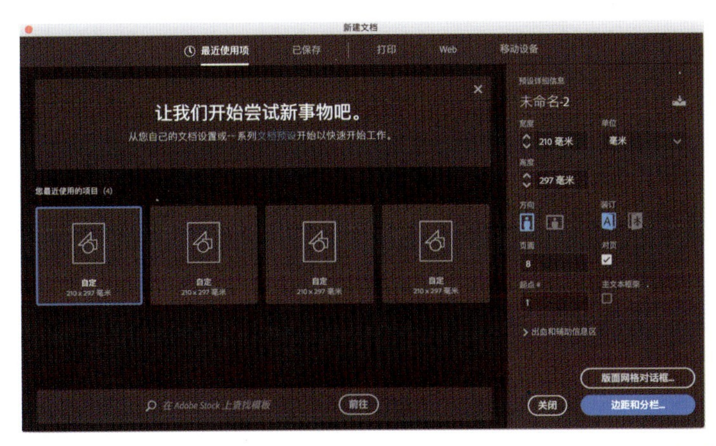

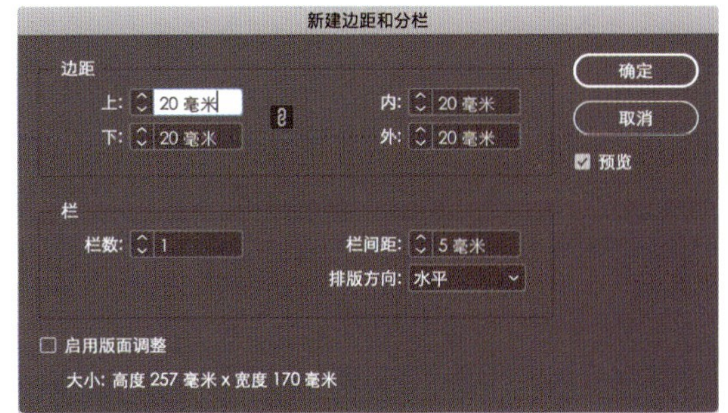

图 5-52　“新建文档”对话框及参数设置

执行菜单“文件”→“文档设置”命令，可随时对文档页面的设置进行修改，如图 5-53 所示。

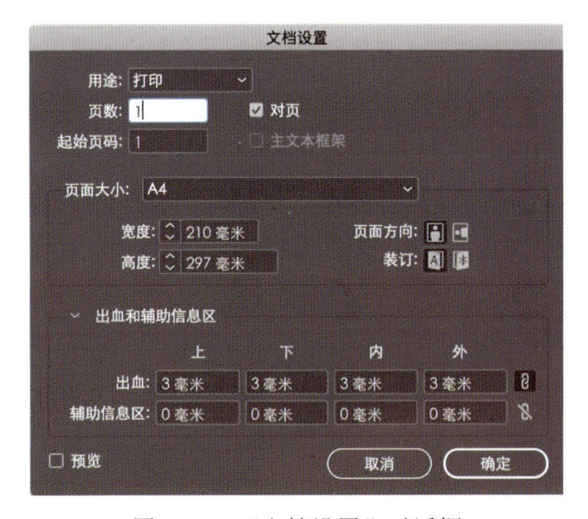

图 5-53　“文档设置”对话框

5.3.3 颜色定义与应用

1. 定义颜色

InDesign 软件中的颜色定义是在“色板”面板中进行的。执行菜单“窗口”→“颜色”→“色板”命令，弹出如图 5-54 所示的“色板”面板。在“色板”面板右侧的下拉菜单中选择“新建颜色色板”命令，弹出“新建颜色色板”对话框，如图 5-55 所示。

图 5-54　“色板”面板

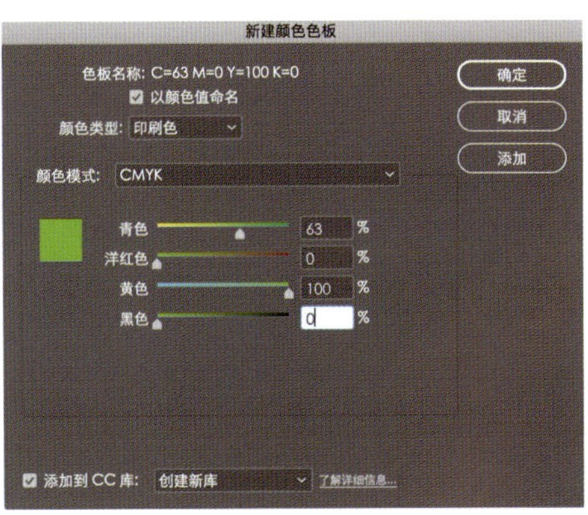

图 5-55　“新建颜色色板”对话框

在“新建颜色色板”对话框中，定义颜色类型（专色或印刷色）、颜色模式（RGB 或 CMYK）、颜色的数据，可以使用滑条来设定或直接在文本框内输入。颜色定义完毕后，新建颜色会出现在“色板”面板的颜色列表中。

颜色定义完毕后，从“色板”面板的下拉菜单中选择“油墨管理器”命令，弹出如图 5-56 所示的“油墨管理器”对话框。在此可以看到当前定义的所有原色和专色。

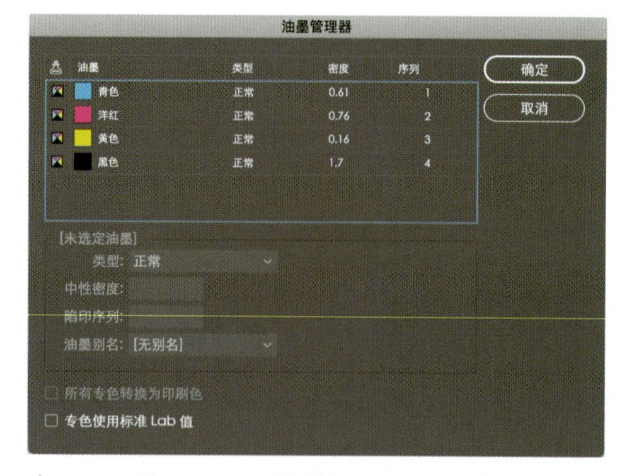

图 5-56 “油墨管理器”对话框

2. 应用颜色列表

利用油墨管理器可以对印刷工艺中的油墨参数进行设置，如输出油墨的透明度、密度等参数，从而控制陷印和专色的输出。

颜色应用和设定的方法与前两个软件大体一致。

执行菜单“窗口”→“颜色”→“渐变”命令，弹出如图 5-57 所示的“渐变”面板，在此可以设置渐变填充效果。要想改变渐变色，可以选中颜色条下方的某个色块，按住 Alt 键，同时单击“色板”面板上所需的颜色，即可改变色彩。

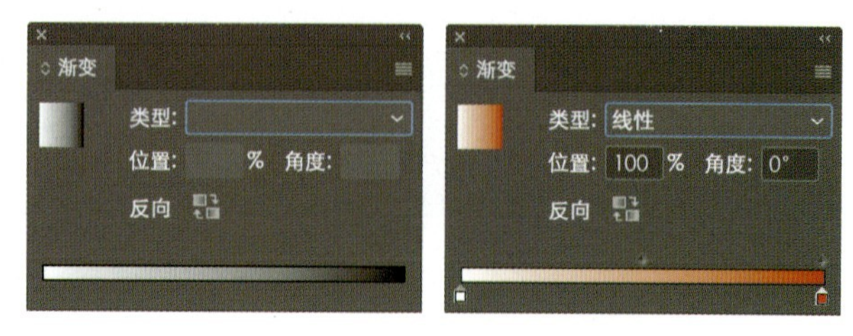

图 5-57 渐变的设置

5.3.4 版式创建与应用

1. 段落与文本格式

执行菜单“文字”→“段落样式”和“文本”→“字符样式”命令，弹出“段落样式”和“字符样式”面板，在这里定义段落和字符格式。需要时，选择已定义好的格式，即可将格式应用于文本的组版中。

2. 应用版面样式

执行菜单“文字”→“字符样式”或“文字”→“段落样式”命令，打开“字符样式”或“段落样式”面板。在文档页面中选择需要定义格式的段落或文本，并从该面板中选择相应的样式，即可应用于选中区域。

5.3.5 模板的设计与应用

执行菜单“窗口”→“页面”命令，打开“页面”面板。该面板有两个分区，上部分为模板区，下部分为页面区。单击右上角的三角按钮，在弹出的如图 5-58 所示菜单中选择“新建主页”命令，在模板区出现一个新的模板项，双击模板的每一页面，让模板页面出现在文档区，即可以对模板进行内容的添加和编辑，制作出新模板。

新模板制作好后，执行菜单“版面”→“边距和分栏”命令，对页面的边空和分栏进行设置。执行菜单“视图”→“网格和参考线”→“显示参考线”命令，即可以在文档页面上看到如图 5-59 所示的设置效果。

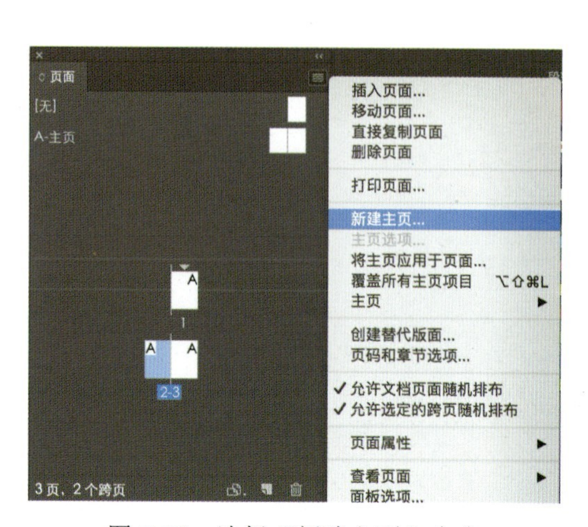

图 5-58 选择“新建主页”命令

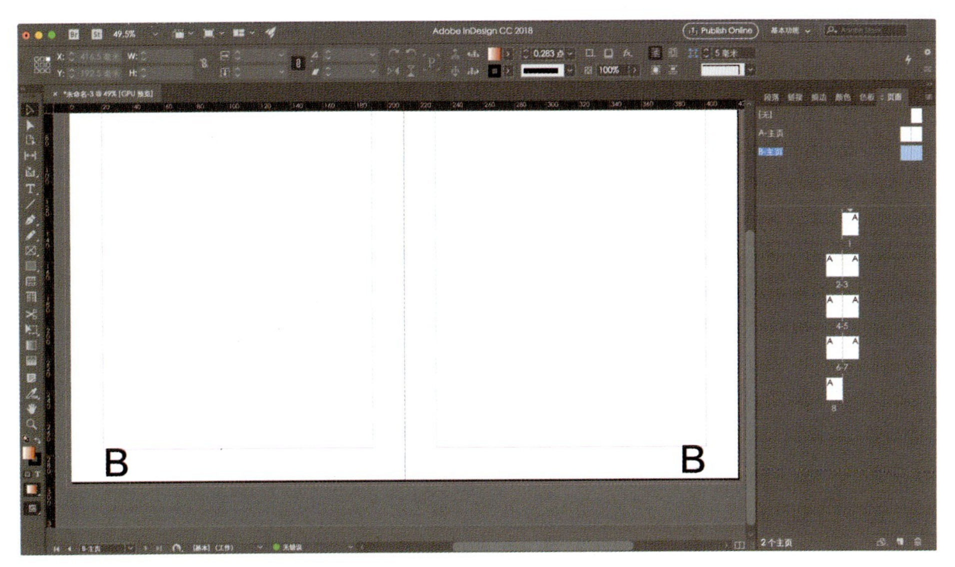

图 5-59　基于新模板的效果图

要想在页面上添加页码，首先在要添加页码的地方插入一个文本框，然后执行菜单“文字”→“插入特殊字符”→“自动页码安排”命令，如图 5-60 所示，在不同页面的同一位置上出现页码。

如果想将文档页面分成几部分，分别定义页码，则执行“版面”→“页码和章节选项”命令，在弹出的如图 5-61 所示的对话框中进行设置。

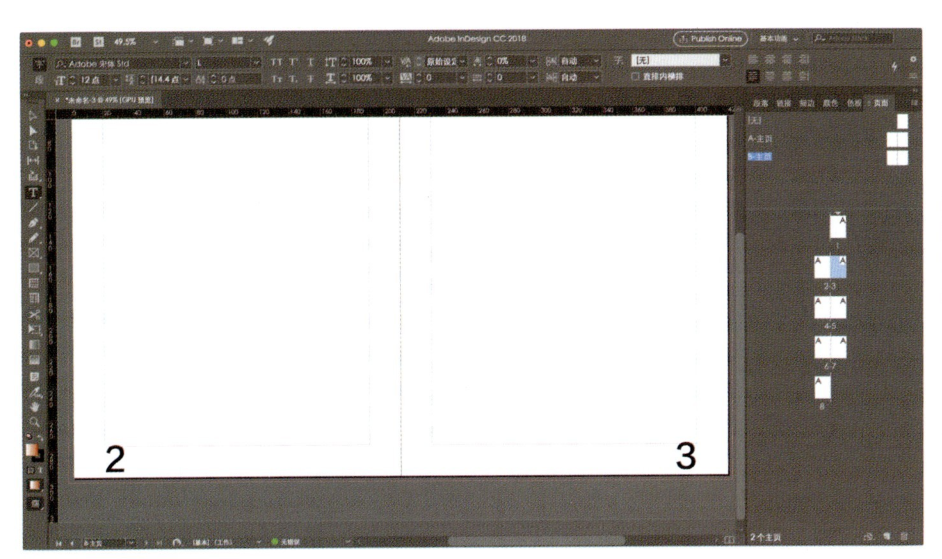

图 5-60　自动页码安排

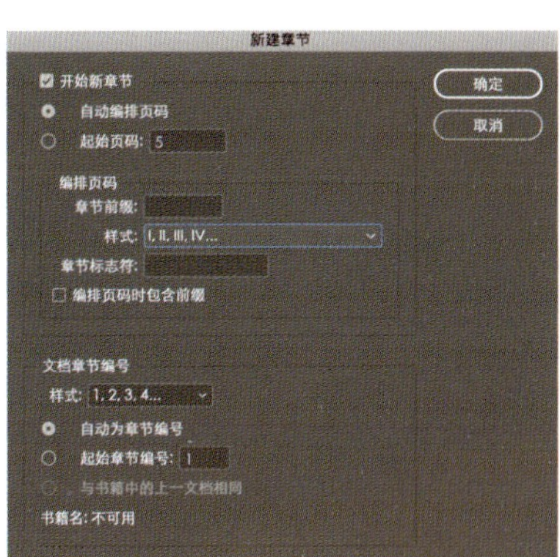

图 5-61　新建章节

1．应用模板

执行菜单“窗口”→“页面”命令，在打开的“页面”面板中，将模板拖曳到页面窗口内的某个页面上释放鼠标，即可在该页面上应用选中的模板；或者直接将模板拖曳到下面的页面窗口中，不遮盖原页面，则添加了一个应用该模板的页面到文档中。

2．页面尺寸与出血设置

利用 InDesign CC 输出时，会记录打印尺寸范围内的所有内容信息。因此，将页面尺寸设置为成品尺寸，对需要出血的元素，在每个出血边处比实际尺寸做大 3 ～ 5mm。执行“打印”命令，弹出“打印”对话框，在“出血”选项组中设置四个边的出血距离，同时选中“出血标记”复选框，如图 5-62 所示，这样出血线就会自动添加到相应距离的位置处。

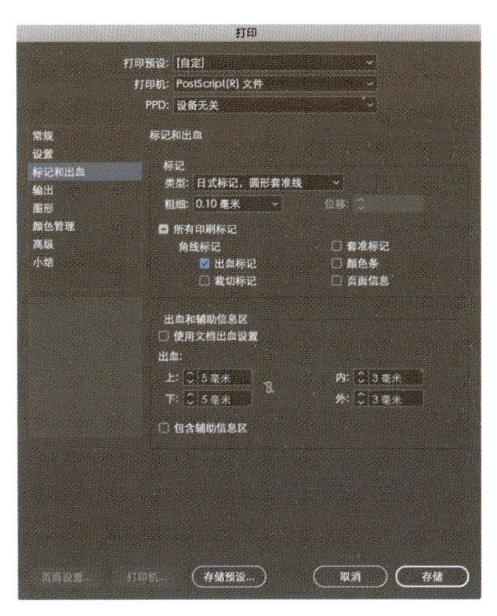

图 5-62　出血设置

5.4 在 CorelDRAW X8 软件中排版

5.4.1 页面尺寸设置

启动软件，执行菜单“布局”→“页面设置”命令，在弹出的“选项”对话框中设置页面尺寸和页面方向，如图 5-63 所示。如果有多个页面存在，则执行菜单“视图”→“页面排序器视图”命令，在窗口属性栏上选择相应的图标按钮，并重新修改相应的页面尺寸和页面方向，完成对每个页面的自定义，如图 5-64 所示。如果需要自行为各页添加页码，则在“打印”对话框的“预印”选项卡下，选中“打印页码”复选框等相关标记，如图 5-65 所示，则页码会自动添加到页面底部居中的位置。

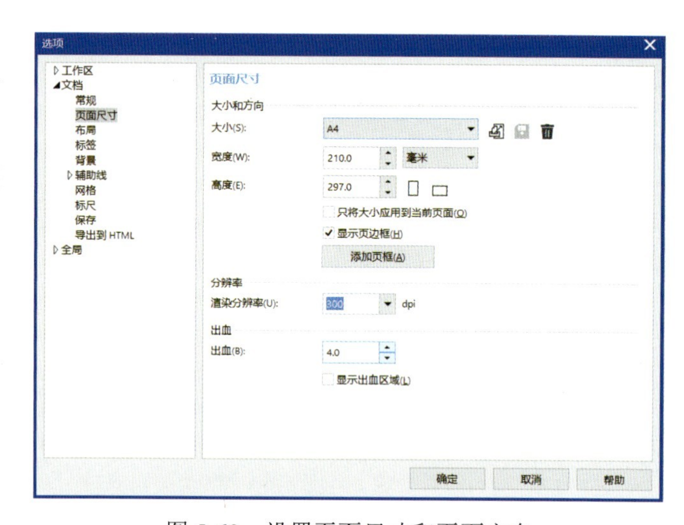

图 5-63　设置页面尺寸和页面方向

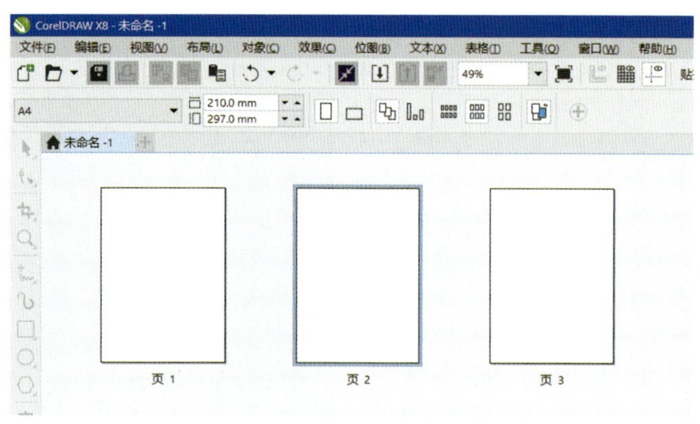

图 5-64　页面排序器视图

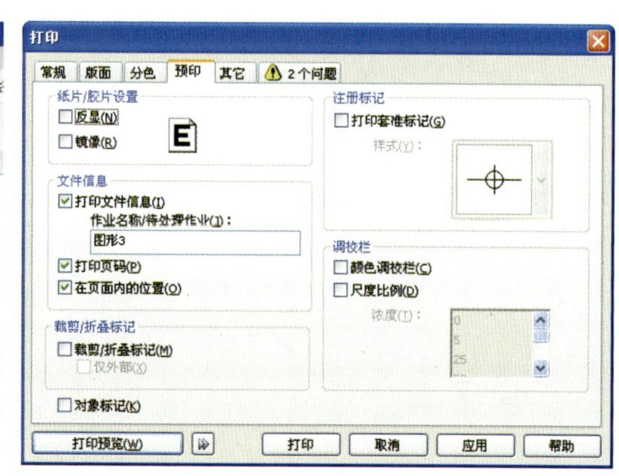

图 5-65　打印设置

5.4.2 颜色的定义与应用

1. 定义颜色

CorelDRAW X8 是使用“颜色定义”面板来定义颜色的。通过执行填充、轮廓、文本等命令，打开图 5-66 所示“编辑填充”对话框。根据需要选择颜色模式，如选择 CMYK 模式，然后在下方的色域图上选择颜色，或直接在 C、M、Y、K 文本框内输入颜色数值来确定颜色。颜色定义完成后，单击窗口右下角的“加到调色板”按钮即可。在设计制作过程中调色板内的颜色可被准确地多次选用。

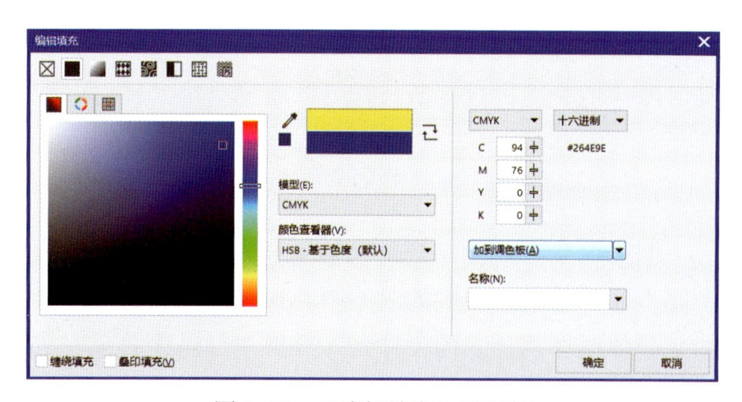

图 5-66 “编辑填充”对话框

2. 定义颜色库

将一个文档内应用的各种颜色排列在一起，形成颜色库。利用颜色库，可以保证颜色应用的一致性。CorelDRAW X8 中有两个颜色库：一个是位于文档页面右边的调色板，定义好的颜色被添加在这里，用户可以利用软件自行定义调色板；另一个是通过执行菜单“窗口”→“泊坞窗”→“颜色样式”命令，弹出“颜色样式”对话框，在文档制作过程中定义的每一个新颜色，都会记录在“颜色样式”对话框中，并以默认的名称为之命名。如果想应用“颜色样式”对话框中的颜色，只需用鼠标单击该颜色，并将其拖动到对象的轮廓或内部释放，即完成填充色或轮廓色的设置，如图 5-67 所示。

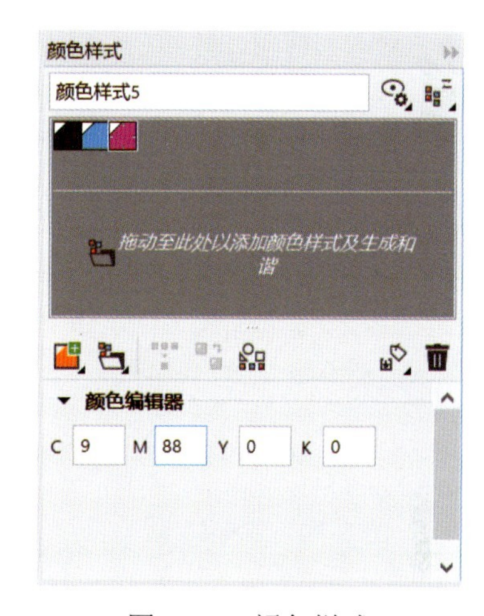

图 5-67 颜色样式

3. 渐变色填充

CorelDRAW X8 中的渐变色填充功能不是由颜色库实现的，而是一个独立的功能。激活“交互式填充工具”，在其属性栏中选择“渐变填充”选项，然后单击“编辑填充”按钮，弹出“编辑填充”对话框。在该对话框中除了可以进行双色渐变填充的设置外，还可以在“调和过渡”“变换”等区域设置多色渐变效果，如图 5-68 所示。

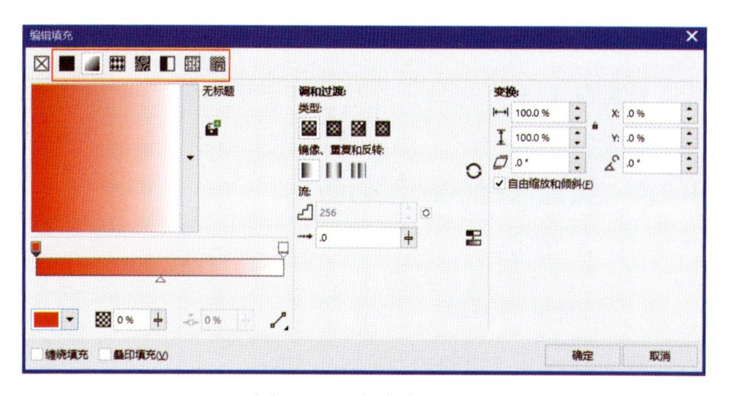

图 5-68 渐变色设置

5.4.3 图形与文本样式的定义与应用

执行菜单“窗口”→“泊坞窗”→“对象样式”命令，弹出“对象样式”窗口，如图 5-69 所示。单击该窗口内的“+”按钮，即可新建相应的对象属性。同时可进行图形样式、美术字样式、段落文本样式的定义。所有定义的样式细节，都可以通过单击“+”按钮进行设置。

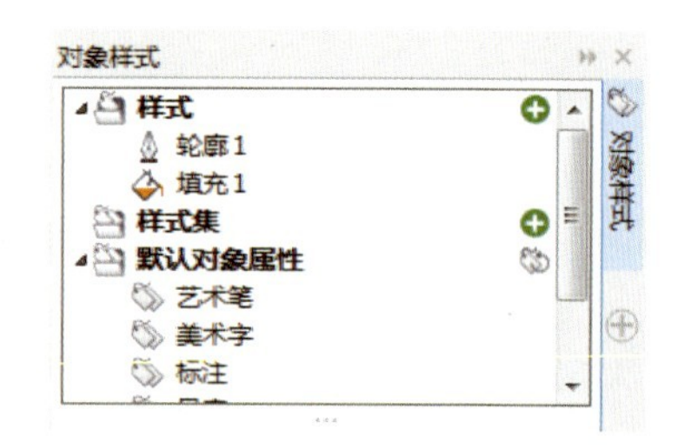

图 5-69　对象样式设置

1．定义图形样式

图形样式是对图形轮廓、填充色和效果的定义。如图 5-70 所示，在文档中绘制矩形，然后在“对象样式”窗口中修改相应的填充色、轮廓色等项，单击“应用于选定对象”按钮，填充效果如图 5-71 所示。如果想修改新建样式的文件名，只需单击鼠标右键，在弹出的快捷菜单中选择“重命名”命令即可。

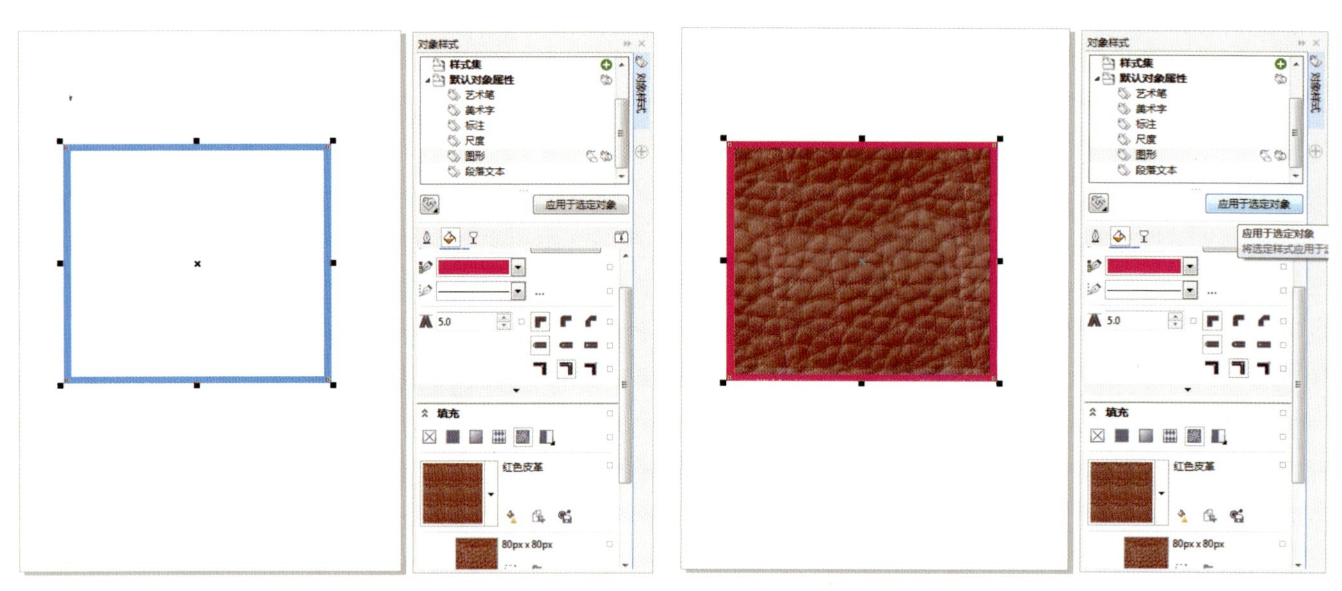

图 5-70　绘制矩形　　　　图 5-71　填充效果

2．定义美术字样式

美术字样式是对美术字、轮廓样式及填充效果进行定义。设置方式与“定义图形样式”相同。

3．定义段落文本样式

对段落文本样式的定义与前两者大体相同，只是多了一个对“缩进量和页边距”的定义。

5.4.4 页面模板的创建与应用

1．创建页面模板

在文档页面上设置了页面的尺寸、方向、字体及字号等信息，并添加了模板应该具备的图形和文本后，执行菜单“文件”→“存储为模板”命令，弹出如图 5-72 所示对话框，即可将当前页面上的图形和文本样式设置、页面尺寸与方向等相关的控制信息作为模板存储在指定的文件夹中。

此外，直接执行“文件”→“存储”命令，在弹出的文件存储对话框中选择“.cdt”文件类型，也可将文件保存为模板文件。

还有一种预先设置文件信息和内容的方法，即执行“工具”→“对象管理器”命令，弹出“对象管理器”窗口，单击窗口内侧三角按钮，在弹出的下拉菜单中选择“新建主图层”命令，出现主图层，在该图层上绘制或输入的信息和内容，会直接作用到文件的所有页面上，如图 5-73 所示。

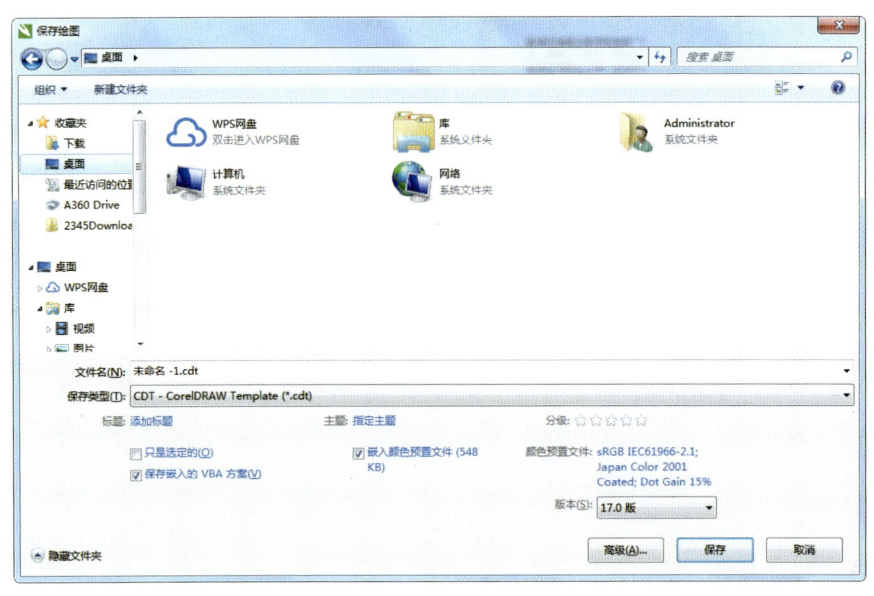

图 5-72　存储为模板

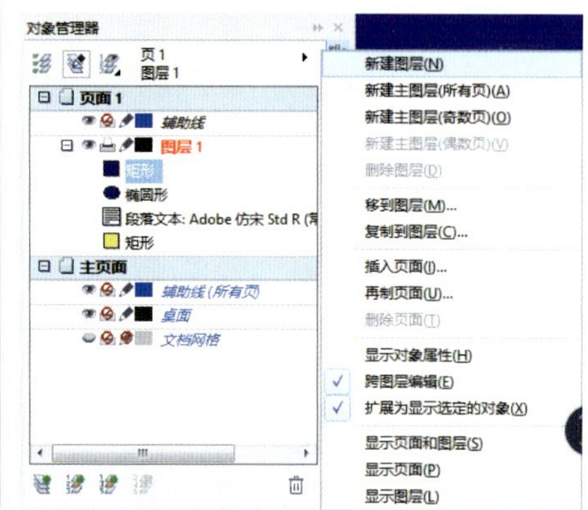

图 5-73　新建图层

2．应用模板

在 CorelDRAW 中选用模板创建文档时，执行菜单“文件”→“从模板新建”命令，在弹出的如图 5-74 所示窗口中选择其中一种形式，单击“打开”按钮，效果如图 5-75 所示。

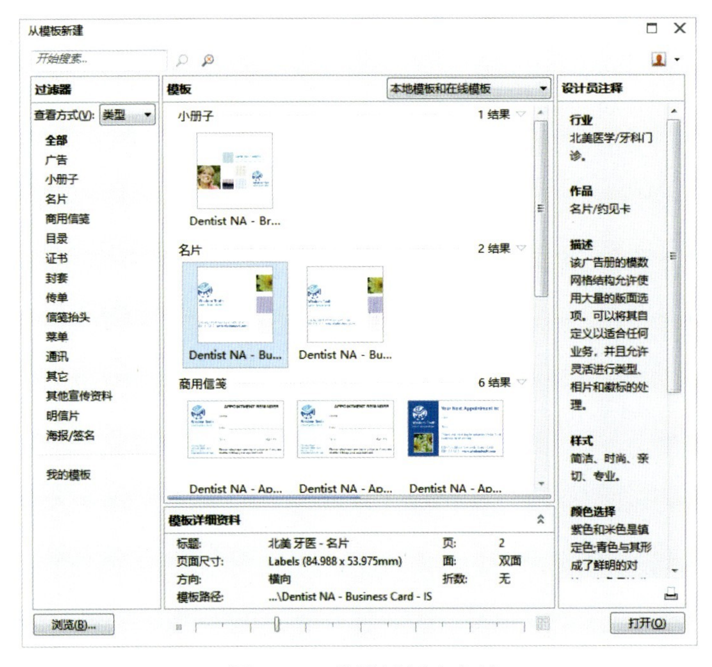

图 5-74　从模板新建文档

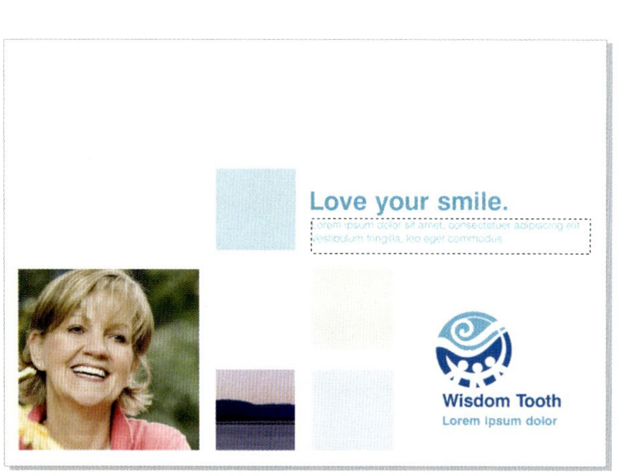

图 5-75　新建后的效果

5.5 在 Illustrator CS6 软件中排版

5.5.1 参数设置

1. 页面尺寸设置

执行菜单“文件”→“文档设置”命令，弹出“文档设置”对话框，如图 5-76 所示。在这里对工作页面尺寸和页面方向进行设置。

工作页面与打印页面尺寸不同，前者只用于显示页面的大小，而打印页面尺寸是由打印机驱动器和打印机的 PPD 文件定义的，执行“文件”→“打印”命令进行设置。只要打印页面足够大，工作页面以及超出工作页面之外有内容的区域都能被输出。所以，建议将工作页面设置为成品尺寸。然后选择“对象”→“裁切标”命令，在页面外加上裁切线，工作页面边缘有时还需设定页面出血等效果。因此，打印页面尺寸应该要大于包括裁切线、出血等在内的所有内容所需的面积。

如果要改变当前页面的度量单位，执行菜单“编辑”→“首选项”命令，弹出“首选项”对话框，在“单位”选项卡中进行设置，如图 5-77 所示。

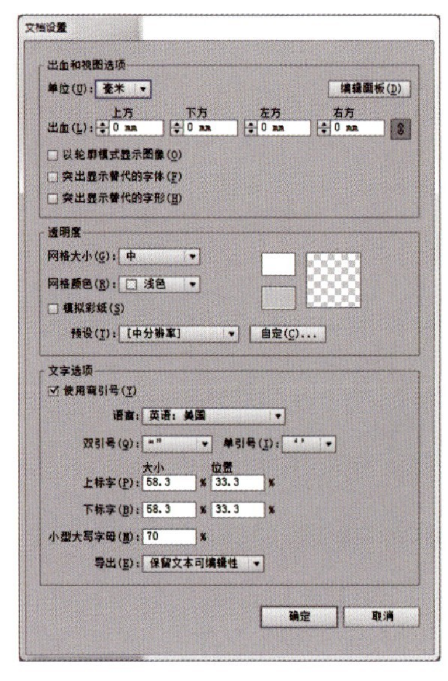

图 5-76 “文档设置”对话框

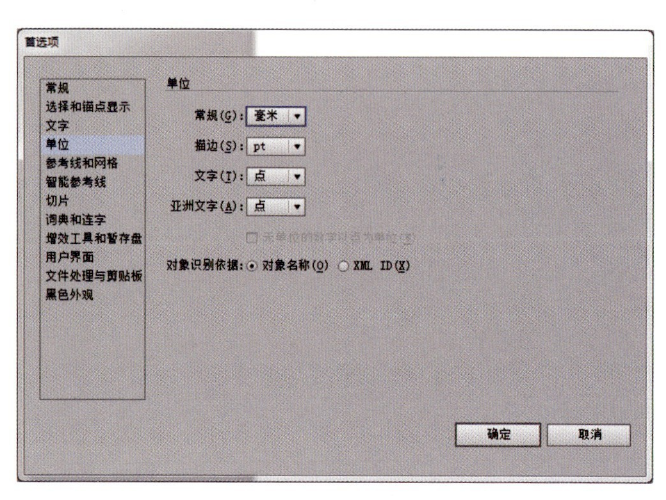

图 5-77 “首选项”对话框

2. 选择页面模式

与其他软件的文档页面不同，Illustrator 软件在建立新文件时，要求选择页面模式，有 RGB 模式和 CMYK 模式两种模式可选，如图 5-78 所示。

颜色模式的设定决定了 Illustrator 文件打印和显示的颜色模式。如果选择 CMYK 颜色模式，则新建的 Illustrator 文件的色彩都是 CMYK 颜色模式；如果选择 RGB 模式，则新建的 Illustrator 文件的色彩都是 RGB 颜色模式。

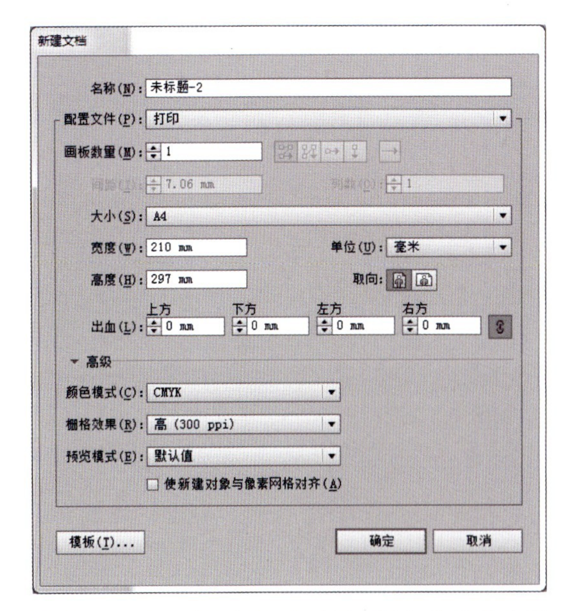

图 5-78 “新建文档”对话框中颜色模式的选择

5.5.2 颜色的定义与应用

1. 定义颜色

Illustrator 适于对印刷颜色进行定义，首先在创建文件时，选择 CMYK 模式。然后按照下面的方式定义颜色。

双击工具箱上或“颜色”面板上的“填充色或轮廓色”图标，弹出“拾色器”对话框，然后用滴管在颜色选择器上吸取某个颜色，该颜色会出现在“颜色”面板上，如图 5-79 所示。

还可以拖动“颜色”面板中的颜色滑块来定义 CMYK 各分量的数值。

定义好颜色后，选中“填充色或轮廓色”图标，将它拖曳到“色板”面板上，则定义好的颜色被添加到了颜色库中，如图 5-80 所示。

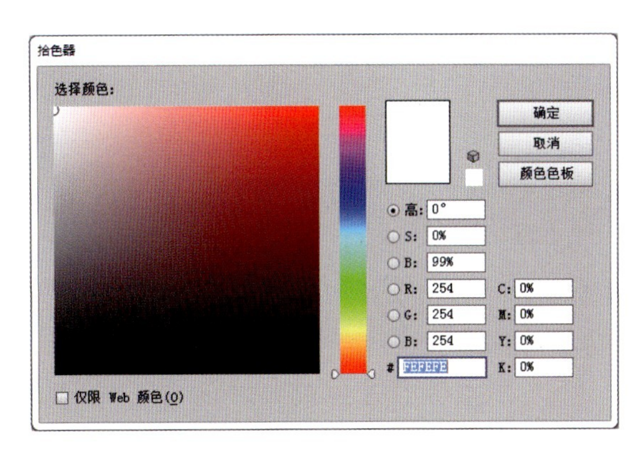

图 5-79 “拾色器”对话框

2. 应用颜色库

在“色板”面板上双击某个颜色，弹出“色板选项”对话框，如图 5-81 所示。

在“色板选项”对话框中，可以为色板命名，选择颜色类型，还可以定义颜色模式。选中某个对象，然后在“填充色或轮廓色”模式下从色板表中选择某个颜色，即可将该颜色作用于对象或轮廓填充。

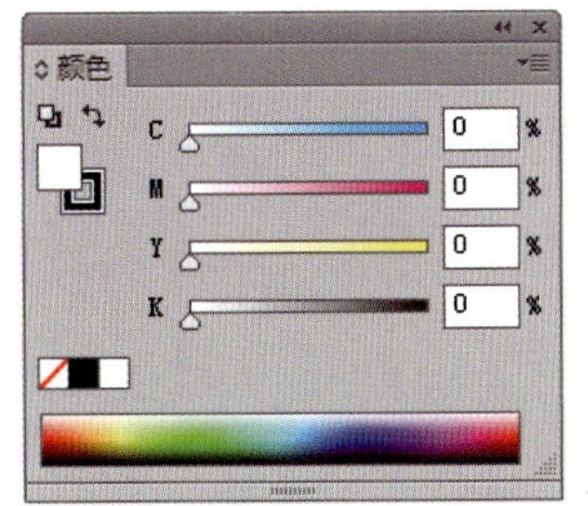

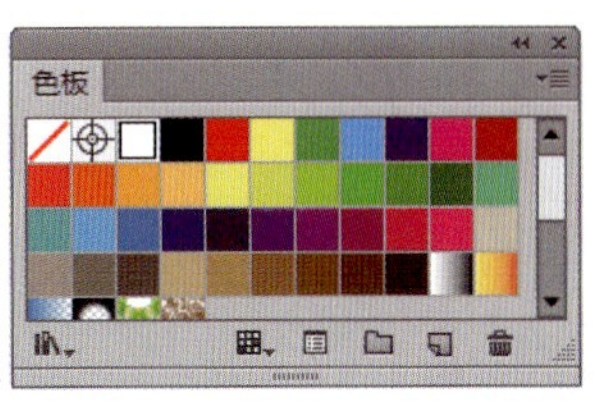

图 5-80 新建颜色并添加到颜色库

使用信息面板，还可以查看选中颜色的色彩数值。

执行菜单“窗口”→“显示渐变”命令，弹出如图 5-82 所示的“渐变”面板。在其中设置对象的渐变填充效果。

在其中可以修改渐变填充的颜色效果。从“色板”面板中选择并拖动某个颜色，释放到渐变色条的某个位置上，则可以设置多色渐变效果。

3. 应用版式

页面中的文本和段落样式，都是执行菜单“文本”→“字符”或“文本”→“段落”命令，在弹出的定义窗口中直接选定应用的。

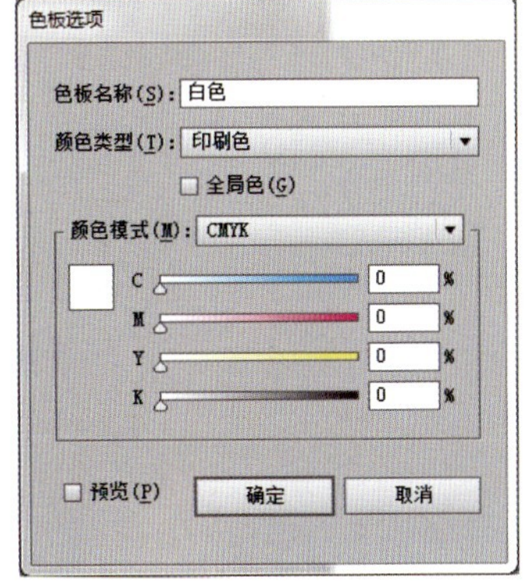

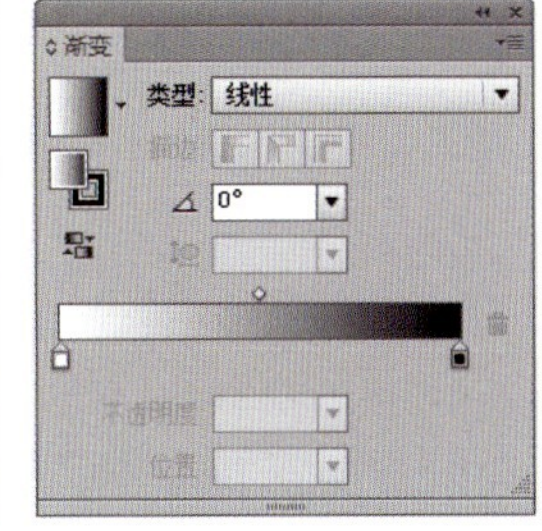

图 5-81 “色板选项”对话框　图 5-82 “渐变”面板

页面尺寸与出血设置：文档页面尺寸设置为成品尺寸，将页面上需要出血的元素，在出血边处放大3～5mm。还可以执行菜单“对象”→“裁切标记”命令，在成品尺寸边缘处添加裁切线标记。实际的出血尺寸在“文件”→“分色设置”对话框的“出血”文本框中输入即可。

知识链接

1. 图形图像的定位

1）图片的面积

关于图片面积的设置，要强调视觉流程的问题，图像的主从关系都要从大小、位置上进行区分，这样图片才能做到主次分明，主体传达更加准确。

2）图片的形式

图片的外在形式会给人不同的感受，版式设计中常见的图片的形式有方形图、加边图、出血图、褪底图、特殊性图片几种。

3）出血

对于超版芯的照片及插图，其处理方式主要有出血和跨版。出血即图的边缘超出成品尺寸，在裁切成品时被裁掉一部分，图的四周不留白边。出血图多被用于以图为主的出版物，如画册、画报、期刊等。

2. 排版的应用范围

书刊杂志、各种书籍、排版公司主要服务出版社和书商。排版对象除了传统印刷品外，还包含电子书、电子杂志等。

3. 排版在书籍出版流程中的位置

第一步：准备文稿。作家或作家经纪人提案—编辑针对知识产权与版税配比、计划等开展合约谈判。

第二步：印前作业。设计—排版—校对。

第三步：书籍制作。印刷—印后加工。

【案例直击】

用InDesign给书籍、杂志、报纸排版（纯文字的正文）

涉及的知识点：用InDesign给书籍、杂志、报纸排版正文的方法步骤，以及字体、字号等的具体设置方法与参数数据。

提前准备好需要排版的文章。

步骤提示如下。

（1）新建文档，根据所需设置文档大小，并选中“对页”选项，然后单击“边距和分栏”按钮。

一般16开杂志大小为：184mm×260mm或210mm×285mm

32开书籍大小为：130mm×184mm或140mm×210mm

小开版报纸大小为：270mm×390mm

大开版报纸大小为：390mm×540mm

（2）设置边距。一般上下外边距相等，内边距较窄；推荐数值上下外20mm，内10mm。

（3）根据需要设置分栏数与栏间距。一般16开杂志分三栏或两栏；栏间距18pt；32开书籍不分栏；小开版报纸分五栏或六栏，栏间距18pt；大开版报纸分六栏，栏间距20pt。

（4）在左侧工具栏选择“文字工具”，在第一个分栏内画一个文本框。

（5）打开所需文章，按Ctrl+A快捷键进行全选，并复制。

（6）回到InDesign，粘贴至文本框中。

（7）为使阅读更加舒适，需为其设置字体、字号、行距、首行缩进。分别执行菜单“窗口”→“文字和表”→“字符”命令以及“窗口”→“文字和表”→“段落”命令，调出“字符”和“段落”面板。

（8）设置字体。按Ctrl+A快捷键将现有文本框内的文字全选，推荐使用的中文正文字体有方正书宋、方正细黑、方正细圆、方正仿宋、方正博雅宋。推荐数字和英文正文字体有Times New Romans或Helvetica。不推荐使用微软雅黑、黑体（太粗，难辨识）、宋体、隶书、方正姚体（不规则的花式字体都不要用），以及中文字体自带的英文字体。

（9）设置字号。一般16开杂志使用8pt，32开书籍使用8pt或9pt，小开版报纸使用7pt或8pt，大开版报纸使用9pt。

（10）设置行距。一般1.5～2倍的行距会使阅读比较舒适，但碍于版面与成本的限制，一般16开杂志使用13pt，32开书籍使用13～15pt，小开版报纸不改变默认行距或设11.5pt行距，大开版报纸默认行距或设13pt行距。

（11）在段落设置框设置首行缩进。一般需要根据字体和字号不同微调，使每段段首自动空出两个格的空隙。

（12）单击页面中文本框右下角的红色“+”号，之后，按住Shift键，在第二分栏上单击一下。

（13）观察效果。整个页面就自动被所需的文章填满了，而且不光本页被填满，InDesign已经帮助我们根据文章长度开辟了新的页面，将整篇文章完整地排好。

项目实训

分别采用Adobe InDesign软件、CorelDRAW软件、Illustrator软件排版，自己组织文字与素材，以“叶子的诉说”为主题，设计3张不同形式的版面，文字内容不少于50%，幅面尺寸为A3。

第6章　计算机直接制版（CTP）

拼版

计算机直接制版的相关内容

打样

6.1 拼版

6.1.1 拼板的概念

拼版是在印刷前，将各单独的页面拼接成符合印刷机大小、符合装订顺序与要求的一个较大的印版。通常印刷机有全张机、对开机、4 开机和 8 开机等，根据不同的需要，拼成不同大小的印版，以方便印刷厂的工作。

设计页面较多的成册文件如果直接出片，则输出为多张单页的菲林。一个 64 页的文件需输出 256（64×4）张菲林。可以在设计完成后将 64 页文件按规律摆放在一起拼成一张大版面，然后输出为一张尺寸足够大的菲林。

6.1.2 印刷方式

1. 自翻身

一张纸正反两面的版，全部按左右分布，编排在一个印版内。纸张的长边中一边为咬口边，不用改变。翻转时纸张左右翻身（长边翻身），经过在纸张的正面和背面的印刷，在该印品纸张的中间裁切，得到两份完全相同的印品，如图 6-1 所示为自翻身。

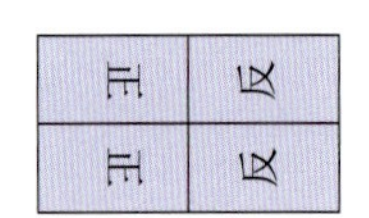

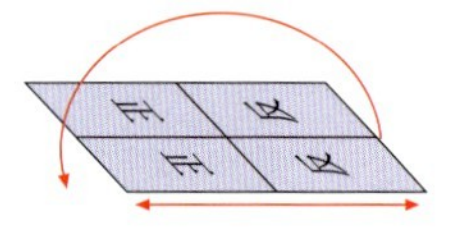
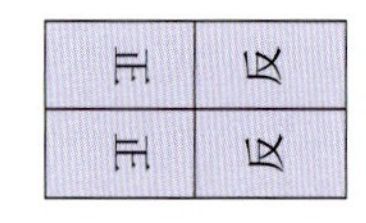

图 6-1　自翻身原理

2. 滚翻身

使用同一个印版在纸张的一面印刷后，前后翻转纸张（短边翻身），在纸张背面继续印刷该印版，并且以纸张的另一长边作为咬口边，这样就会产生两个咬口边。这种方法如无特殊需要，基本上不建议使用，如图 6-2 所示为滚翻身。

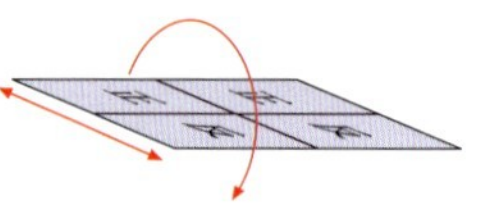
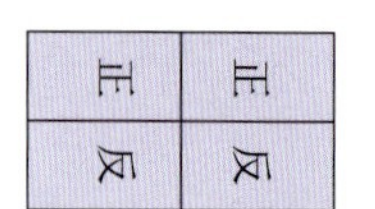

图 6-2　滚翻身原理

6.1.3 折手

拼版前应了解折页方法，不同装订方式采用不同的折叠顺序才能拼出排列正确的大版。折手是制作一个与成品实际折页方式一样的样品。成品折页方式分为如下几种类型。

1. 平行折页

使相邻两折平行，一般在设计时不分开页面。它可分为如下形式。

1）包心折

顺着页码方向连续向前折，折第 2 页时，将第 1 折的页码夹在中间。折第 3 页时，将第 2 折的页码夹在中间，依次类推。这种折页方式常用于折叠 6 面的零头页，如 3 折的简介等，如图 6-3 所示为包心折。

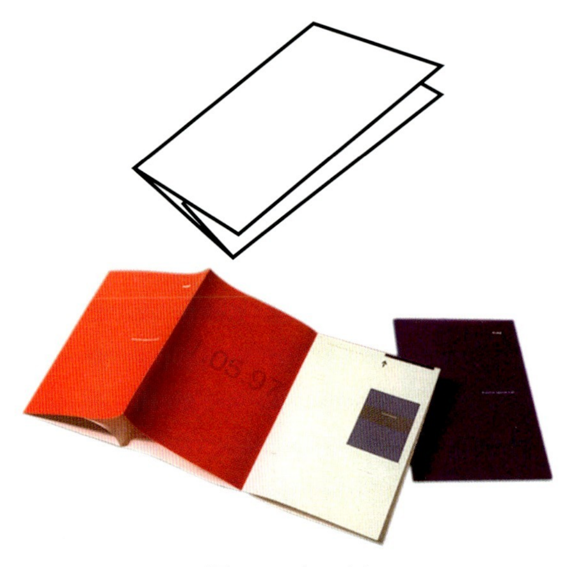

图 6-3　包心折

2）翻身折

翻身折又称扇型折或经折，按页码顺序折第 1 页后，将书页翻身，然后向相反方向顺着页码折第 2 折，依次反复。这种折页方式常用于 8 面以上的长条形折页、简介和说明书等，如图 6-4 所示为翻身折。

3）双对折

按页码顺序对折后，第 2 折仍然向前对折。双对折也用于 8 面以上的折页，如图 6-5 所示为双对折。

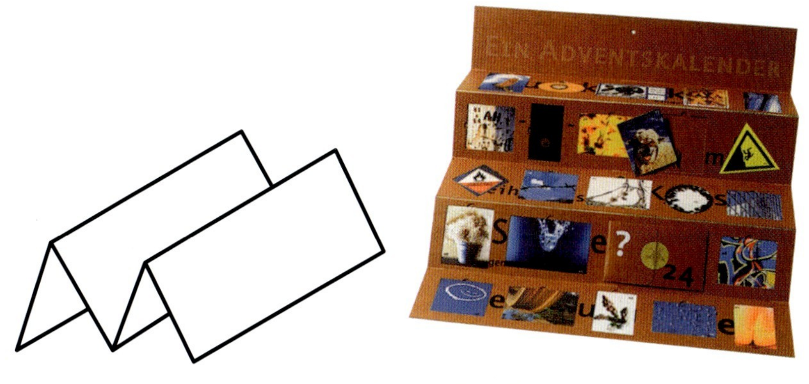

图 6-4　翻身折

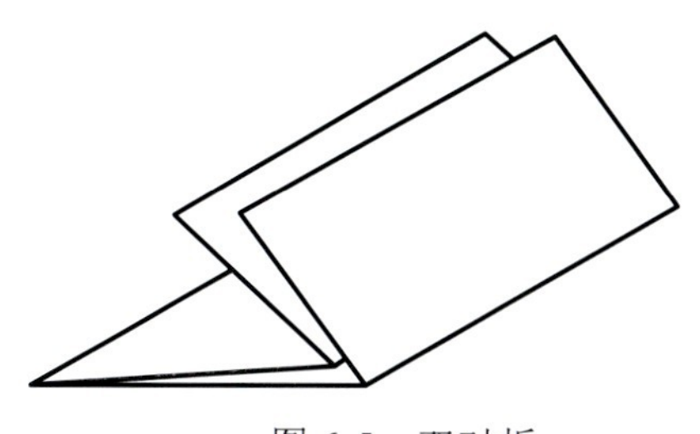

图 6-5　双对折

2. 垂直折页

每折一折将书页旋转 90° 后折第 2 折，使相邻两折的折缝垂直，它是应用最广的折页方法之一。16 开、32 开的全张或对开多采用这种折页方法，如图 6-6 所示为垂直折页。

3. 混合折页

混合折页又称综合折页，即在同一书帖中既有平行折页，也有垂直折页。它适用于 3 折 6 页和 3 折 8 页等，如图 6-7 所示为混合折页。一般用来制作特殊的大张印刷品，如地图等。

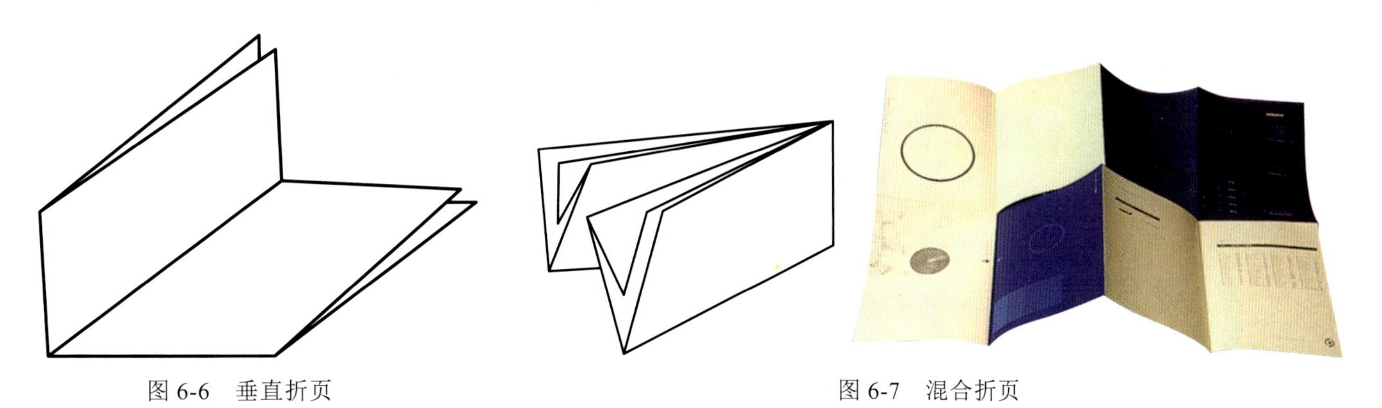

图 6-6　垂直折页

图 6-7　混合折页

6.1.4 拼版方法

在拼版之前需要确定制作的成品尺寸在印刷设备上的张数，如 16 开的页面在对开印刷机上印刷，一张对开的纸可以放 8 个 16 开的页面，正反两面为 16 个页面。例如制作一个天对天的 16 开拼对开的折手，展开后的页面排列效果如图 6-8 所示。

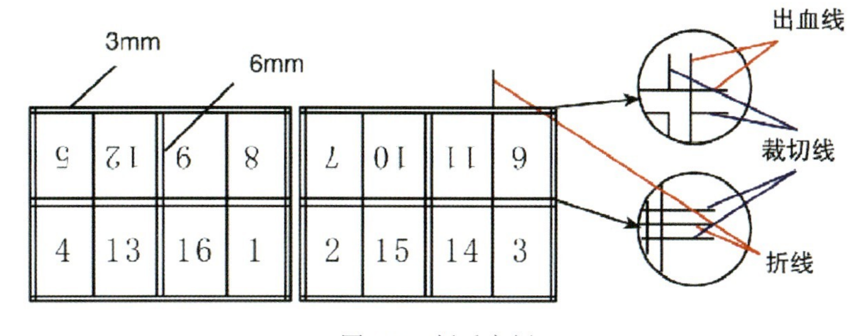

图 6-8　折手实例

6.2 计算机直接制版的相关内容

6.2.1 计算机直接制版的含义

计算机直接制版即 CTP（Computer-to-Plate），该系统不经过制作软片、晒版等中间工序，直接将印前处理系统编辑、拼排好的版面信息送到计算机的 RIP 中，然后 RIP 把电子文件发送到制版机上，在光敏或热敏版材上成像，经冲洗后得到印版。

这里所谈到的 CTP 是指 CTP 系统，而不是简单的 CTP 制版机。一套 CTP 系统，不仅仅意味着要安装一台制版机，还包括许多使数字化工作流程得以运行的附加装置和设备。

6.2.2 CTP 与传统激光照排制版的区别

1. CTP 直接制版的流程

（1）客户文件输入。文件输入前，印刷文员一定要和客户做好信息沟通。需要向客户解释明白什么类型的文件格式才能被 CTP 输出设备所接受，并能按包装印刷厂家要求的媒介形式传输（如软件、网络传输或局域网传输）。文件被载入工作流程中，系统内的软件应满足客户观看的需求，文件可以在印刷厂打样，也可以电子形式传输回客户处打样。

（2）图像准备。对图像、图形处理后转换成 CTP 系统可以接受的模式。

（3）预检。印刷厂一旦接收到文件，首先是对文件进行预检，即检查输送至 CTP 设备的文件是否正确无误，检查文件中所需的字库和图像，识别文件的损坏部分和其他任何可能存在的问题，避免因错误导致后期生产不流畅。

（4）拼版和套色。按折页方式、印刷幅面、印刷方式、排版位置等要求完成页面拼帖，并按照颜色分成不同的色版。

（5）格式转换和套色。在文件预检完成后，通过计算机将拼版的文件分解成为 CTP 能够识别的文件格式，并将整个文件分解成为不同的颜色和各色印版上的每个网点的大小、位置等信息。当这些信息输送到 CTP 后，激光就根据各色印版的信息在印刷上各个位置形成网点。

（6）数字打样。CTP 工艺不采用胶版，无须采用传统的胶片打样的方法，通常模拟印刷的颜色，利用彩色打印机进行打样。将数字打样样张作为对客户的质量承诺或最终样张，正在被客户和印刷企业逐渐接受。由于没有采用网目调网点打样，难以检查出加网印刷中潜在的“龟纹”故障。对于要求比较高的产品，一般不使用数字打样稿做印刷比对样，在实际生产中，还需要客户上机签样。已得到客户认可的打样样张，在制版前，文件中出现的任何错误都必须修正。

（7）制版完成后还需进行质量检查，具体包括曝光度、分辨力和网点变化等。

2. 传统激光照排制版的流程

计算机排版→照排机输出制版胶片→胶片经过冲片机→显影→定影→烘干→人工将胶片拼在 PS 版上→真空吸实晒 PS 版→显影处理→修版→成版→印刷。

通过以上两种制版过程对比可知，CTP 制版有诸多优势。第一，CTP 制版快速、简捷，实现了 100% 的转印，整个过程全都自动化，一般只需 8 分钟；而激光照排一个过程要 55 分钟。第二，由于CTP制版机采用的是全自动一体化解决方案，避免了激光照排中手工拼版、修版的失真现象，提高了制版的质量。第三，省略了许多设备的投资和原材料的消耗。例如激光照排机、冲片机、晒版机、显影机和收版机以及胶片、化学药剂等。第四，CTP 机可以通过卫星数字信号和计算机网络，实现远距离传输数据直接制版，大大地缩短了时间和空间的差距。例如应用在报刊业上，由于当前报业市场的竞争激烈，报纸出版要求速度快、质量高。随着彩报印刷的发展，CTP 成为最佳选择。

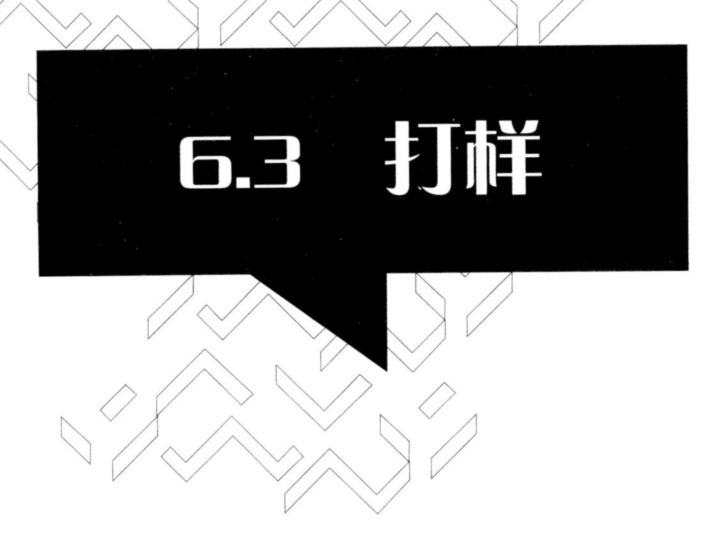

6.3 打样

6.3.1 打样的作用

打样是“从拼组的图文信息复制出校样”，因而打样的作用是在实际印刷之前获得校准用的彩色样张。

打样的作用有以下几种。

（1）确认彩色复制的质量。在大批量的实际印刷之前，可以根据彩色样张确认彩色复制的准确性，及时发现错误并加以订正，以免造成更大的浪费。

一般需要检查文字内容、版面布置（各个页面元素的大小尺寸和相对位置等）、图像的色彩还原和阶调再现，以及渐变网、平网、底色的阶调。

（2）客户认可复制效果的依据。打样是模拟印刷，体现了真实的印刷效果，所以更适合作为客户认可的依据。

（3）实际印刷操作的参照标准。打样是实际印刷最好的参照标准，对实际印刷的操作具有指导作用。

（4）作为小批量复制的实际印刷品。可以使用打样获得实际印刷品，从而免去使用大型设备所造成的浪费。

6.3.2 打样的类型

按作用分，打样有设计效果打样、校对样、版式及组版打样、印刷输出打样。

1．设计效果打样

设计效果打样主要是在印前设计制作阶段供客户看设计效果用的，一般用小型的彩色喷墨打印机（例如 A4 或 A3 幅面）输出。它主要用于检查页面的颜色搭配效果及基本设计，也可用于文字及版式校样。

2．校对样

校对样主要用于文字及版式的修改，一般用 PS 激光打印机输出。由于印前系统最终输出菲林或印版的设备是 PostScript 语言支持的，为了在输出时不出错，校对样用 PS 激光打印机输出最为理想。

校对样的作用有以下几种。

（1）检查文字有无错漏。

（2）检查页面的图形有无错误。

（3）检查图像的大小及位置是否正确。

（4）检查页面的规线是否完整。

（5）供客户做输出菲林的签约样。

3．版式及组版打样

书籍的印前制作和简单的印刷活件不同，需要进行排大版输出并检查拼版是否正确。因此，需要有一种打样方法用来检查版式及组版，一般用打印机输出页面缩略图或用输出的菲林晒蓝图进行版式及组版打样。将打样结果折叠成书，就可检查版式及组版是否正确了。

4．印刷输出打样

印刷输出打样有两种方式：一种是在输出菲林之后检查菲林是否有问题，它适合于 CTFilm 工艺，一般采用机械模拟印刷打样；另一种是在输出菲林之前进行数字打样，它适合于 CTFilm 和 CTPlate 两种工艺。印前系统的目的就是要输出菲林或印版，因此印刷输出打样是打样方式中最重要的。

6.3.3 数字打样

数字打样由页面数据直接输出样张，色料一般不用油墨，而是用能溶解的染料。数字打样大多数也不在真正的印刷用纸上输出，而是用专门的纸张。由于所用承印材料与印刷不一致，虽然有专用纸上的效果，客户也不能判断最终印出来是什么样。再者数字打样出来的颜色大多比油墨色艳丽，颜色仍和印刷色有差距。因此采用数字打样，客户有些不好接受。但采用数字打样的速度快，可以缩短工作时间。特别是印前系统如果采用直接输出印版的工艺，只有采用数字打样。如图 6-9 所示为数码打样机。

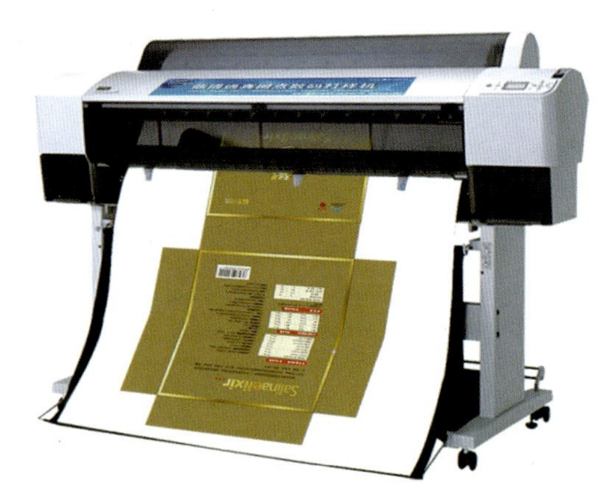

图 6-9　数码打样机

1. 数字打样的组成

数字打样是计算机技术、彩色打样技术、色彩管理技术的综合应用。

1）数字打样的软件

目前来说，在我国使用比较多的数字打样色彩管理系统有 Best Color RIP、Color Tuner RIP、金豪 Express Color RIP、方正世纪 RIP+ 方正 CMS 等，这些数字打样彩色管理系统大都采用以下三种彩色管理技术来模拟印刷色彩效果。

Best Color RIP 色彩管理系统采用国际上通用的 ICC 色彩管理技术，对印刷色彩进行自动化模拟。Color Tuner RIP 色彩管理的理念是与 EPSON 的 Microdot 技术相结合，共同建立一个新的色彩管理与数字打样系统的标准，它不只是单纯依靠以 ICC 为原理的校色技术，更结合了自身的色调调整理念，为用户提供了具备很好操作界面的整体色调调整与控制工具 Fine Tuning，既可以处理专色，也可以处理底色。Star Proof 数字打样系统是通过采用密度仪测量，并结合对 150 个色块目测校正，以达到与印刷一致的效果。

2）数字打样硬件——打印机

打印机的种类很多，其主要成像技术包括激光、热升华、热转印、喷墨式等。目前使用比较多的数字打样设备为 EPSON、HP、AGFA 的系列产品。它们的共同特点为打印速度快、颜色稳定、墨层比较丰富、色调细腻。一般都采用六色的配色系统，增加了浅青和浅品红墨。喷墨打印系统是将墨水喷射到纸张上形成图像。其原理有两种：一种是压电晶体式；另一种是热发泡式。EPSON、AGFA 系列打印机采用了压电式喷墨打印技术，不需要预热，墨滴小，画面细腻，但使用的时间间隔长时，喷嘴易堵塞。目前一些最新大幅面喷墨打印机，可对墨头进行定时自动清洗，能较好地解决质量和速度问题，一般只需几分钟就可打印出样张。

热升华技术的打样系统利用一个包含数千个加热元件的打印头和含有 CMYK 颜色的色带来打样。打样头可产生 256 级的不同热度，使固态的颜料升华成蒸气并凝固在介质上，每个点的中央部位颜色较深，边缘部位颜色较浅，四种颜色打印融合在一起即成为一个连续调的图像。

2. 数字打样的原理

数字打样实质是由数字化色彩管理系统软件和专业彩色打印机组成的应用系统。该系统通过色彩管理软件进行色彩管理，利用这项技术可以在输出胶片或印版之前将计算机上制作的版面进行彩色样张输出，检查制作的效果，并且具有和传统打样非常接近的效果，可作为客户印刷签样。

数字打样技术主要通过以下几个方面来保障与传统打样方式的一致性：一方面是运用色彩管理系统，也叫 CMS，主要是对印刷的标准文件色块与数字打样设备的标准文件色标进行测量，从而测出各自 ICC 格式的数据，再经色彩管理系统运算，从而建立起数字打样所需的特性标准文件 Profile。这个文件相当于一个转换公式，通过它可以把数字打样的设备、色彩特性转换成模拟印刷的色彩特性，从而实现数字打样与印刷色彩的一致。另一方面采用彩色喷墨打样，需要对其进行色彩管理，使打样机的色彩再现接近于印刷的色域。

数字打样按照接受数据类型的不同，还可以分为 RIP 前打样和 RIP 后打样。RIP 前打样是数字打样管理软件先接受 RIP 前的 PS、PDF、TIFF 格式的数据，再依照数字打样系统的 RIP 来解释这些文件。而 RIP 后打样，是指数字打样管理软件直接接受其他系统 RIP 后的数据，然后直接处理打样。输出设备主要采用 EPSON 和 HP 两家的大幅面喷墨打印机，输出分辨率最高可达 2 880dpi。EPSON 的 STYLUS PRO 系列的 5000、7000、9000、10000，HP 的 Design jet5000 等都具有多喷嘴、微压电、6 色墨水等先进技术，可实现速度、色彩及稳定性的统一。

3. 印刷看样注意的问题

印刷看样是印刷操作过程中检查印刷质量的最常用方法（见图 6-10～图 6-12）。无论是单色印刷，还是彩色印刷，操作者都必须经常利用自己的双眼将印刷品与样张反复比较，以找出印刷品与样张的差别，及时校正，确保印刷产品质量。在印刷看样时需要注意以下几个问题。

（1）光的强弱直接影响到印品样张颜色的判断。

光的强弱不仅对色彩的明暗有影响，还会改变颜色的相貌。

观察一个受光的圆柱，迎光的一面为明调，背光的一面为暗调。明暗的结合部分为中间调。同一物体，在标准光源下是正色，若光线逐渐变强，其色调也随之向明亮的色相转变，光亮增强到一定程度，任何颜色都可以变为白色。黑色的瓷器其反光点也是白色的，因反光点处光集中，并强烈地反射。同理，随着光线逐渐减弱，各种色彩向明度低的色相转变，光减弱到一定的程度，任何颜色都会变成黑色，因物体不反射任何光就是黑色的。

印刷车间的看样台必须符合要求，一般要求照度达到 100lx 左右，才能正确识别颜色。

（2）色光下看样与日光下看样是有差异的。

在生产实际中，多数是在电源的照射下工作，而每种光源均带有一定的颜色，这就给正确判断原稿或产品颜色带来一定的困难，色光下观色，色彩变化一般是相同色变浅，补色变暗，例如：

- 红光下观色，红变浅，黄变橙， 绿变暗，青变暗，白变红。
- 绿光下观色，绿变浅，青变浅，黄变绿黄，红变黑，白变绿。
- 黄光下观色，黄变浅，品红变红，青变绿，蓝变黑，白变黄。
- 蓝光下观色，蓝变浅，青变浅，绿变暗，黄变黑，白变蓝。

在印刷车间，一般都选择色温 3 500 ～ 4 100K，显色系数较好的日光灯作为看样光源，但要注意日光灯略偏蓝紫色。

（3）先看样张再看印品和先看印品再看样张，其结果会略有不同。

分两次看一种颜色时感觉不一样，这种现象叫作先后颜色对比反应。

为什么会出现先后颜色对比反应呢？这是因为先看的颜色使人对该色的色神经纤维兴奋，马上再看别的颜色，其他色神经很快兴奋引起色感，而先看色的色神经处于兴奋后的抑制状态，再兴奋较慢，引起了负色相反应。这种反应加上新看色的色相，形成新的色，所以改变了后看颜色。而且改变的色相有规律，是向先看颜色的补色方向改变。

了解了上述三个方面的问题并了解了它们的变化规律，在实际看样时就应加以注意，这样才能保证印刷产品质量的稳定和提高。

图 6-10　印刷看样（1）

图 6-11　印刷看样（2）

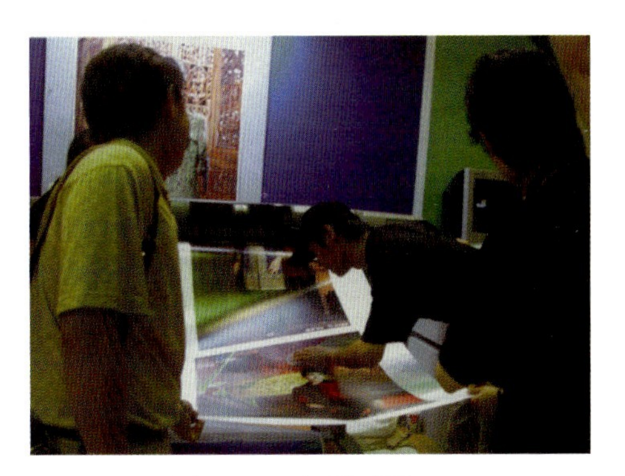

图 6-12　印刷看样（3）

知识链接

1. 拼版时应注意的问题

（1）印刷品是单面还是双面的，是散装件（单页）还是需要装订的。

（2）印刷品的装订方法是哪一种，线装、平订、骑马订、活页、精装、平装等。

（3）非标准尺寸印刷品拼版时要注意合开和节约纸张。

2．拼版的影响因素

纸张开本、页码数、印刷色数、折页形式、装订方式（如骑马订比线订版心留空小）、订口宽度等。

3．拼版的其他问题

1）自翻版

有时制作的双面印刷的单张小尺寸的印刷品，需要使用大型印刷机印刷，这样可以考虑将文件做成自翻版的尺寸。如印刷品是两个16开，要求双面四色印刷，印刷机是4开四色单面胶印机。此时，即可将每个16开页面的正面和反面采用“头”对“头”或“脚”对“脚”方式组成一个4开版面。这样印刷时只需一套四色版，印一面后不用换版，把纸张翻过来印刷反面即可。

2）咬口

印刷时纸张靠印刷机上的叼牙带动，因而纸张咬口边有一定宽度不能印刷图文。不同印刷机的咬口宽不同，一般为1～2cm。设计尺寸时就需要考虑咬口问题，特别是在印刷包装品时要保证标准尺寸印刷品已经去除咬口宽度。

4．经验提示——拼版

天对天是每页的页面上部互相连接，地对地是每页的页面下部互相连接，一般拼版采用天对天方式。

同样，用户还要考虑页面之间要留出血裁切的空隙，对页之间无间距，非对页间隔6mm。此外，还要标出对页之间的折叠线，以及非对页之间的折叠线和裁切线。

在确定全部页面顺序时，还要考虑装订方式的不同对拼版时页面位置的影响。如骑马订每帖折页放在另一帖折页中间，而平订则一帖折页放在另一帖折页后。不同装订方式使页面的拼版位置变化很大，一定不能混淆。

5．书籍的基本结构

书籍的结构及名称如图6-13所示，结构变化比较大的部位是书籍封面，下面主要介绍不同装订形式书籍的封面结构。

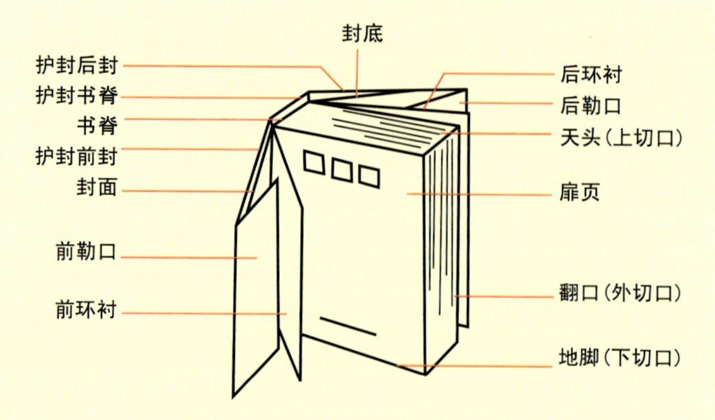

图6-13　书籍的结构及名称

1）平装书籍封面的结构

平装书籍封面又叫无护封无勒口软封面，由封面、封底和书脊构成，如图6-14所示。

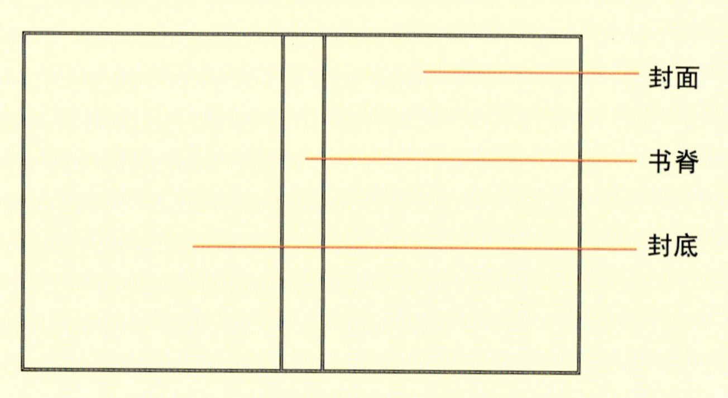

图6-14　平装书籍封面的结构

在设计时，平装书籍的书脊厚度一般由书籍责任编辑提供，厚度可以通过计算得到，计算方法是书籍的总页数除以2，再乘以纸张厚度。

2）简精装书籍封面的结构

简精装书籍封面的结构如图6-15所示，由勒口、封面、封底及书脊构成。此结构可以是无护封、有勒口的软封面，也可以是软封面护封。

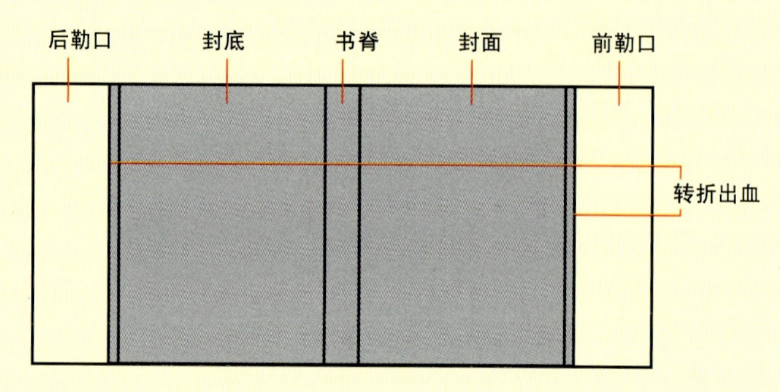

图6-15　简精装书籍封面的结构

有勒口的封面在设计时要注意封面颜色向颜色不同的勒口做转折出血3mm，尺寸可以大点，从防止勒口折叠后封面和封底露出勒口的颜色，也可以在设计时采用封面与前勒口、封底与后勒口颜色一致的方法来杜绝露边。

3）精装书籍封面的结构

精装书籍的封面一般采用厚度为 2 ～ 3mm 左右的硬纸板（塑料板）裱铜版纸或艺术纸，利用环衬粘接内芯与封面。

（1）封面。精装书籍封面的天头、地脚、切口比内页要分别大 3mm，书脊也比内页厚度要厚 1 ～ 2mm，因为有书壳硬板厚度。在设计中整个成品尺寸也要大，因为要包边，包边留 15 ～ 20mm。在设计时要考虑书槽宽度，特别是文字不要设计在书槽上，精装书籍封面展开如图 6-16 所示。

（2）护封。精装书籍的护封比精装封面高度少 1 ～ 2mm，目的是防止书籍在包装、搬运及摆放过程中护封上、下边被破损。护封要有勒口及翻口，设计中也要注意转折出血的尺寸要多一点。

内页装订完成后，通过环衬将封面与内芯黏合在一起。环衬纸张不计入帖数，是单独的纸张，印刷计入成本，如图 6-17 所示。

（3）脊背。脊背的厚度主要由两部分组成：书芯厚度＋上下两个面板厚度，如图 6-18 所示（平装书的计算方法是一样的，面板的厚度按实际使用的称板、封面等纸张厚度计算）。

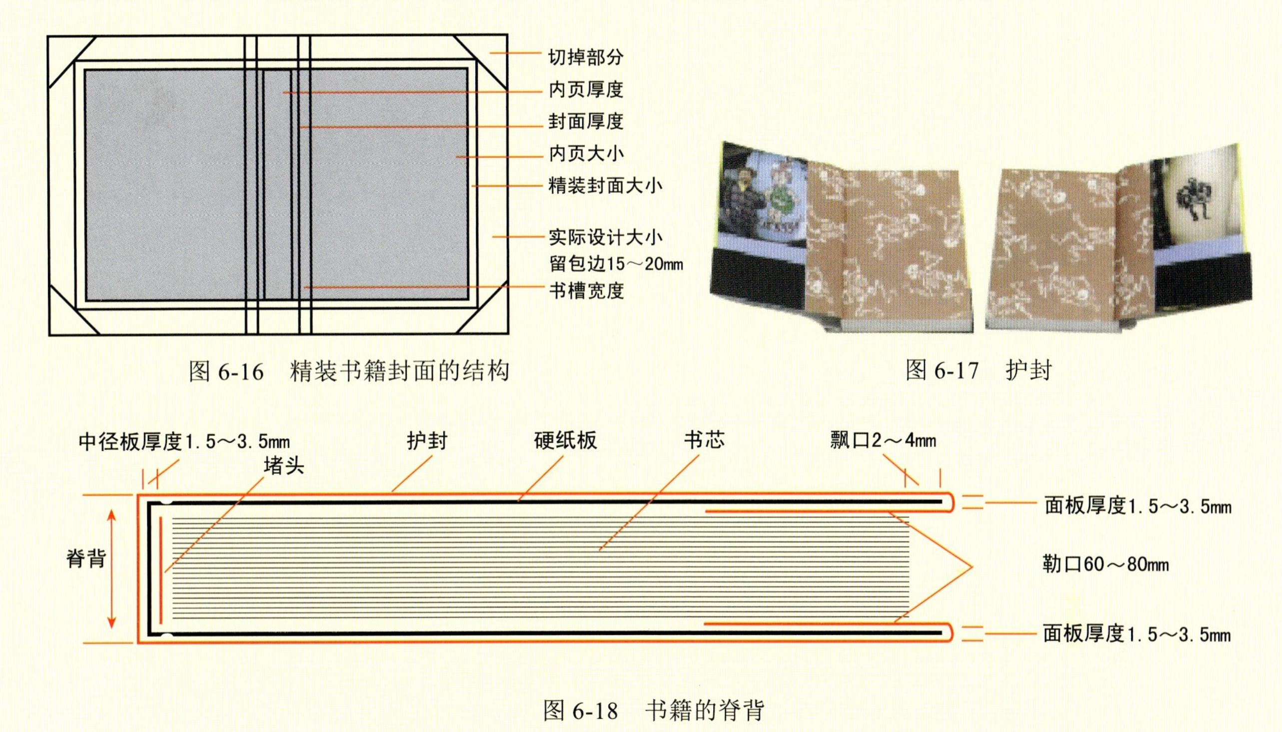

图 6-16　精装书籍封面的结构

图 6-17　护封

图 6-18　书籍的脊背

【案例直击】

精装书籍封面结构的相关计算

假设内芯尺寸为正度 16 开，尺寸为 185mm×260mm，书芯总厚度为 16mm，面板厚度为 2mm，面板（单面）宽度为 188mm，高度为 266mm（即飘口 3mm），需要勒口宽度为 80mm。

根据以上尺寸，就可以计算出含出血边的实际页面尺寸，以及封面、封底、脊背、勒口、出血等在页面中的位置和尺寸。下面是具体的计算方法。

（1）脊背：书芯厚度（16mm）+ 上面板厚度（2mm）+ 下面板厚度（2mm）=20mm。

尽管在实际操作中，脊背厚度可能因为胶层、纸张抗弯、环衬厚度等情况出现少量脊背总厚度的伸展，但一般不会超过 1 ～ 2mm，对于整个护封长度而言，视觉问题不大。

（2）页面的高度：面板高度（266mm）+ 上边出血（3mm）+ 下边出血（3mm）=272mm。

（3）页面的宽度：先计算一边，只看封面和前勒口的宽度（从脊背边缘开始计算）：中径板厚度（2mm）+ 封面（188mm）+ 面板厚度（2mm）+ 勒口（80mm）+ 出血（3mm）=275mm，封面至前勒口与封底—后勒口的宽度是一样的，加上脊背厚度 20mm，那么总宽度就是 275mm+275mm+20mm=570mm。

即整个页面（含出血边）的宽度和高度为 570mm×275mm，此护封为大度 6 开尺寸，如图 6-19 所示。

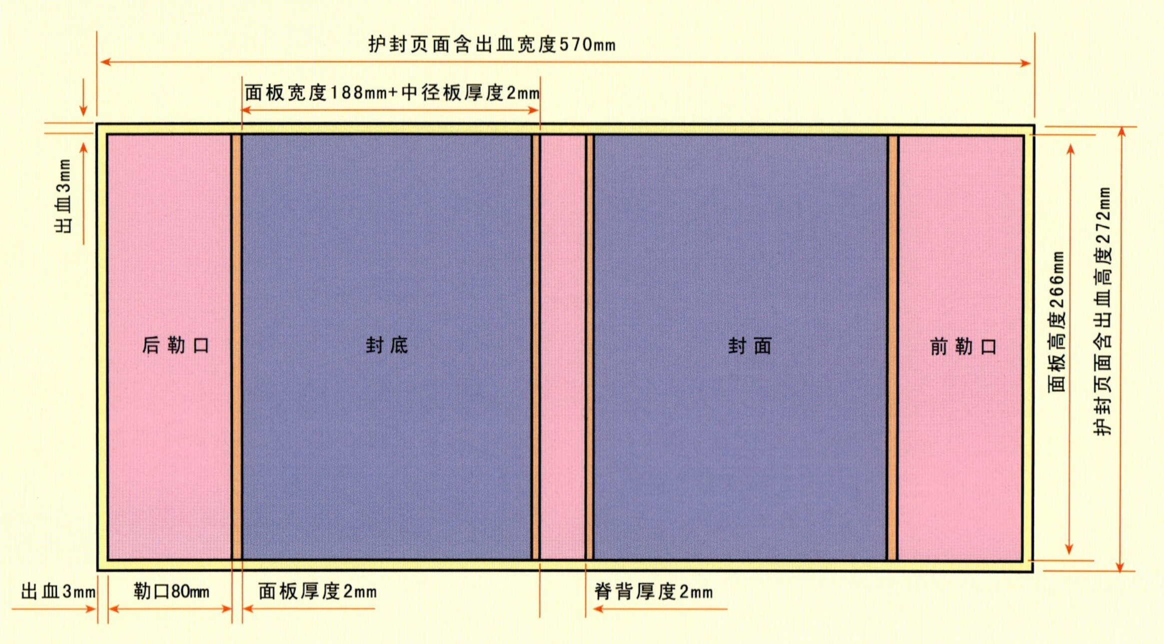

图 6-19　图书封面实例

知识链接

打样方式有很多种，目前印刷行业中常用的主要有软打样、传统打样和数码打样三种。

1. 软打样

软打样是指在彩色显示器上直接打样，是一种既便捷又便宜的打样方法，它对显示器的颜色精度要求非常高，而且需要人工校准，明显不足的地方是：分辨率低，色彩对显示器的依赖性太强，根本不能为后面的印刷工序做任何参考。

经验提示：

（1）选一款专业显示器，显示器的色温设为 5 000K 时，测试数据比较好；色温设为 5 500K 时，视觉对比更好一些。

（2）灰墙、灰桌、灰工作服及灰暗的工作间，这些构成了良好的观色条件。

（3）如果显示器的亮度在 100 ～ 160cd/m^2，那么标准光源的照度为 300 ～ 500lux。

（4）良好的软件打样应通过某个 ICC 曲线及其容差的检测。

2．传统打样

传统打样分为凹版打样和胶印打样，凹版打样的色彩准确，参考性高，也可以发现一些潜在的问题，如版式、字体等问题，而且对油墨的不透明性表现不错，但是工序复杂，对印版滚筒的要求高，电镀成本高，工艺多而杂，周期长。胶印打样需要胶片和晒版，需要在胶印打样机打样，比凹版打样成本要低些，但是与凹印工艺不同，样张的效果差异性大，色彩、密度都远远不足。

经验提示：

（1）根据自身条件，至少接近一个合适的外部普遍认可的 ICC 曲线，并为更接近这一目标的原点不断优化。

（2）不要随便拿一张纸去跟色，要将文件和内部的规范确认匹配后，再交给印刷机长跟色。

（3）没有持久稳定的印刷状态，因为机器的温度和橡皮布的厚度都会变化，辊子的粗细和水质也会发生变化，甚至纸张表面的吸收性也会发生变化。

3．数码打样

数码打样相比其他两种打样方式有明显的优势，取两种优势而避其不足，由数字化控制，改变了复杂的印刷生产过程，降低了成本，在印刷质量上的稳定性也提高了；它更精于图形，图像上的专色，比多色叠印更加均匀一致、更加艳丽，且具有很好的稳定性，特别是在反白的图形或文字部分使用它可以降低套准难度。数码打样的优点是，不仅不需要胶片等多余的成本，而且缩短生产周期，它是数字化印刷的重要组成部分。当然，它也有一些缺点，例如，有些数码系统不能确保数据的完整性等，但是，毋庸置疑，数码打样在印刷流程中体现出的优势和主导地位已成为印刷打样的首选，它的缺点也会随着相关技术的发展和完善慢慢地克服。

经验提示：

（1）无论是喷墨打印，还是电子油墨压印，选择 ICC 曲线时，都要考虑之后印刷纸张的涂布情况。如果未涂布的纸张采用涂布纸的 ICC 曲线，将给后续的印刷带来很大隐患。

（2）有些纸张不适合打数字样，有些墨水不适合做数字样。虽然极少数人竟然把它们用好了，但还是不要心存侥幸。

（3）具备标准光源，否则数字打样就偏色走样。

（4）良好的数字打样应通过某个 ICC 及其容差的检测。有些软件检测合格了，也不代表没有问题，要当心高光部分的损失。通过曲线状态的检查可以发现此问题，最好附上色条和合格标签。

万能打印机，也叫平板喷墨打印机、皮革彩印机、陶瓷印花机等，它是由平板喷墨打印机、墨水、涂层和控制软件四大部分组成的数字印刷体系。其打印原理是通过各种数字化手段，通过设计软件系统编辑修改后形成所需要的图案，再通过控制软件控制打印机，将染料、颜料墨水直接喷印到各种材质上，获得印有高精度图案的产品。创造出比传统方式更高的印刷质量，完全满足各行业高强度的批量生产要求，广泛用于定制印刷。目前，国外的一些大型的印刷设备厂商（品牌），如 EFI、奥西、日本 Mimaki 等，都在开发万能打印机，国内的一些设备制造商，主要分布在长三角地区，生产主要使用进口爱普生原装机头和喷头改装机。根据使用墨水种类不同，可分为水基型喷水喷墨打印机、溶剂型喷水喷墨打印机和 UV 喷墨打印机。

项目实训

1．设计一本 32 开图书内页的折手，要求采用混合折页的方式。

2．说出《印刷设计》一书的各部位结构和名称。

3．设计并手工制作《印刷设计》一书精装版的封面。

第 7 章　印后加工

平装书的印后加工

精装书的印后加工

印刷设计和印后加工常见术语

7.1 平装书的印后加工

我国最早的书，是用皮带或绳子把写有文字的竹片、木片连串成册，称为“简策”。简策十分笨重，不易阅读。后来人们把写有文字的丝绢，按照文章的长短裁开，卷成一卷，有的还在丝绢两端配上木轴，便出现了“卷轴装”的书。

纸张发明以后，把文字写在纸张上，按照一定的规格，向左右反复折叠成长方形的册子，将前后两页粘上硬纸或较厚的纸，作为封面和封底，古代书籍装帧的形式如图 7-1 所示。

现代书有骑马订、平装、活页装等多种形式，无论哪种装帧装订形式的印刷品，印后加工都涉及折页、配贴、裁切、装订、包封面、切书等工序，本节以常见的平装书为例来说明印后加工的流程。

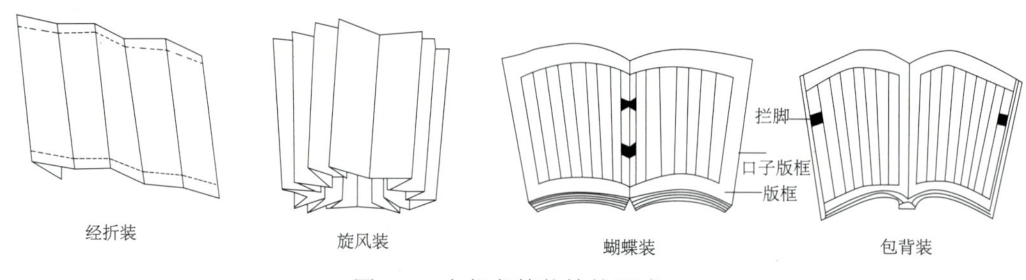

图 7-1　古代书籍装帧的形式

将印好的书页、书帖加工成册，或把单据、票据等整理配套，订成册本等工艺，统称为装订。书刊的装订包括订和装两大工序。订就是将书页订成本，是书芯的加工；装就是书籍封面的加工，是装帧。

平装是书籍常用的一种装订形式，以纸质软封面为特征。手工和半自动装订工艺流程为：撞页裁切→折页→配书帖→配书芯→订书→包封面→切书。从裁切到订书为书芯的加工。

1．撞页裁切

印刷好的大幅面书页撞齐后，用单面切纸机裁切成符合要求的尺寸。

裁切是在切纸机上进行的。切纸机，按其裁刀的长短分为全张和对开两种；按其自动化程度分为全自动切纸机、半自动切纸机。操作时，要注意安全，裁切的纸张、切口应光滑、整齐、不歪不斜、规格尺寸符合要求。

2．折页

印刷好的大幅面书页，按照页码顺序和开本的大小，折叠成书贴的过程，叫作折页。

目前，我国的印刷厂大部分采用机械折页。折页机分为刀式折页机、栅栏式折页机和栅刀混合式折页机，源纸有全张和对开两种。

刀式折页机，是采用折刀将纸张压入旋转着的两个折页辊的横缝里，通过两个辊与纸张之间的摩擦力来完成折页过程。这种折页机可以折全张的印张，折页精度高，但占地面积大。图 7-2 为刀式折页机的工作原理图。

栅栏式折页机是使运动的纸张通过折页辊沿着栅栏往前运动，直至档板，在折页辊的摩擦作用下，纸张被弯曲折叠。这种折页机，折页速度快，占地面积小，但不适合折幅面大、薄而软的纸张。图 7-3 为栅栏式折页机的工作原理图。

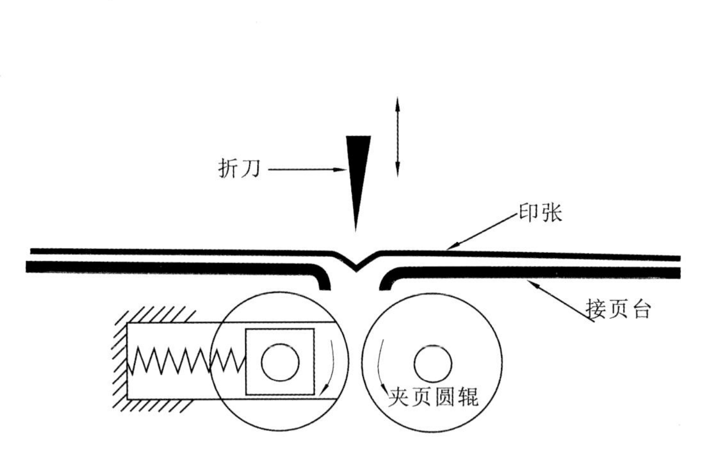

图 7-2　刀式折页机的工作原理

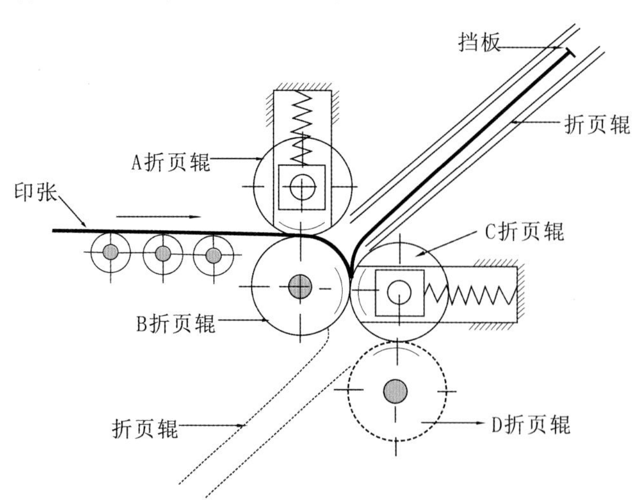

图 7-3　栅栏式折页机的工作原理

同一台折页机，是由刀式和栅栏式组合而成，叫作栅刀混合式折页机。这种折页机的折页速度比刀式折页机快。

此外，书刊卷筒纸印刷机一般都会设有折页装置。

3．配书帖

把零页或插页按页码顺序套入或粘在某一书帖中。

4．配书芯

把整本书的书贴按顺序配集成册的过程叫作配书芯，也叫作排书，有套帖法和配帖法两种。

1）套帖法

将一个书帖按页码顺序套在另一个书帖里面或外面，形成两贴厚且只有一个帖脊的书芯。该法适合于帖数较少的期刊。

2）配帖法

将各个书帖按页码顺序，一帖一帖地叠摞在一起，成为一本书刊的书芯，供订本后包封面。该法常用于平装书或精装书。

配帖可用手工进行，也可用机械进行。手工配帖，劳动强度大、效率低，还只能小批量生产，因此，现在主要利用配帖机完成配帖的操作。

配帖机的工作原理：将书帖按顺序放在传送带上，依次重叠，完成书芯的配帖。配帖机的工作原理如图 7-4 所示。

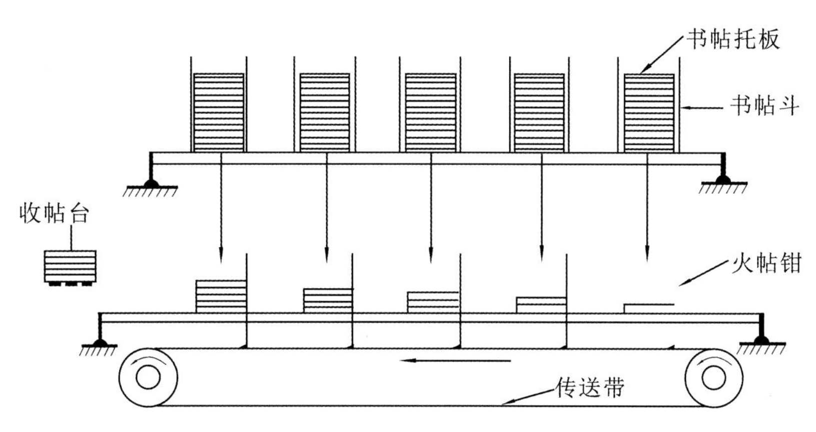

图 7-4　配贴机的工作原理

为了防止配帖出差错，印刷时，每一印张的帖脊处印上一个被称为折标的小方块。配帖以后的书芯，在书背处形成阶梯状的标记，如图7-5所示，检查时只要发现书脊梯档不成顺序，即可发现并纠正配帖的错误。

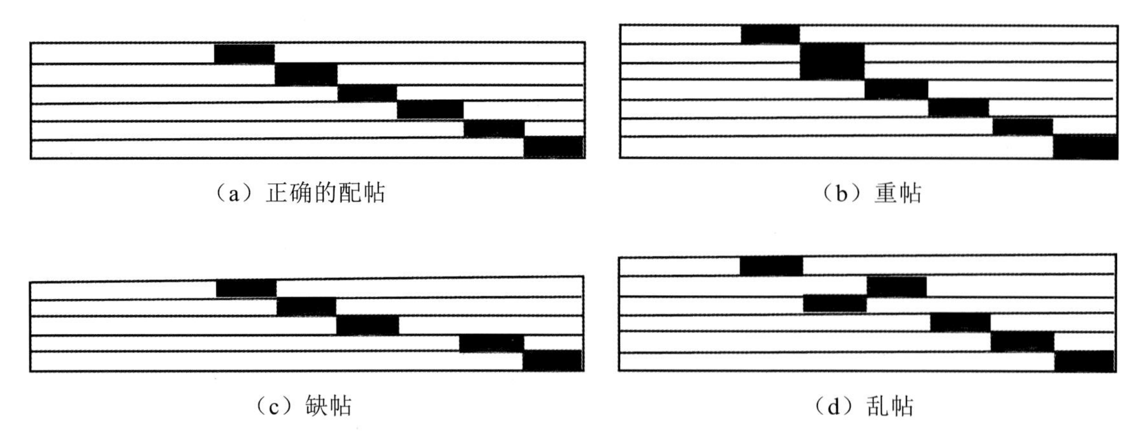

图 7-5　折标的梯档

将配好的书帖（一般叫毛本）撞齐、扎捆，除了锁线订以外，在毛本的背脊上刷一层稀薄的胶水或浆糊，干燥后一本本地批开，以防书帖散落，然后进行订书。

5．订书

把书芯的各个书帖运用各种方法牢固地连接起来，这一工艺过程叫作订书。常用的方法有骑马订、铁丝平订、锁线订、胶粘订等四种。

1）骑马订

用骑马订书机将套帖配好的书芯连同封面一起，在书脊上用两个铁丝扣订牢成为书刊。采用骑马订的书不宜太厚，而且多帖书必须套合成一整帖才能装订。

2）铁丝平订

用铁丝订书机将铁丝穿过书芯的订口，叫作铁丝平订。图7-6为铁丝平订示意图。

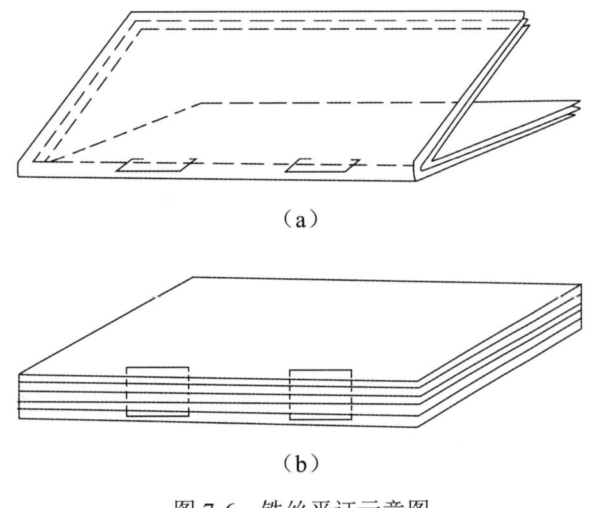

图 7-6　铁丝平订示意图

铁丝平订，生产效率高，但铁丝受潮易产生黄色锈斑，影响书刊的美观，还会造成书页的破损、脱落，适合订100页以下的书刊。

3）锁线订

将配好的书帖按照顺序用线一帖一帖地串联起来，叫作锁线订。常用锁线机进行锁线订。图7-7为锁线订示意图。

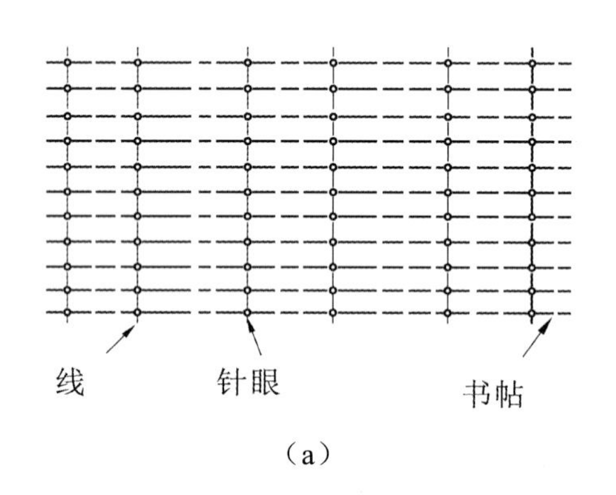

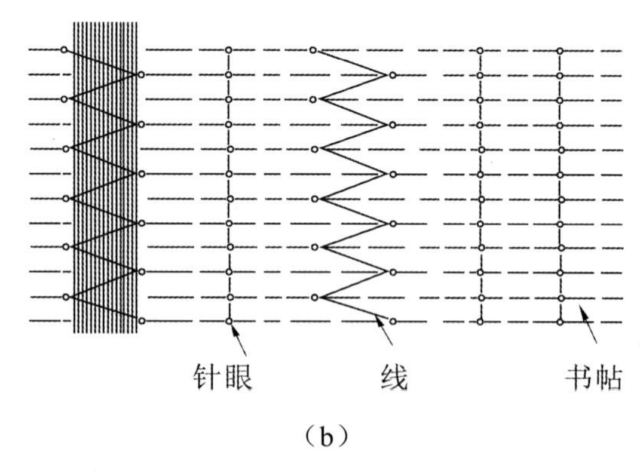

图 7-7　锁线订示意图

锁线订可以订任何厚度的书，牢固、翻阅方便，但订书的速度较慢。

4）胶粘订

用胶粘剂将书帖或书页黏合在一起制成书芯。一般是把书帖配好页码，在书脊上锯成槽或铣毛打成单张，经撞齐后用胶粘剂将书帖粘结牢固。胶粘订的书芯，可以用于平装，也可以用于精装。

6．包封面

通过折页、配帖、订合等工序加工成的书芯，包上封面后，便成为平装书籍的毛本。

包封面也叫包本或裹皮。手工包封面的过程是：折封面—书脊背刷胶—粘贴封面—包封面—抚平。现在，除了畸形开本书外，很少采用手工包封面。

机械包封面，使用的是包封机，有长式包封机和圆式包封机。

机械包封机的工作过程是：将书芯背朝下放入存书槽内，随着机器的转动，书芯背通过胶水槽的上方，浸在胶水中的圆轮，把胶水涂在书芯脊背部、靠近书脊的第一页和最后一页的订口边缘上。涂上胶水的书芯，随着机器的转动，来到包封面的部位，最上面一张封面被粘贴在书脊背上，然后集中放入烘背机里加压、烘干，使书背平整。

平装书籍的封面应包得牢固、平服，书背上的文字应居于书背的正中直线位置，不能斜歪，封面应清洁、无破损、无折角等。

7．切书

把经过加压烘干、书背平整的毛本书，用切书机将天头、地脚、切口按照开本规格尺寸裁切整齐，使毛本变成光本，成为可阅读的书籍。

切书一般在三面切书机上进行。三面切书机是裁切各种书籍、杂志的专用机械。三面切书机上有三把钢刀，它们之间的位置可按书刊开本尺寸进行调节。图 7-8 为切书流程。

书刊切好后，逐本检查，防止不符合质量要求的书刊出厂。

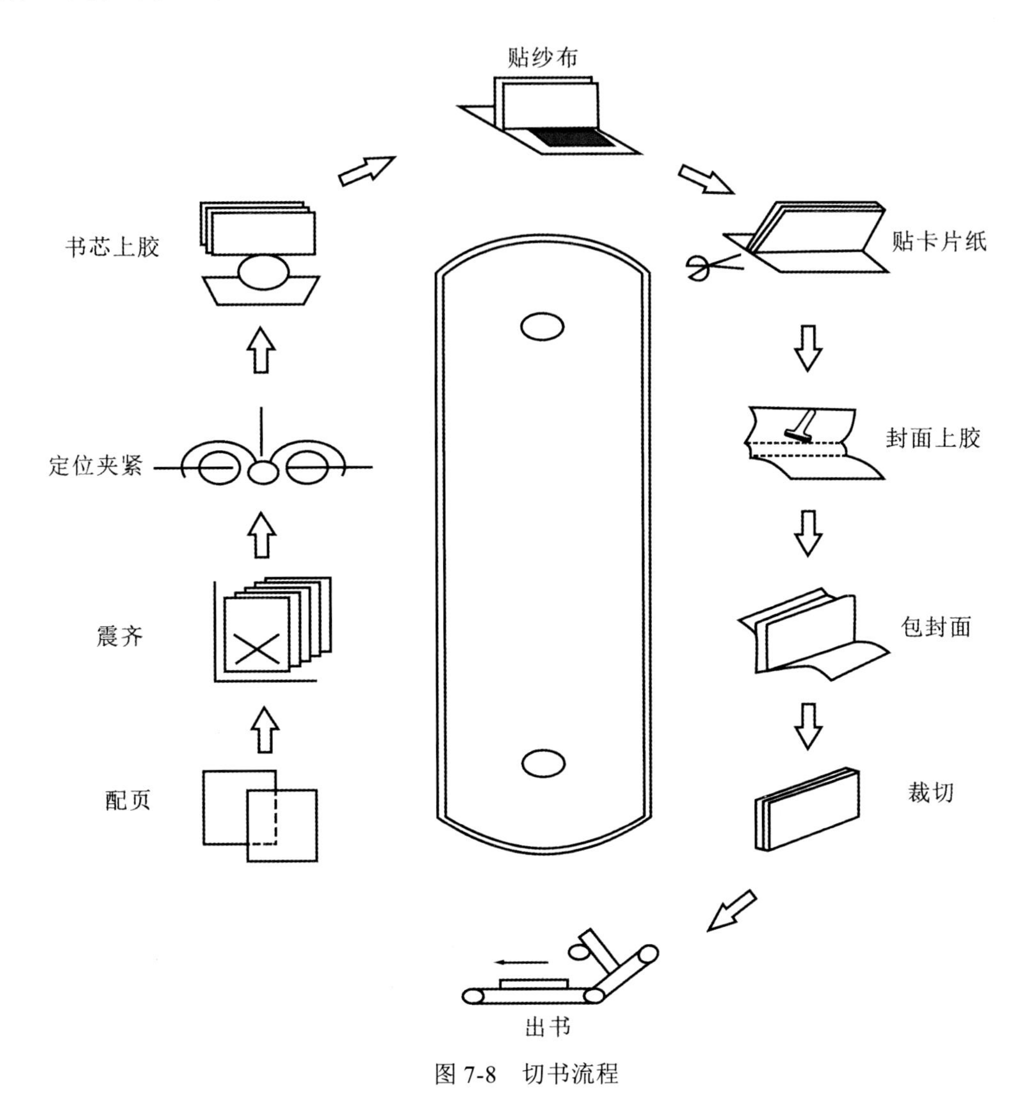

图 7-8　切书流程

7.2 精装书的印后加工

精装书的封面、封底一般采用丝织品、漆布、人造革、皮革或纸张等材料，粘贴在硬纸板表面作成书壳。按照封面的加工方式分为有书脊槽书壳和无书脊槽书壳。书芯的书背可加工成硬背、腔背和柔背等，如图 7-9 所示为精装书的类型，造型美观、坚固耐用。精装书的装订工艺流程为：书芯的制作—书壳的制作—上书壳。如图 7-10 所示为精装书的结构图。

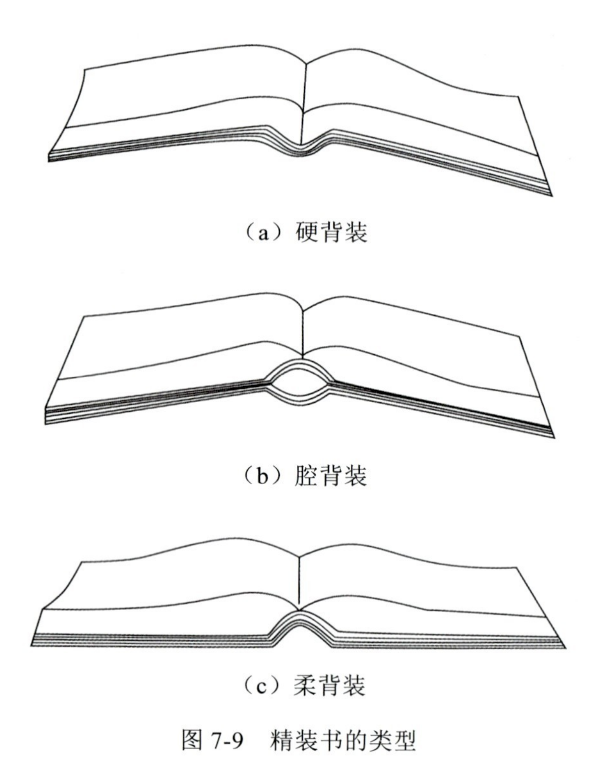
（a）硬背装

（b）腔背装

（c）柔背装

图 7-9　精装书的类型

1．书芯的制作

书芯制作的前一部分和平装书的装订工艺相同，包括裁切、折页、配页、锁线与切书等。在完成上述工作之后，就要进行精装书芯特有的加工过程。书芯为圆背有脊形式，可在平装书芯的基础上，经过压平、刷胶、干燥、裁切、扒圆、起脊、书脊加工（具体包括刷胶、粘纱布、再刷胶、粘堵头布、粘书脊纸等）完成精装书芯的加工。书芯若为方背无脊形式，就不需要扒圆。书芯若为圆背无脊形式，就不需要起脊。

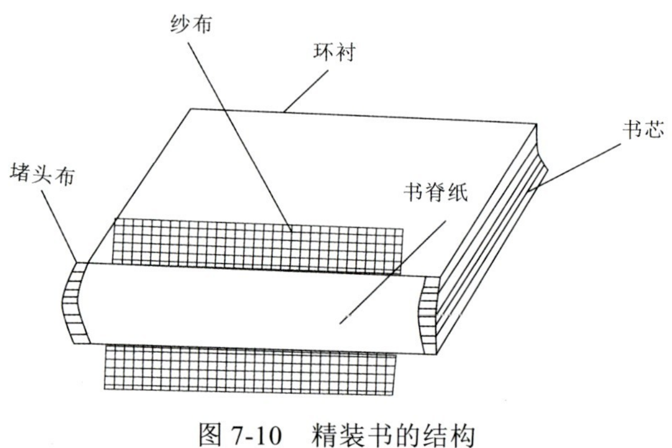

图 7-10　精装书的结构

1）压平

压平在专用的压书机上进行，使书芯结实、平服，提高书籍的装订质量。

2）刷胶

用手工或机械刷胶，使书芯基本定型，在下道工序加工时，书帖不发生相互移动。

3）干燥

目前在印后加工流水线中，干燥过程变得快速而简单，刷完胶的书芯经过自动干燥装置后，可立即进入下一步“裁切”工序。

4）裁切

对刷胶基本干燥的书芯进行裁切，成为光本书芯。

5）扒圆

由人工或机械把图书背脊部分处理成圆弧形的工艺过程叫作扒圆。扒圆以后，整本书的书贴能互相错开，便于翻阅，而且提高了书芯的牢固程度。

6）起脊

由人工或机械把书芯用夹板夹紧夹实，在书芯正反两面，接近书脊与环衬连线的边缘处，压出一条凹痕，使书脊略向外鼓起的工序，叫作起脊，这样可防止扒圆后的书芯回圆变形。

7）书脊加工

加工的内容主要包括刷胶、粘书签带、贴纱布、贴堵头布、贴书脊纸。

贴纱布能够增加书芯的连接强度以及书芯与书壳的连接强度。

堵头布是在书芯背脊的天头和地脚两端贴上布头，使书帖之间紧紧相连，不仅增加了书籍装订的牢固性，又使书籍变得美观。

书脊纸必须贴在书芯背脊中间，不能起皱、起泡。

2．书壳的制作

书壳是精装书的封面。书壳的材料应有一定的强度和耐磨性，并具有装饰的作用。

用一整块面料，将封面、封底和背脊连在一起制成的书壳，叫作整料书壳。封面、封底用同一面料，而背脊用另一块面料制成的书壳，叫作配料书壳。

做书壳时，先按规定尺寸裁切封面材料并刷胶，然后再将前封、后封的纸板压实、定位（称为摆壳），包好边缘和四角，然后压平即完成书壳的制作。由于手工操作效率低，现改用机械制书壳。

制作好的书壳需要在前后封以及书背上压印书名和图案等。为了适应书背的圆弧形状，书壳整饰完以后，还需进行扒圆。

3．上书壳

把书壳和书芯连在一起的工艺过程叫作上书壳，也叫套壳。

上书壳的方法是：先在书芯的一面衬页上涂上胶水，按一定的位置放在书壳上，使书芯与书壳一面先粘牢固，再按此方法把书芯的另一面衬页也平整地粘在书壳上，整个书芯与书壳就牢固地连接在一起了。最后用压线起脊机，在书的前后边缘各压出一道凹槽，加压、烘干，使书籍更加平整、定型。如果有护封，则包上护封后出厂。

精装书装订工序多、工艺复杂，手工操作时，操作人员多、效率低。目前采用精装联动机自动完成书芯供应、书芯压平、刷胶烘干、书芯压紧、三面裁切、书芯扒圆起脊、书芯刷胶粘纱布、粘卡纸和堵头布、上书壳、压槽成型、书本输出等精装书的装订工艺。

豪华装也叫艺术装，豪华装的书籍类似于精装，但用料比精装更高级，外形更华丽，艺术感更强。一般用于高级画册、保存价值较高的书籍，常用手工操作完成。

7.3 印刷设计和印后加工常见术语

1. 印前设计名词解释

（1）衬底：将图片或文字充满整个版面使其为底纹。

（2）跨页：将图文放大并横跨两个版面以上，以水平排列方式使整个版面看起来更加宽阔，也称作“通版”。

（3）反白：在较深色的色块上，为使图形或文字更清楚地显现出来，通常使用“反白（即填入纸色）”这个功能，以对比的方式来表现图文。

（4）阴阳字：为使文字在深浅不同的色块中清楚地显示出来，运用此效果，可使文字在浅色区域中呈现较深的颜色，在深色区域中呈浅的颜色。

（5）图压字：版面设计中经常运用的效果之一，图在上层，字在下层，如果图文相叠，则重叠处的文字会被图片遮住。

（6）字压图：与上一条的效果刚好相反，字在上层，图在下层，如果图文相叠，则重叠处的图片会被文字遮住。

（7）出血：为了避免印刷后期裁切时造成误差，保持成品的完整，图形或底色向外多做出的3～5mm部分，称为“出血”，出血可以避免露出白边。

（8）淡化：降低整张图片的明亮度。

（9）反作：在两个不同的版面，将同一张图片做不同方向的排列。

（10）对称：在同一个版面中，将同一张图片做不同方向的排列。

（11）渐层：使某一色块或区域的颜色呈现由深到浅或由浅到深的阶层式变化。

（12）渐淡：使图片的色调由深入浅，渐渐淡化。渐淡的方向可根据设计的需要而改变，如由左至右、由下至上。

（13）褪底：将图片中不用的对象及背景删除，借以突出图片中的主题。

（14）破格：将图片放大并突破版面上的编排格式，使版面看起来更加活泼、有变化，直接吸引读者的注意。

2. 印后工艺名词解释

（1）覆膜：覆膜是将塑料薄膜涂上黏合剂，经加热、加压后与纸印刷品黏合在一起，形成纸塑合一的产品的加工技术，起到防水、防污、耐磨、耐化学腐蚀等作用。

（2）上光：上光是在印刷品表面涂（或喷、印）上一层无色透明的涂料（上光油），经流平、干燥、压光后，在印刷品表面形成一层薄且均匀的透明光亮层。上光包括全面上光、局部上光、光泽型上光、哑光（消光）上光和特殊涂料上光等。通过上光使印刷品更加美观，同时具有防潮、防热、防晒的效果。

（3）烫金：将金属箔或颜料按烫印模板的图文转印到被烫印刷品表面。

（4）锯口：在与书背的垂直方向用锯片在书背上锯切成一定深度、宽度和间隔的沟槽，以利于胶粘剂对书页粘连。

（5）折缝线：印刷书页在折页加工时的折叠线。

（6）铣背：用铣刀或锯刀将书芯背后铣开或铣成沟槽状，便于胶液渗透的一道工序。

（7）刀花：切口出现凹凸不平的刀痕。

（8）岗线：精装书的书背纸宽于书心厚度的部分，或包本后，封皮在书背与封面或封底的连接处凸起呈瓦楞状。

（9）白页：因印刷事故，造成书页的一面或两面未印上印迹。

知识链接

1．上光的效果

印刷品上光的方式主要有两种：印刷机上光和涂布罩光油。现在最流行的印刷品上光工艺是局部上光，即在印刷品的局部进行上光，形成局部或小范围内与众不同的效果，通过该工艺突出重点内容。该工艺的实施需要设计制作人员在印前就根据工艺要求进行设计与制作。

（1）书籍装帧，如护封、封面、插页以及年历、月历、广告、宣传样本等，经过上光能够使印刷品光泽增加、色彩鲜艳。

（2）包装装潢纸品，如纸袋、封套、商标等，上光后起到美化和保护商品的作用。

（3）文化用品，如扑克牌、明信片及印金图案，上光后能抗机械摩擦和防化学腐蚀。

（4）日用品、食品等，如卷烟、食品、洗涤剂等商标，上光后可起到防潮、防霉的作用。

（5）硬封面上压铜箔，可使外观美丽，亮度提高，很像金色。如果铜和基材结合得不牢，经过上光后可以增加其附着性能。

2．覆膜对产品效果的影响

覆膜是在印刷后的纸张表面黏合一层透明塑料薄膜的工艺，覆膜之后会对产品的表现效果产生或好或坏的影响。

普通薄膜耐光耐水，保护了印刷产品，延长了印刷品的使用寿命，提高了产品光泽。

透明亮光膜会使印刷品光彩夺目，显得富丽堂皇。

亚光膜给人古朴、典雅的感觉，增加了印刷品的艺术魅力。

覆膜的缺点是可能造成产品的翘边现象，同时由于薄膜本身有一定的颜色，使得覆膜后的印刷品颜色发生改变，通常偏黄。

3．滴塑

滴塑是一种利用塑滴的形式使印刷品表面获得水晶般凸起效果的加工工艺。其立体装饰效果极佳。滴塑面还有耐水、耐潮、耐紫外光等性能。这种工艺在家电、高级轿车、豪华型摩托车、商标铭牌、日用五金产品、商品标签、高级笔记本册封面等领域有广泛的应用。

4．金/银色印刷

金银墨印刷简称印金或印银，是使用含有金色或银色金属粉油墨的印刷方式。其特点是高贵优雅、色彩饱和，应用广泛。金粉的成分主要是铜、锌和少量的铝等，银粉即铝粉。

由于金色和银色是用金墨和银墨而不是通过CMYK四色设定印色来实现的，所以在版面设计和制版时按专色来处理。菲林当然也是输出专色菲林，单独晒版，设计和印刷技术都有特殊的要求。一般来说，只要单独出一张黑版代表金色或银色即可。

印金和印银在印刷工艺中其实很难控制成品质量。首先，因为金墨、银墨的颗粒比其他油墨颜料颗粒粗，造成印刷时纸张与金银油墨的粘连比较差，同时会发生细微氧化结膜反应，影响油墨附着力，在干燥过程中颜料颗粒很容易从连接料中析出，产生附着不牢现象。如果其他颜色的油墨再压印到金银墨上时，由于自身的黏性原因，容易把底墨粘走，出现印不实或露白现象。通常情况下，印金时，金墨中略加中黄色油墨，印银时，在银墨中加入由黑墨和冲淡剂调制而成的银灰色混合墨，这样既不会改变色相，也克服了上述问题。

【案例直击】

1. 凹凸设计

设计凹凸产品应注意突出画面的主体效果，起到画龙点睛的作用。凹凸部分所占的画面比例不能过大。文字、线条、花卉、动物、人物的处理一般如下。

（1）文字。通常文字有不同的字体，如美术体和印刷体。文字凹凸应该注意充分表现不同字体的特色。制凹版时应保持字体的原貌，不得损伤字面、笔触与笔锋。凹凸印时，压力要调节合适，以保证文字的最终浮凸效果。

（2）线条。如有的图案是用线条的变化和对比来表现艺术个性的，柔性线条如行云流水，硬性线条如钢筋铁骨。制作凹版时应该抓住这些特征加以突出，做到柔性线条圆润，硬性线条刚直，深浅一致。

（3）花卉。能够表现花卉的枝干，压印时能够体现整体关系和衬托，使每个部分显现出不同的神采。

（4）动物。能够制作出合乎比例的动物图案，压印的动物五官形态比较细腻、真实，层次合理。

（5）人物。压印制作的人物能从人物的动势、骨骼和骨肉的特点、皮肤的质、五官的特征等大处着眼，准确制作出人的五官、细微的眼窝、人中、唇缝等，头发等的层次也能很好地表现出来。但是不能表现人物复杂的服饰，只能表现大致的线条。

凹凸压印设计的凸起部分同印刷图文的结合，通常采取以下四种形式。

（1）直接结合。凸起部分同印刷图文部分完全结合，凹凸的层次和形状直接结合印刷图文，增加了图文的立体感和真实感，效果直观形象。

（2）间接结合。凸起部分与印刷图文部分虽然处于同一个印刷品，但是两者不重合。这种结合形式，使凹凸部分与印刷图文相互辉映，产生新颖之感。

（3）混合形式。一部分凸起同印刷图文重合，另一部分间接与印刷图文结合，呈混合形式。混合形式可增强变化感，有更加丰富的表现能力。

（4）素压。图文部分不使用油墨印刷，直接压出浮雕的图文，这种方式典雅大方。

2．模切加工

（1）模切版制版。模切版制版较好的方法是用胶合板制作模切版材。先将纸盒图样转移到胶合板上，用线锯沿切线和折线锯缝，再把模切和折缝刀嵌入胶合板内，制成模切版。也有用计算机控制，激光制作模切版。

其工艺流程为：绘制纸盒样图—绘制拼版设计图—复制拼版设计图—拼版设计图转移到胶合板上—钻孔和锯缝—嵌线—制作模切版阴模板。

（2）模切压痕。模切压痕是通过模切压痕机来完成，一般是平压式。

【专题训练】

针对本章知识点，试着自己绘制骑马钉装书、平装书、精装书的印后加工流程图，参考流程如下，观察不同装订方式流程的不同点。

不同装订方式共同涉及的流程包括折页、配贴、装订、包封面、裁切。但工作顺序有所不同。

思考：

（1）骑马订装、平装为什么是先包封面，后切书，而精装书则相反？

（2）精装书为什么先裁切，后包装面，而平装书则相反？

（3）平装书和精装书的内芯装订方式是否相同？

（4）骑马订图书是否需要配贴？

项目实训

1．拆开一本精装书，观察精装书的结构。

2．拆开一本平装书，观看其书脊部位折标的档梯。

3．准备纸张素材，体验精装书的扒圆、起脊工序。

第 8 章　印刷设计解决案例

折页设计制作实例

包装设计制作实例

封面设计制作实例

海报设计制作实例

8.1 折页设计制作实例

8.1.1 8开折页设计制作实例

如图8-1和图8-2所示，这是一张8开折页印刷品，采用CorelDRAW X8、Photoshop CC软件制作，在设计中考虑企业文化和产品的特点，因此制作工艺要求相对较高，下面将从设计到制版依次阐述。

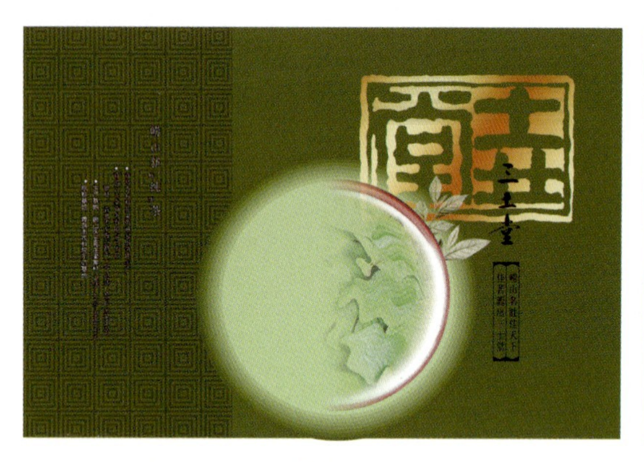

图8-1　8开折页印刷品（1）

图8-2　8开折页印刷品（2）

（1）在CorelDRAW X8中，执行菜单“文件”→“新建”命令，如图8-3所示，在其属性栏中选择“横向”页面。

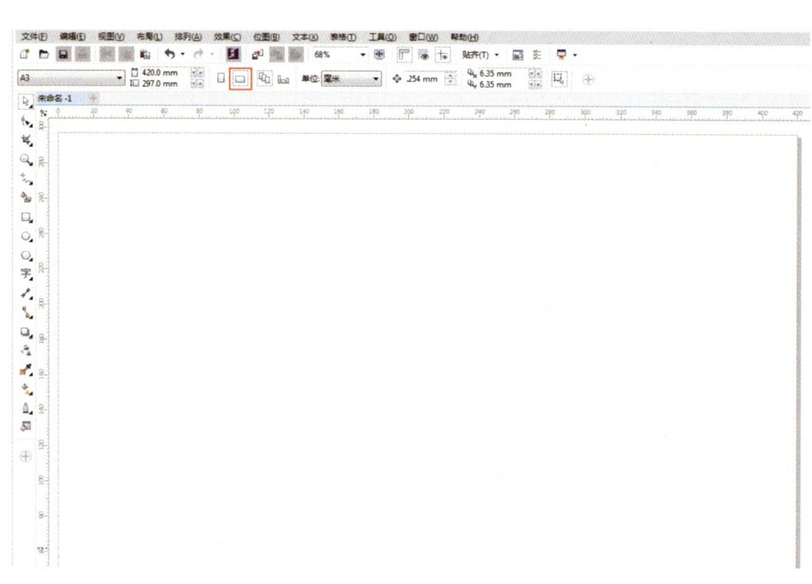

图8-3　新建横向页面

（2）由于在新建文件时无法设置出血，因此需要根据设计需要重新定义作品的准确尺寸并增加3mm出血。执行菜单“布局”→“页面设置”命令，弹出如图8-4所示的“选项”对话框，设置作品宽度和高度为420mm×285mm，出血为3mm，选中“显示出血区域”复选框。

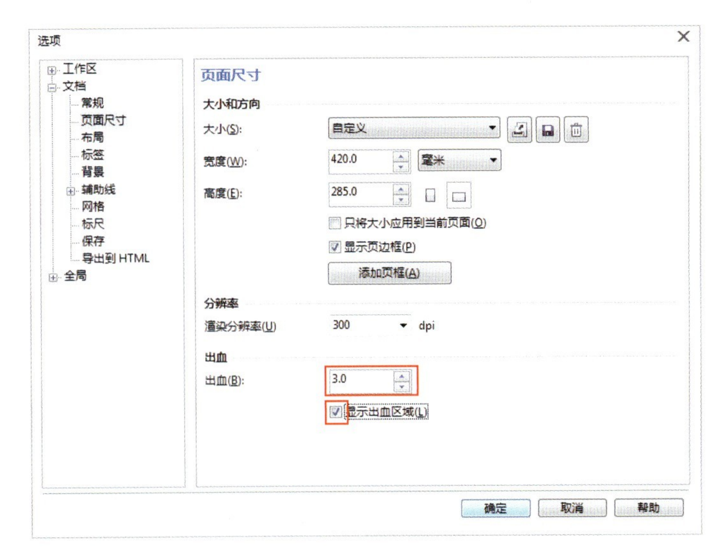

图 8-4　页面设置

（3）单击“确定”按钮，在页面外围显示一个矩形虚线框，它与页面边框的距离是 3mm，这就是出血线，并显示出血区域，如图 8-5 所示。

图 8-5　效果图

注意：常用大度 16 开净尺寸为 210mm×285mm，含出血时，每边增加 3mm 的出血宽度，为 216mm×291mm。同理，大度 8 开含出血的尺寸为 426mm×291mm

另外，并不是所有的印刷品都需要设置出血。当底色为渐变色、图像或色块混合时，需要设置出血；当四周没有出血的图案，如四周都是白色（纸色），或者都是一样的纯色底色，这时就不需要设置出血。

（4）双击矩形工具并填充印刷色（数值为 C70%M40% Y100%K30%），拖出一条辅助线放置在矩形中心位置，效果如图 8-6 所示。

图 8-6　填充印刷色

在设计制作的过程中，常常会需要复制某些印刷品或者指定某种特别的颜色。当无法确定该颜色时，就需要查看色谱以确定当前所使用的颜色是否正确。

（5）绘制正方形 30mm×30mm，激活“交互式填充工具”，在其属性栏中选择“双色图样填充”并打开“编辑填充”对话框，如图 8-7 所示，单击“确定”按钮即可。然后利用复制命令依次排列，效果如图 8-8 所示（因为不是讲软件使用，因此后续步骤会有许多省略）。

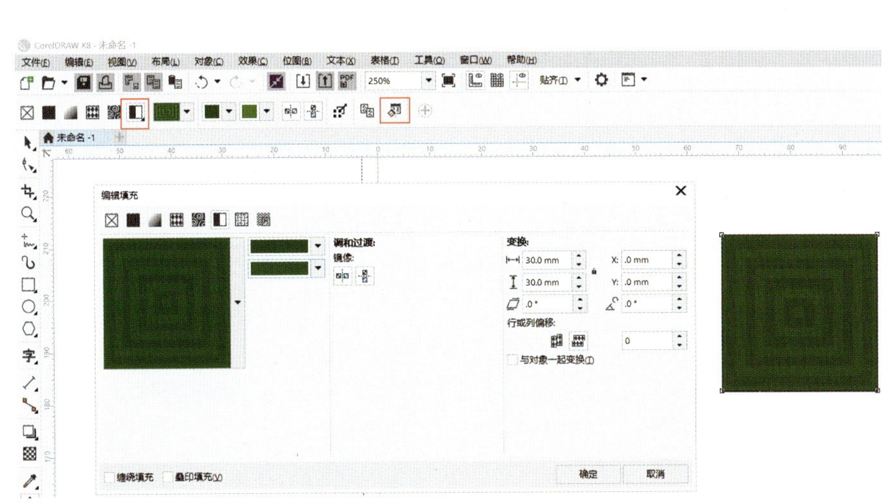

图 8-7　设置填充效果

图 8-8　填充后的效果图（1）

（6）在 Photoshop 中打开印章标志图形，如图 8-9 所示，激活“魔术棒工具”，选取黑色部分。在渐变编辑器中设置一个金色渐变效果。如图 8-10 所示，新建图层并填充选区。删除背景层，最终效果如图 8-11 所示。然后将文件储存为 PSD 格式（存储为 PSD 格式的图像在导入 CorelDRAW 后，图像的透明区域将保持透明而不会出现白色背景）。

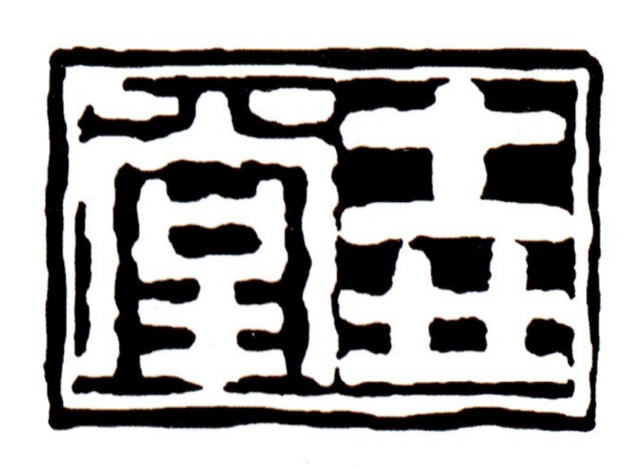

图 8-9　印章标志图形

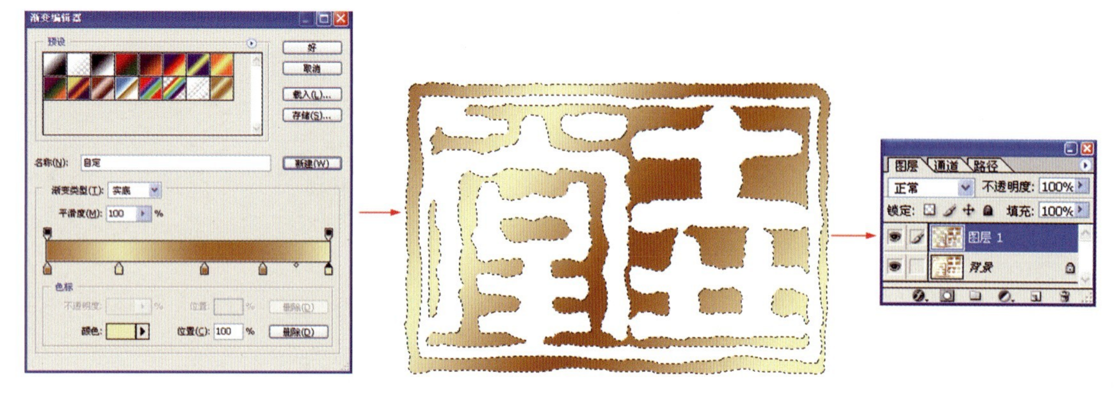

图 8-10　设置金色渐变效果并填充

（7）将印章标志导入 CorelDRAW，如图 8-12 所示。

（8）绘制两个同心圆，如图 8-13 所示，分别设置小圆轮廓色为 C30%M0%Y60%K0，大圆轮廓色为 C70%M40%Y100%K30%。激活“交互式调和工具”，创作出如图 8-14 所示的梯度效果。

图 8-11　填充的效果图（2）

图 8-12　导入 CorelDRAW

图 8-13　绘制同心圆

（9）在 Photoshop 中打开一幅茶叶图片并去除背景，如图 8-15 所示。调整亮度与对比度，然后储存为 PSD 格式，并导入 CorelDRAW 文件中，调整大小与位置，效果如图 8-16 所示。

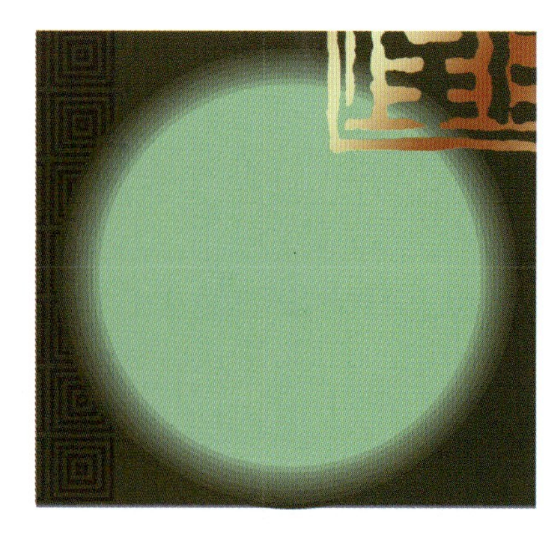

图 8-14　绘制梯度效果

图 8-15　打开茶叶图并去除背景

图 8-16　亮度等参数调整

（10）激活“透明度工具”，选择茶叶图片并做出如图 8-17 所示的效果。

（11）在 Photoshop 中打开一幅叶子图片，调整亮度和对比度，如图 8-18 所示。复制背景层，并删除背景层，将复制图层中叶子以外的部分选取并删除，效果如图 8-19 所示。调整叶子的位置，储存为 PSD 格式并导入 CorelDRAW 文件中，放置在茶杯图形的右上角。输入必要的文字，正面最终效果如图 8-1 所示。

（12）开始设计反面。内页的尺寸设置同上，绘制如图 8-20 所示的效果。

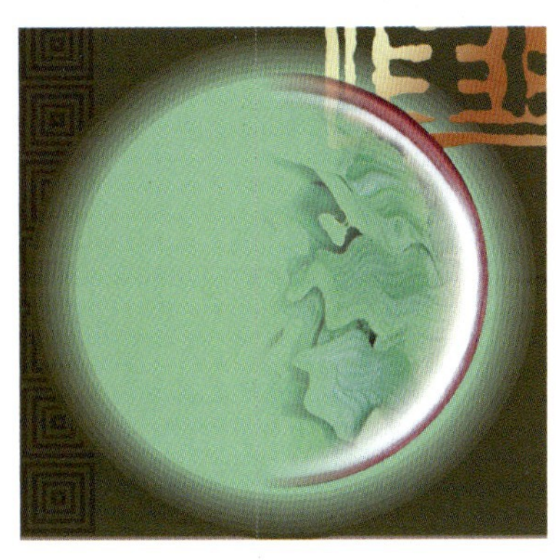

图 8-17　透明度调整

图 8-18　亮度和对比度调整

图 8-19　选中叶子外部分并删除

图 8-20　绘制反面

（13）打开龙纹，褪底，填充白色并存储为 PSD 格式，然后导入文件中。输入必要的文字并做其他装饰变化，内页最终效果如图 8-21 所示。

图 8-21　导入龙纹后的效果

8.1.2 设计制作中的注意事项

1. 线条的宽度

不要使用“发丝”的宽度，它在屏幕上看起来可以像 0.25 点的线，在 600dpi 的激光打印机上输出时可能会丢失。如果想使用较细的线，宽度应至少为 0.25 点，如图 8-22 所示的红圈中的细线。

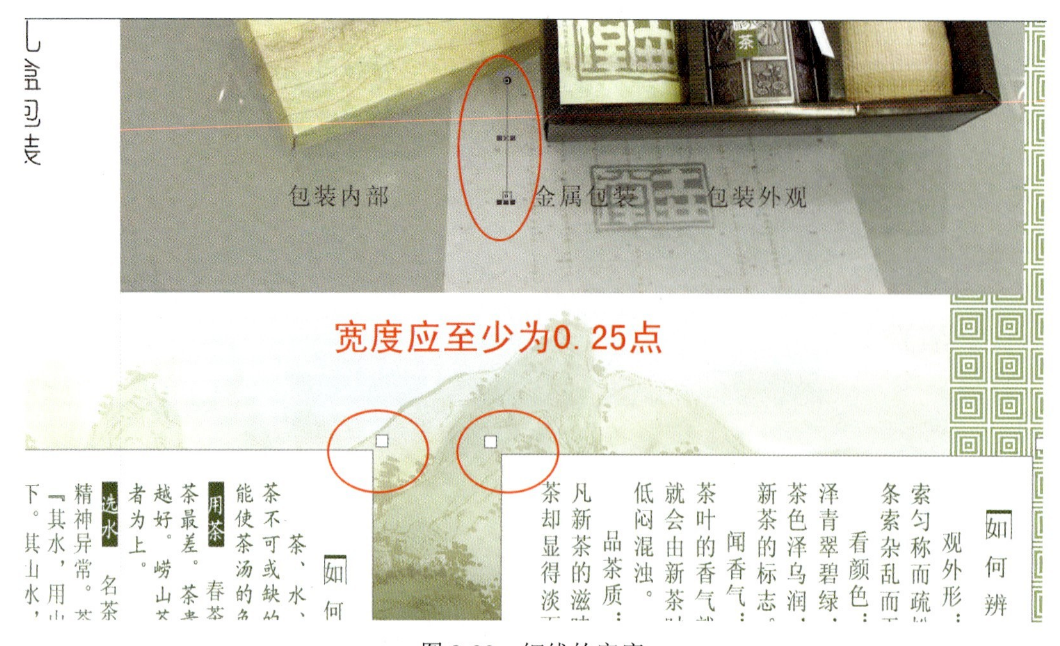

图 8-22　细线的宽度

2．叠印

（1）黑色文字和线条。在印刷时，黑色油墨可以遮盖下面的彩色，当黑色文字或线条下面有彩色内容时，须对文字设置“叠印填充”，对黑色线条设置“叠印轮廓”。可以在黑色文字或线条上单击鼠标右键，在弹出的快捷菜单中选择“叠印填充”或“叠印轮廓”命令，如图 8-23 所示。

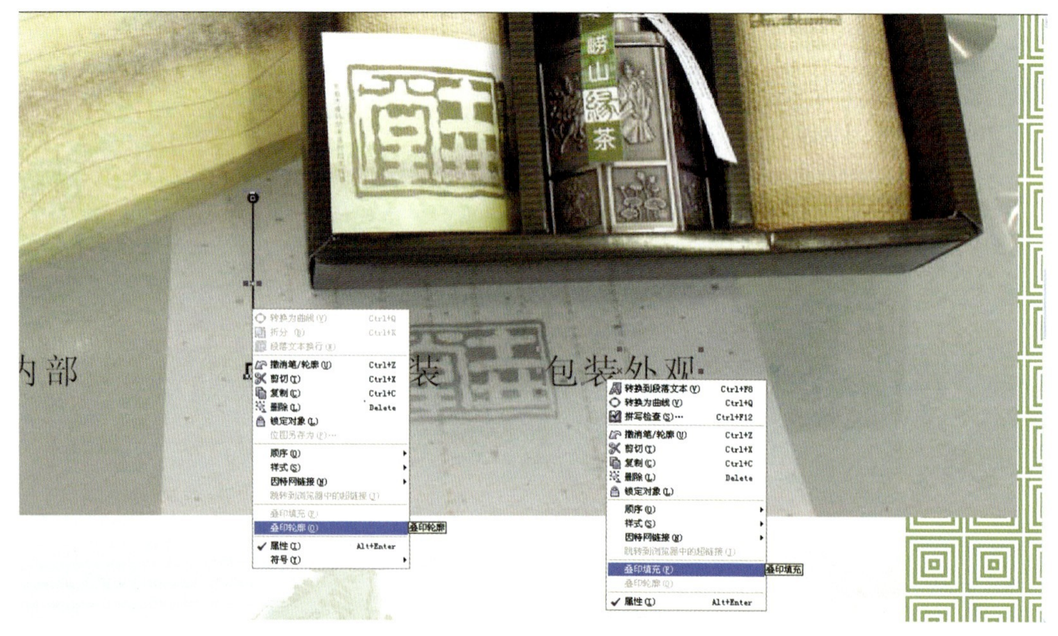

图 8-23　叠印设置

（2）黑色色块。当版面中有较大面积的黑色色块，而且其下面的彩色内容中没有黑色成分时，应给黑色色块添加轮廓，宽度为“发丝”，并设置“叠印轮廓”。

8.1.3　8 开折页含出血拼 4 开版的方法

（1）首先通过双击“矩形工具”，给各页面增加一个与页面一样大小的矩形框，以方便观察和拼版，然后按 Ctrl+A 快捷键全选各页面，并按 Ctrl+G 快捷键将各页面对象群组，如图 8-24 所示。

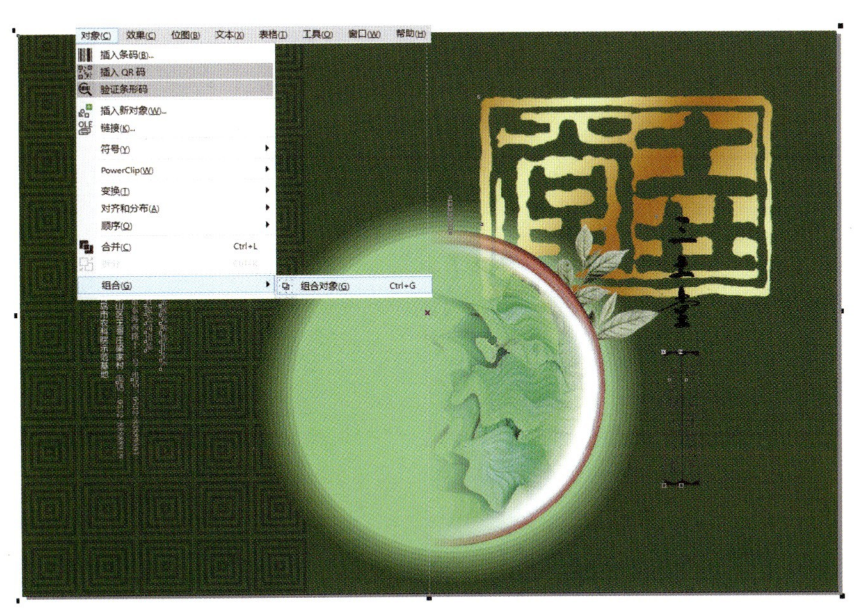

图 8-24　将各对象群组

（2）取消对象的选取后，在 CorelDRAW 中改变页面大小为 426mm×582mm。如果放大或者缩小，直接用数字键盘的“+”“-”“*”“/”，在这些符号后输入相应的数值即可。这里为 y 轴方向乘以 2，即页面高度增加一倍，如图 8-25 所示。这个方法在改变不规则页面尺寸的变化时非常有用，省去了大量的计算时间，也可以用于图形、图像大小的变化上。

（3）全选页面 1 上已经群组的对象，执行“排列”→“对齐与分布”→“对齐和属性”命令，弹出“对齐与分布”面板，选择“页边”“下”，然后单击“应用”按钮，这样被选择的对象就紧贴页面的下边对齐了，如图 8-26 所示。

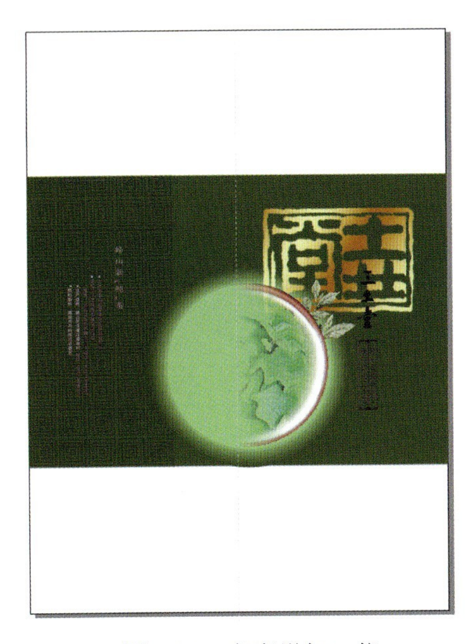

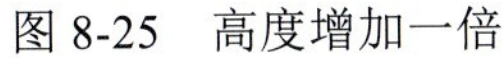
图 8-25　高度增加一倍

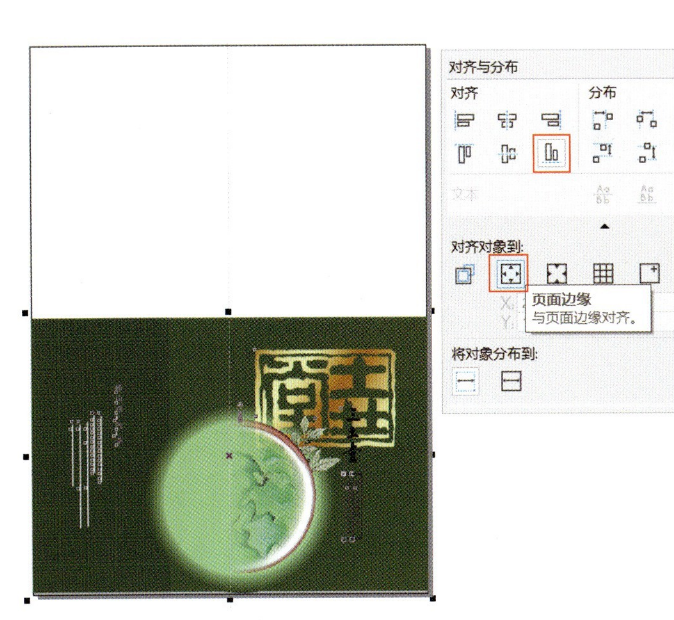

图 8-26　设置为下对齐

（4）激活页面 2，将页面 2 中的对象水平移出页面（用鼠标左键按住不要松手，移动时按住 Ctrl 键就可以保证水平或者垂直移动）。

（5）返回页面 1，假设页面 2 被拖动出来时是很随意的移动，那么在对齐面板中选择“上”“中”选项，并将“对齐对象到”文本框设置为“页边”。然后将页面 2 旋转 180°，如图 8-27 所示。按 F4 键查看整个页面，这时 4 开拼版基本完成，效果如图 8-28 所示。

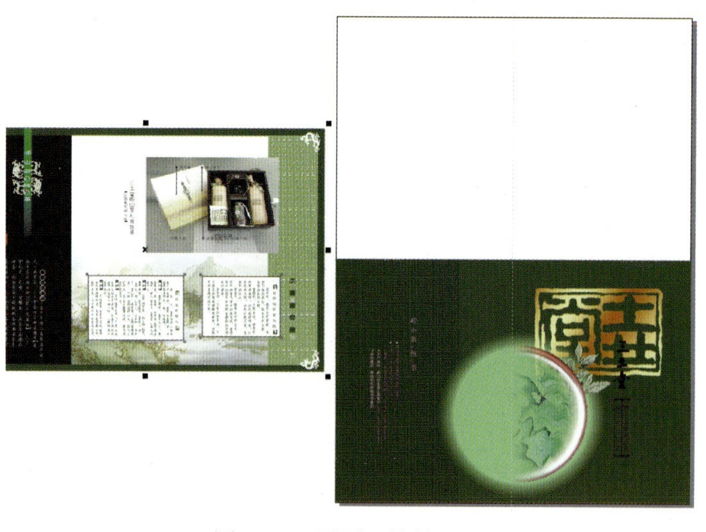

图 8-27　页面 2 旋转 180°

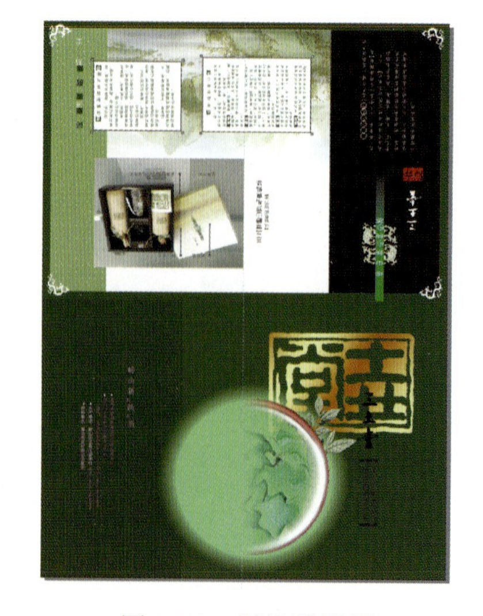

图 8-28　拼接效果图

（6）去掉所添加的黑色边框线或者轮廓色改为无色。改变页面大小为 432mm×588mm（如果还需要手动增加边角线，就要上下左右各增加 3mm，宽度、高度总计各增加 6mm），加边角线、规线和 CMYK 色标，如图 8-29 所示。

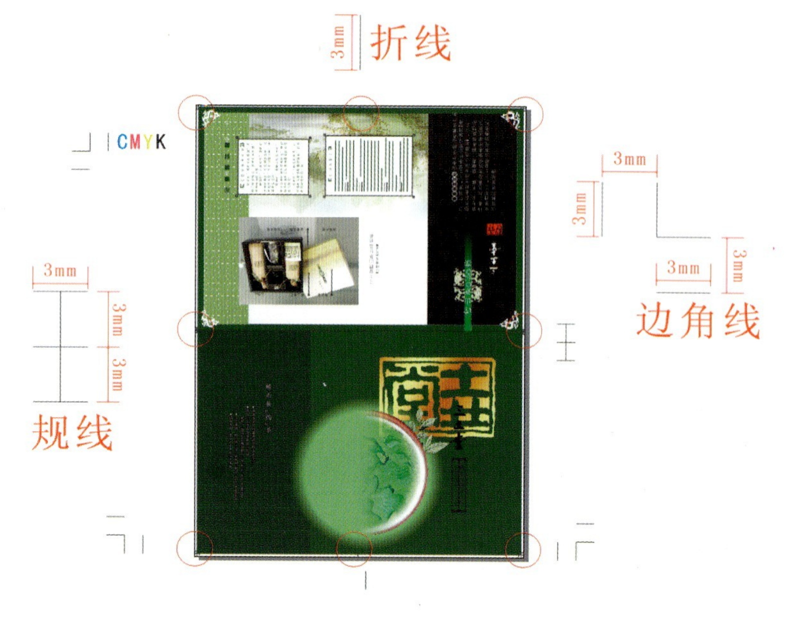

图 8-29　各参数设置

边角线和规线的粗细为“发丝”，也称“极细线”，即 0.076mm，轮廓色的 CMYK 值均为 100。

注意规线部分与一刀切拼版方法的不同，一刀切时，规线具有裁切线的功能，明确从何处切纸。如果正反页面中有 1 页是有出血边的，那么正反面都需要出血，拼版中间就会出现 3mm+3mm=6mm 宽的缝隙，需要切两刀才能切成符合要求尺寸的成品。

在规线的左右各加了一条裁切线，表示这两条线之间的部分（出血边）是不需要的，将要被切除。中缝的裁切线制作方法很简单，只要将中间垂直线段复制两根，分别与横向的 6mm 长线段左右对齐即可。

凡是单页含出血边的印刷品，不论拼 8 开、4 开或者对开版，中间接缝处都要留出 4～6mm 的过刀线（切 2 刀），过刀最小间距值不能小于 3mm，否则会给切纸带来很大的困难。

8.2 包装设计制作实例

包装设计是比较特殊的平面设计，有很多特殊的要求。本节以茶叶类的包装盒为实例，详细讲解包装设计制作的过程与工艺。

8.2.1 包装设计草图

首先要通过包装设计草图确立纸盒的基本造型及包装的基本效果。

1．纸盒的基本造型

产品的基本类型为袋装泡茶。根据测量一定数量的袋泡茶、干燥剂、隔板组合成的体积，设计出尺寸准确、结构合理的纸盒。图 8-30 所示为包装盒的展开结构与形体。

纸盒版形制作好后，按 1 ：1 的比例做出手工模型来确定定量产品是否可以装入。

注意：制作纸盒版形后，最好使用成品纸张来制作手工模型，因为这样可以检验包装的承重性能。

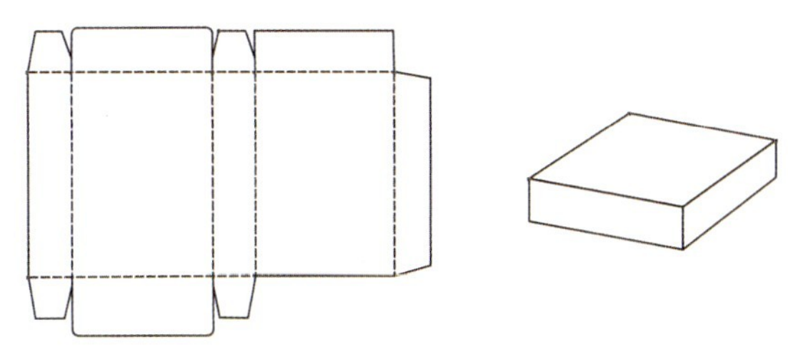

图 8-30　包装盒的展开结构与形体

2．包装的基本效果

造型设计确定后开始设计制作简单的包装效果，可以手绘或在计算机上制作。在制作时，要考虑印刷和纸张种类等因素，确定包装的基本效果，如图 8-31 所示。经过客户的确认与材料分析，决定包装盒使用白卡纸印刷后内层贴瓦楞纸。

图 8-31　包装的基本效果

8.2.2 计算机制作包装盒的展开图

因为包装盒是采用白卡纸直接印刷的，所以直接制作印刷文件即可。

首先要确定各部分的尺寸以及展开的净尺寸。包装盒的成品尺寸为180mm×260mm×55mm。正面、反面的宽度和高度为180mm×260mm，侧面的宽度为55mm，糊口的宽度为35mm，顶盖底盖的高度为55mm，下褶口为10mm，防尘襟片高度为45mm。展开净尺寸为505mm×380mm。其中，宽=180mm×2（正面、反面的宽度）+55mm×2（两个侧面的宽度）+35mm（糊口的宽度）=505mm；高=260mm（正面的高度）+55mm×2（顶盖底盖的高度）+10mm（下褶口）=380mm。后建立相应大小的净尺寸页面，添加辅助线，分别画出各部分的轮廓框架，如图8-32所示。

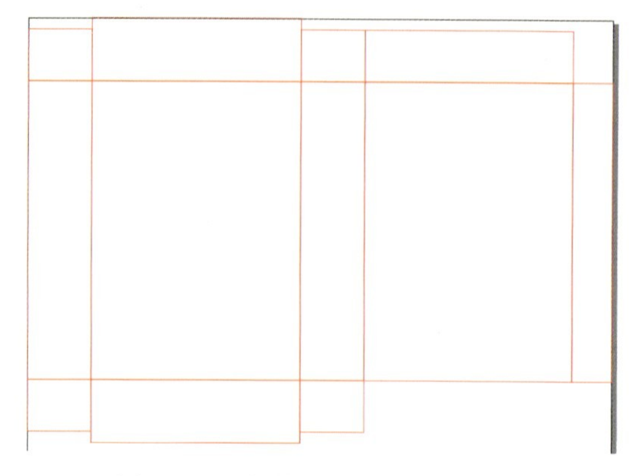

图 8-32　绘制各部分的轮廓框架

制作步骤：

（1）在CorelDRAW中根据包装盒实际需要印刷的大小设置尺寸并添加辅助线，如图8-33所示。

（2）如图8-34所示，在包装盒的两侧绘制两个色块，颜色设置为C70%M40%Y100%K30%。

（3）在顶部绘制矩形，利用形状工具将底部调整为半弧状，效果如图8-35所示。

图 8-33　添加辅助线

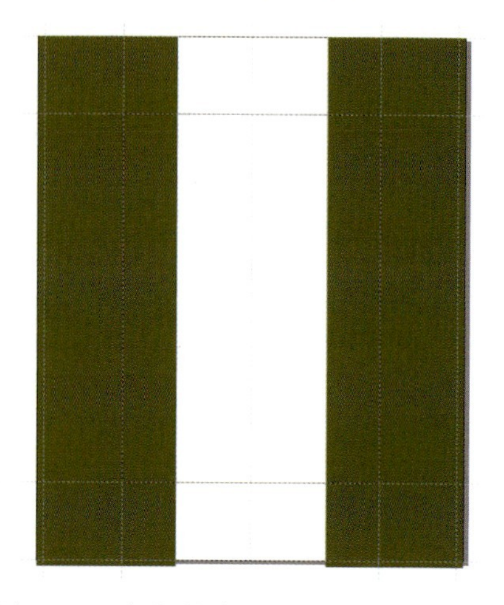

图 8-34　在包装盒的两侧绘制两个色块

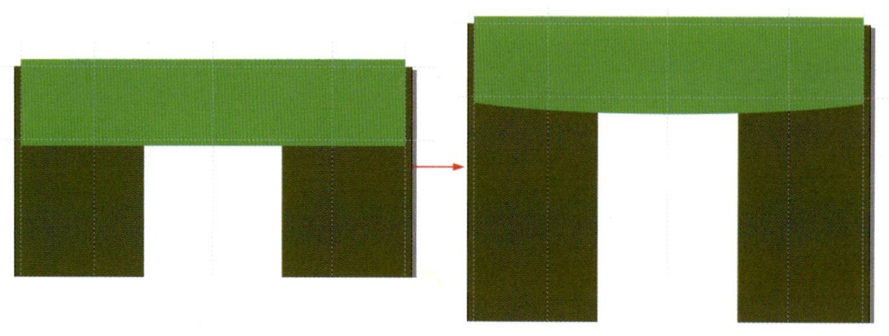

图 8-35　顶部绘制矩形后调整下方弧度

（4）打开标志印章并导入文件中，如图8-36所示，然后绘制线条并复制数行，颜色为C20%M30%Y80%K0，效果如图8-37所示。

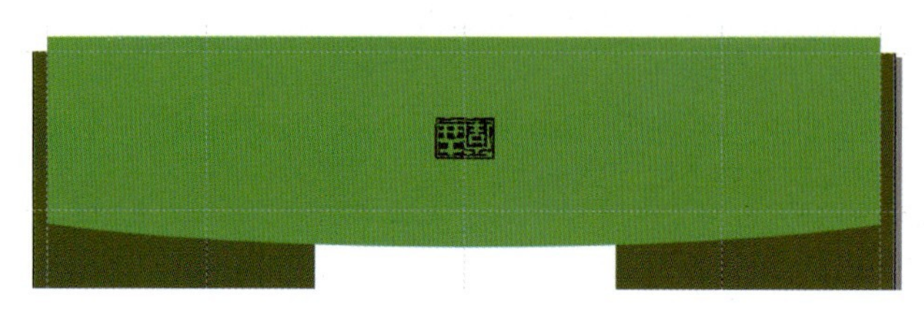

图 8-36　导入印章

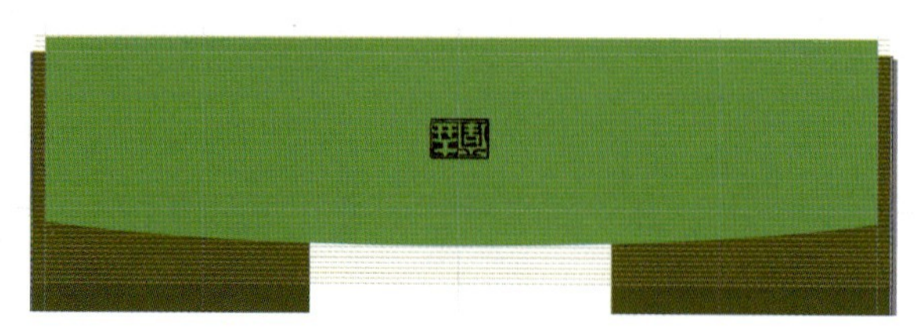

图 8-37　加入数行线条

（5）继续导入印章，激活“透明度工具”，分别从左向右拖曳鼠标，创作出如图 8-38 所示的透明过渡效果。

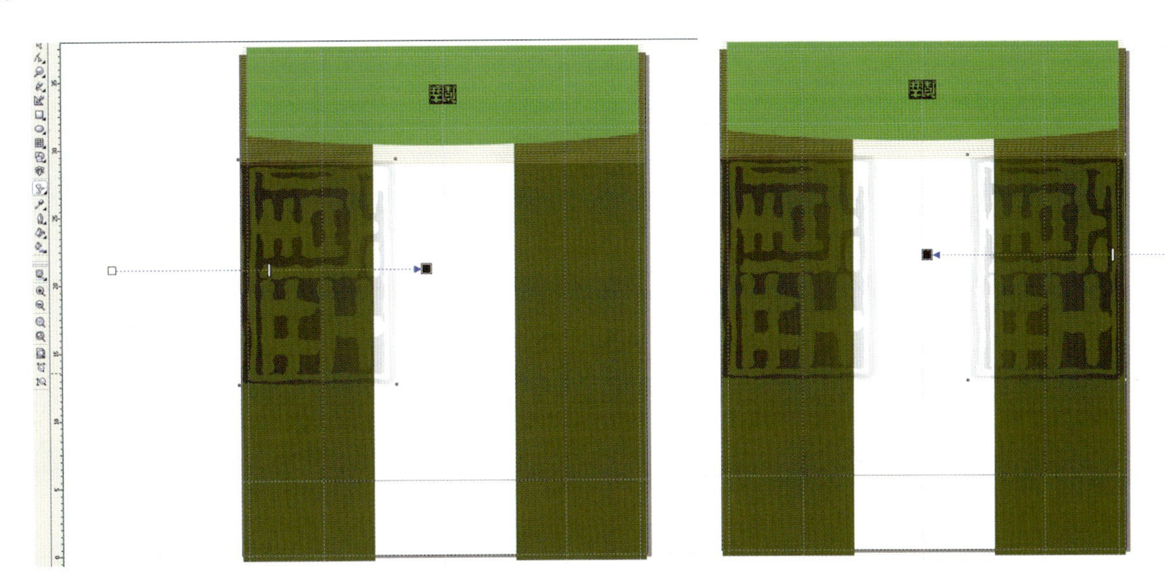

图 8-38　设计透明过渡效果

（6）导入茶叶图片居中放置，激活“形状工具”剪切局部，效果如图 8-39 所示。

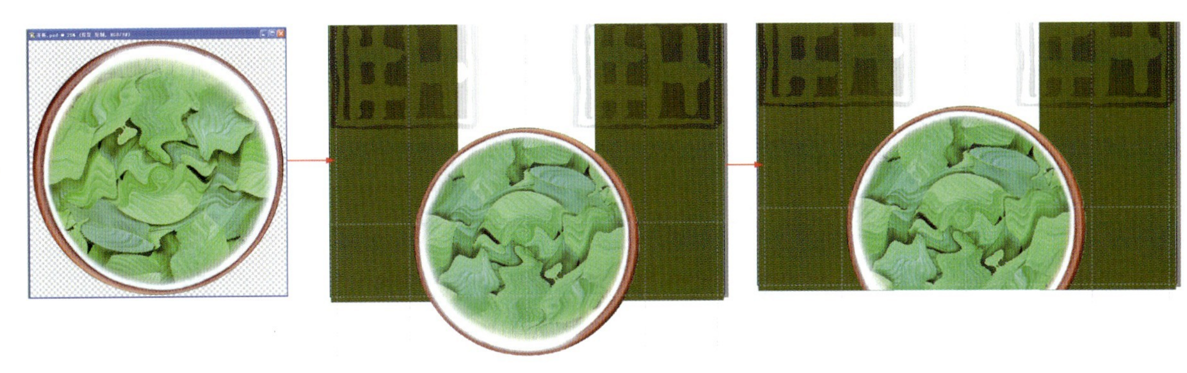

图 8-39　导入茶叶图片并处理

（7）在图片的周围继续绘制颜色为 C20%M30%Y80%K0 的圆轮廓线数条，效果如图 8-40 所示。

（8）继续导入必要的图案，调整位置及大小，如图 8-41 所示，然后输入相应的文字，创作出如图 8-42 所示的平面效果。

图 8-40　绘制圆轮廓线

图 8-41　导入图案

8.2.3 设计制作过程中的注意事项

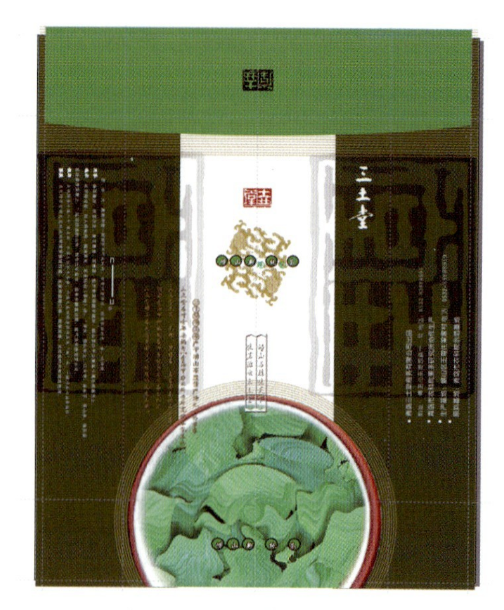

图 8-42 效果图

1. 印金

中间的龙纹、部分文字和画面中黄色的线条为印金。

1）彩色喷墨稿

当各面的内容都制作完成后，通常客户都要求看彩色打印稿以确定文字、图案、尺寸等的正确性。在打印彩色喷墨稿时，可以用以下两种方式的假金色来代替。

（1）Y=80% ～ 100%，K=30% ～ 50%，在不同的底色上色度的深浅呈现有所区别。

（2）C=20% ～ 50%，M=20% ～ 50%，Y=80% ～ 100%，K=10% ～ 40%，CMYK 各色值比例的不同可以产生金、青金、红金等视觉效果。当有合适的底色时，这样的假金色会显得逼真。例中用的假金色值为 C=20%，M=30%，Y=80%，K=0。

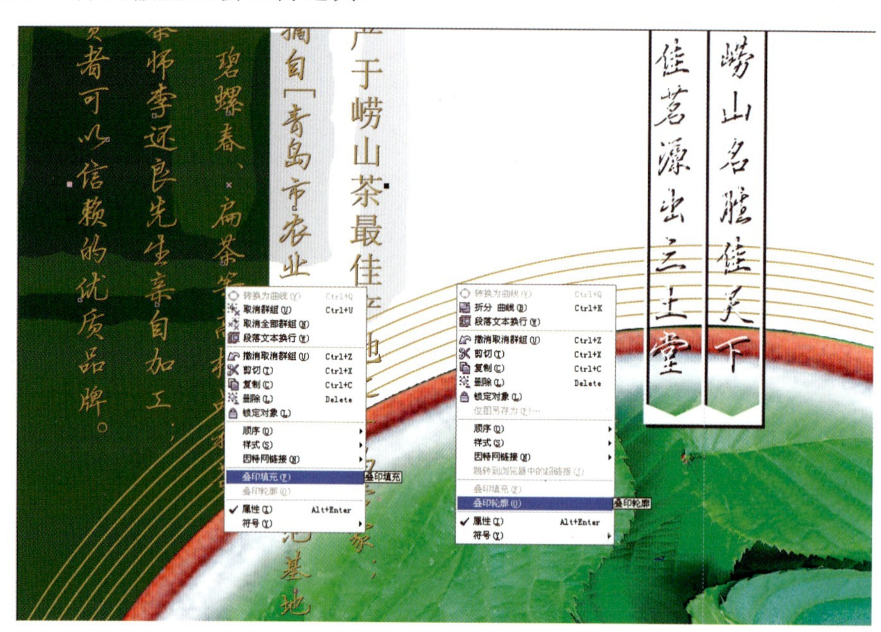

图 8-43 叠印处理

如果印刷品上有烫金部分，通常用 Y100% 代替，也可以略加点 M，如 Y100%M10%。如果有印刷品上需要做假银色，CMYK 色值可定义为三色，C=24%，M=14%，Y=14%，K=0。

当客户确定图案、文字无误之后（一般都需要签样，表示校对完成），就进入制版前的制作。

2）分色制版

在分色制版时，印金部分可以使用 Pantone 色填充，单独输出一张菲林片。由于金色具有覆盖性，金色文字和线条需要做叠印处理，如图 8-43 所示。

2. 位图

在制作包装盒的过程中，导入“标志印章”图片，其色彩模式应为灰度。可在 Photoshop 中执行菜单“图像”→“模式”命令查看，如图 8-44 所示。如果不是灰度模式，执行菜单“图像”→“模式”→“灰度”命令，在弹出的对话框中点“扔掉”，将其转换为灰度图像。

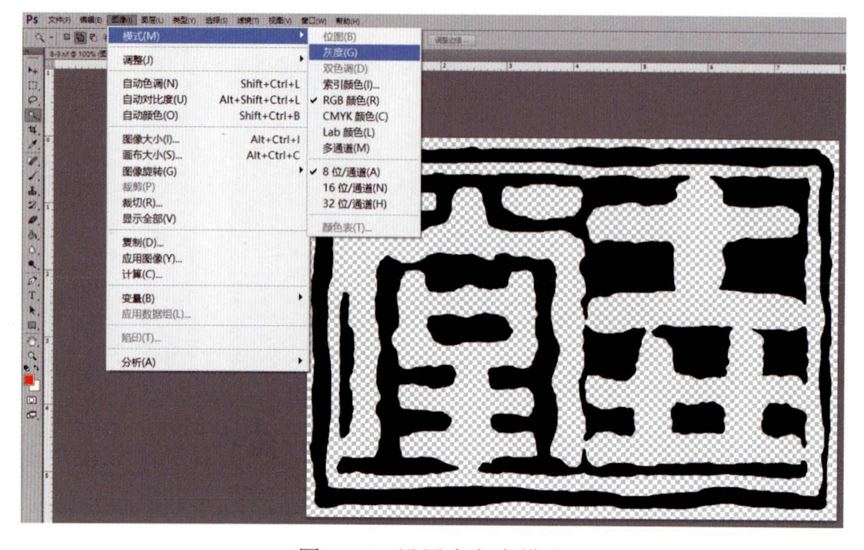

图 8-44 设置为灰度模式

由于图片为灰度图像，所以应设置叠印。可在灰度图上单击鼠标右键，在弹出的快捷菜单中选择“叠印位图”命令。

另外，对版面中的黑色文字也要单独设置叠印，具体设置方法和金色文字相同。

3．出血

包装成型后看不到的部位可以不印刷。在切口及有转折处要有出血，一般包装的出血为 3 ～ 5mm，如图 8-45 所示。

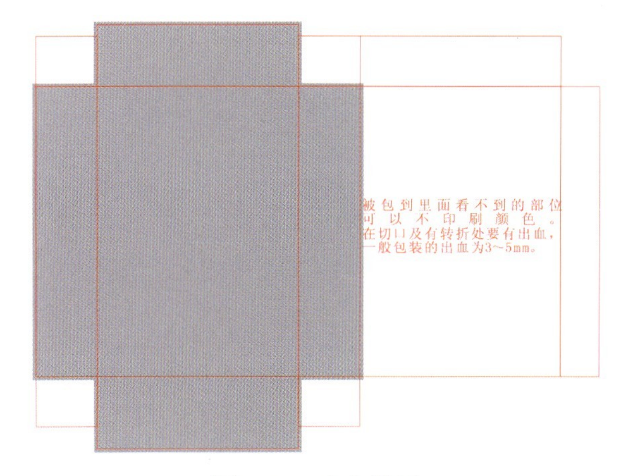

图 8-45　出血设置

8.2.4　制作模压版

使用计算机制作展开图的同时，还需要制作模压版。模压版设计的方法是：一是在出片时专门出一张专色菲林制作模压版，这种菲林一定要套印；二是在打样稿上直接画出模切压痕线交给印刷厂。

刀版线是在原先定义的轮廓框架线基础上制作的，先为轮廓线定义一个 Pantone 色（最终刀版也需要出一张胶片），色号可以随意设定，这里 Pantone 色号为 Pantone 2727 C，设置好叠印轮廓，如图 8-46 所示。

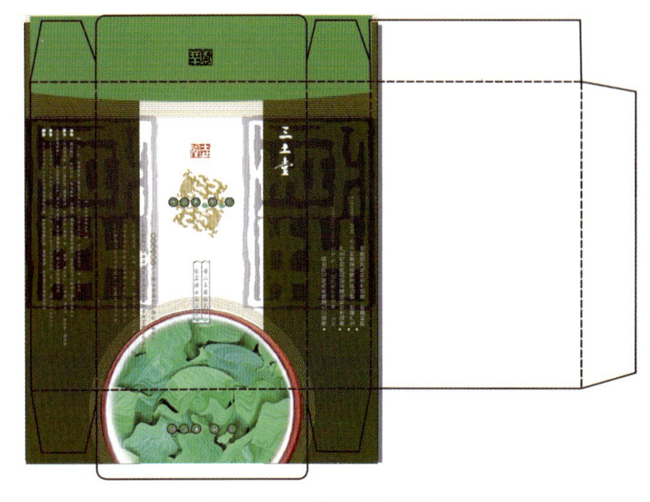

图 8-46　设置刀版线

在设计模压版时，要注意以下几个方面。

（1）绘制前，首先要了解压痕、模切及粘胶的线型绘制方法和要求。不同的用途要用不同的线型来绘制，模切线和压痕线分别用实线和虚线来表示，如图 8-47 所示。

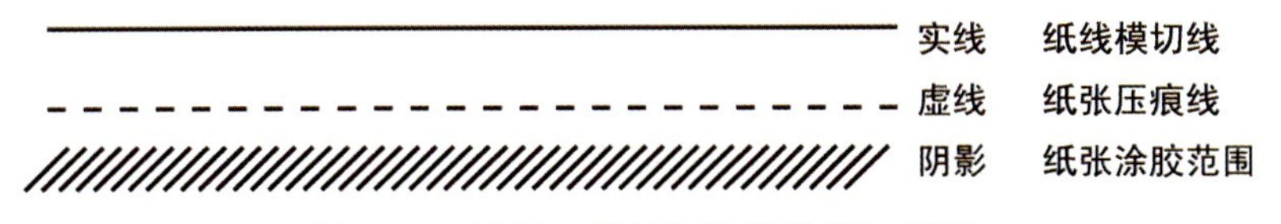

图 8-47　压痕、模切及粘胶的不同线型

（2）插口部位的宽度要减去纸张厚度，以免插口不能顺利插入，如图 8-48 所示。但也不能减得过多，以免插口插接不牢固。

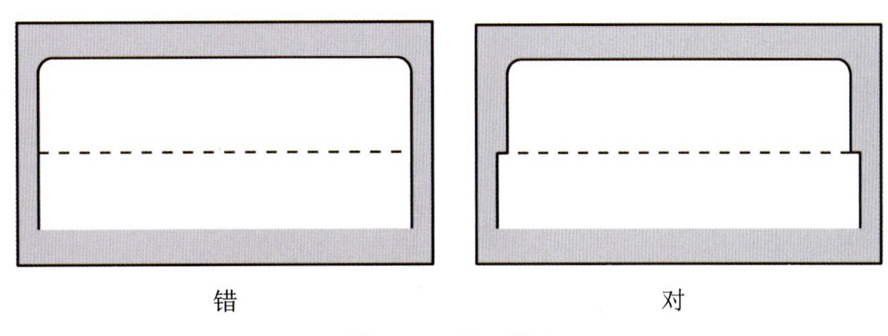

图 8-48　插口设计

（3）开槽开孔之处尽量采用整线，线条弯转处应为圆角，如图 8-49 所示，以避免相互垂直的钢刀，减少钢刀拼接条数。

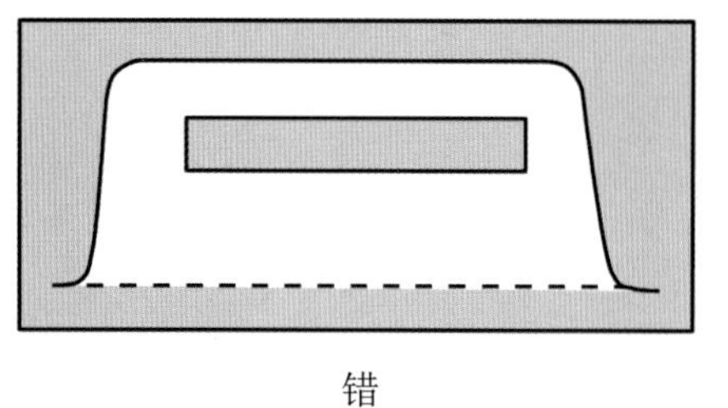
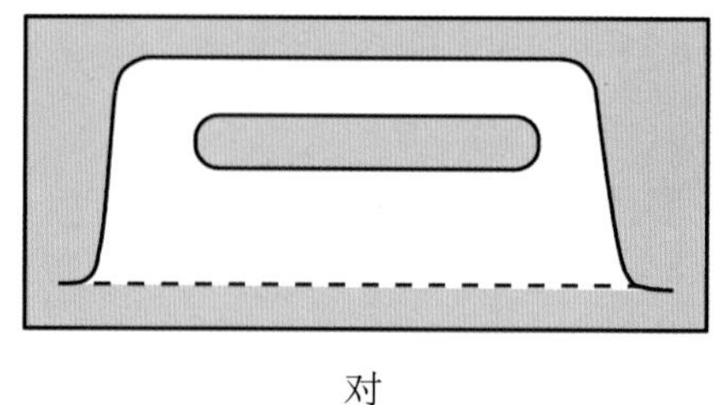

错　　对

图 8-49　开孔设计

（4）两条线的接头处防止出现尖角，如图 8-50 所示。

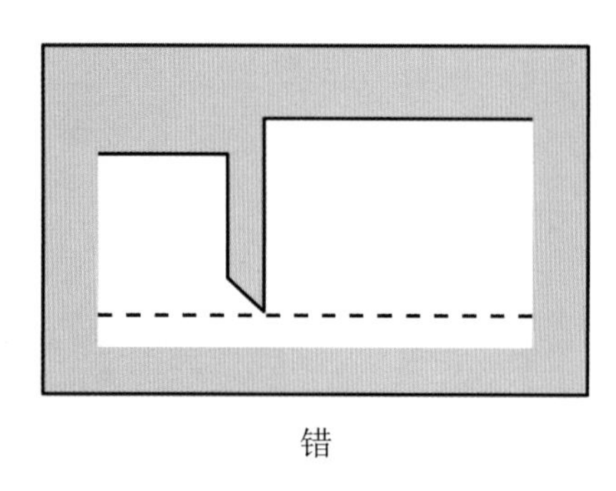
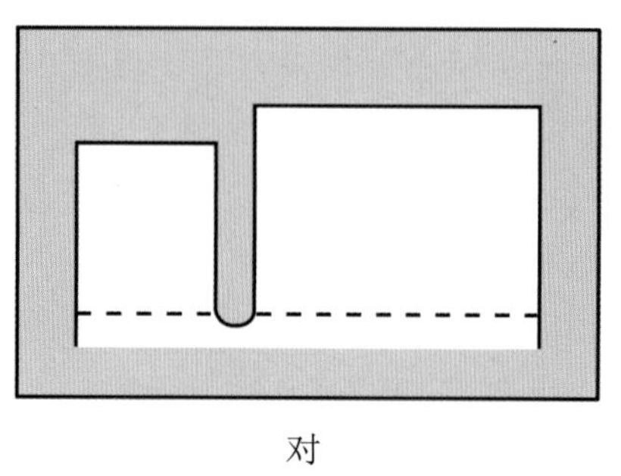

错　　对

图 8-50　防尖角设计

（5）避免多个相邻废料的连接过于狭窄，增大连接便于清废，如图 8-51 所示。废料之间的连接部位过于狭窄，很容易断裂形成两块废料，清除时需要清两次。

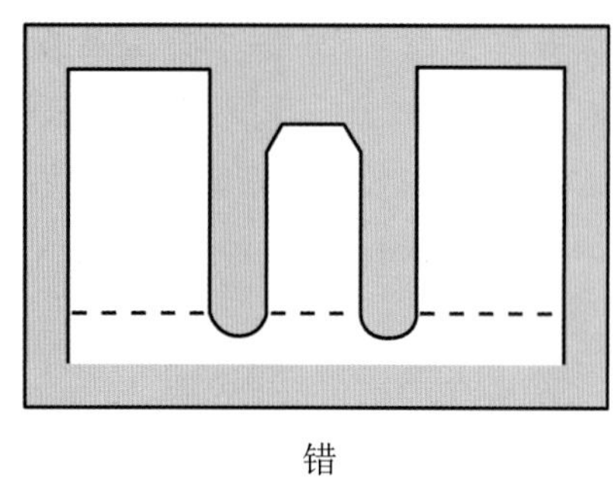
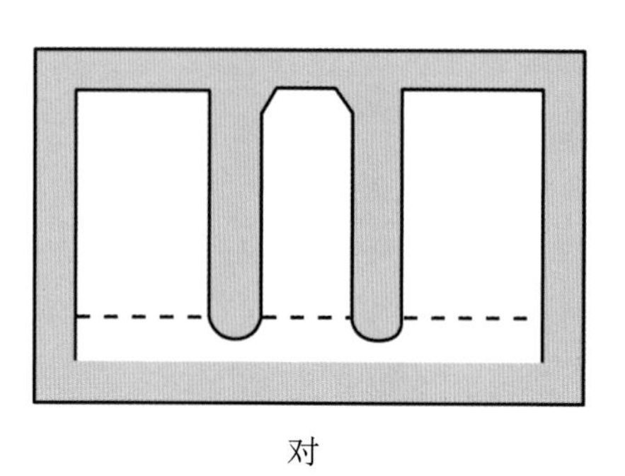

错　　对

图 8-51　增大连接设计

（6）防止尖角线出现在另一直线的中间，这样会造成固刀困难、钢刀松动，并降低模切准确性。应改成圆弧或加大角度，如图 8-52 所示。

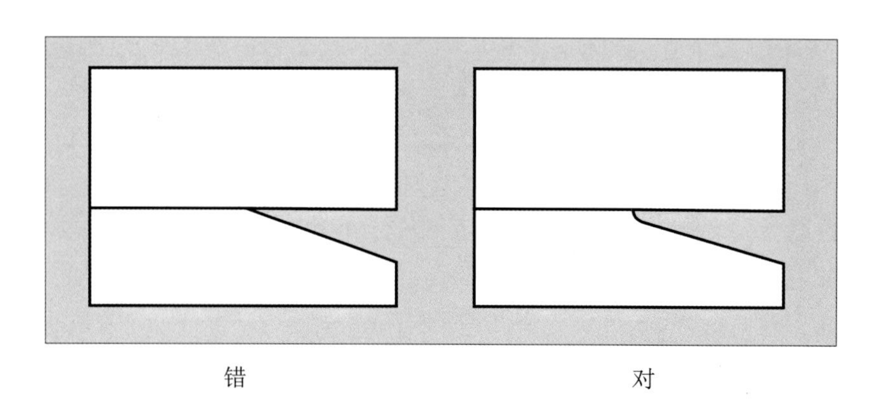

错　　对

图 8-52　圆弧大角度设计

（7）要了解纸盒自锁结构及纸张厚度因素。如图 8-53 所示，纸盒盖舌头处要开槽，可以和纸盒耳自动咬合，比较厚的纸在纸盒盖和纸盒耳以及其他插入部位还要减去纸的厚度。

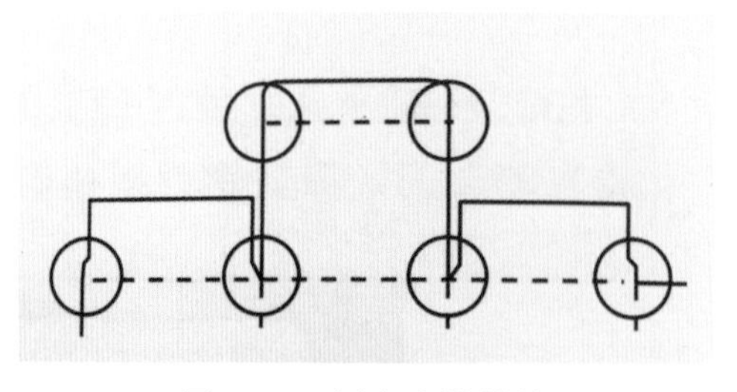

图 8-53　纸盒自锁结构

8.3 封面设计制作实例

本例介绍使用CorelDRAW X8和Photoshop CC综合制作“电脑印前设计白皮书”封面的方法，效果如图8-54所示。

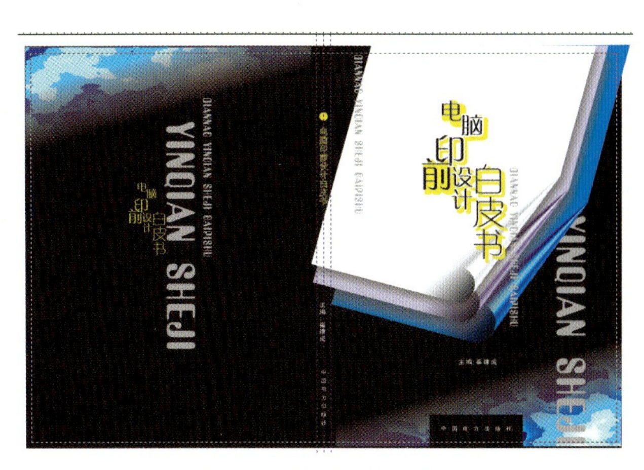

图 8-54　封面设计效果图

8.3.1　设计制作中的注意事项

1．页面尺寸

该封面为平装书籍封面，内芯尺寸为大度16开（210mm×285mm），书芯总厚度为10mm。

设计尺寸为：宽度 = 内芯宽尺寸（210mm）×2+ 书脊厚度（10mm）+ 左右边出血（3mm×2）=436mm；高度 = 内芯高尺寸（285mm）+ 上下边出血（3mm×2）= 291mm。

2．封面中的黑底色

在使用黑色（K100%）作为底色时，最好在其中加一点其他颜色，加CMY10% ～ 50% 都可以。加C后，黑会比较有亮度。加M后，黑会很稳重。若加黄，注意有个色序问题。色序即CMYK的印刷顺序先后，传统为Y、M、C、K。如果是传统色序，在印刷黑颜色时最好不要加Y，这样会使黑色发乌；但新的透明而有光泽的苯胺黄问世后，色序发生了变化。有的印刷厂会采用最后印刷黄颜色的做法，这样在黑颜色中加Y印刷后的黑色就会很漂亮了，如图8-55所示。

3．封面过UV

封面中需过UV的文字，在制作中可以使用Pantone色填充，并选择叠印填充，如图8-55所示。在分色制版时，会单独输出一张菲林，用于制作UV版。

4．叠印

封面中的黑色文字和黑色矩形均需叠印轮廓，目的是为了防止套印时出现露白现象，如图8-56所示。

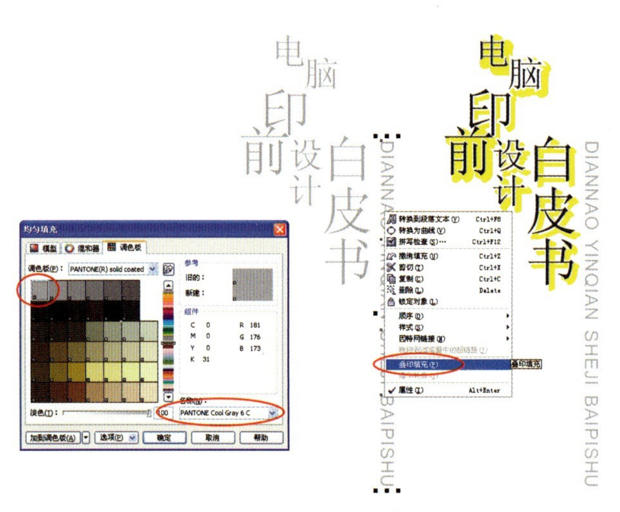

图 8-55　封面的黑底色设置

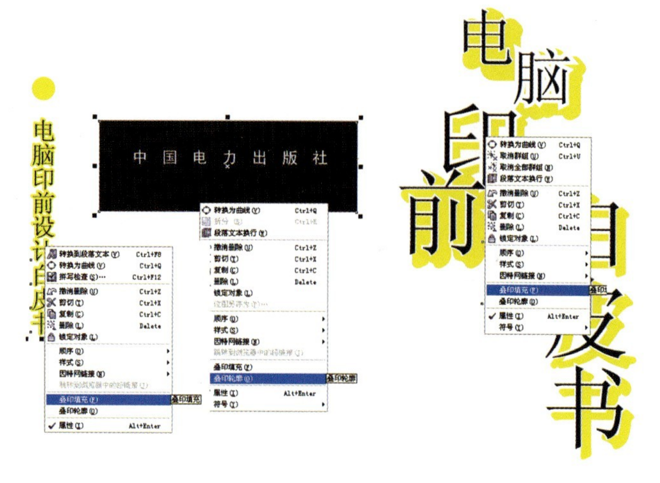

图 8-56　叠印设置

8.3.2　封面拼版

习惯上把成品单面尺寸大小为 16 开的封面（含封面、封底、封二、封三）称为 16 开封面，实际展开平面的大小为 8 开。可以拼 2 联 4 开版。

（1）首先改变页面大小，并调整页面中对象的位置，如图 8-57 所示。

（2）保持对象处于选中状态，按“+”复制。在“对齐与分布”面板中选择“页边”“上”，调整到页面上部，如图 8-58 所示。

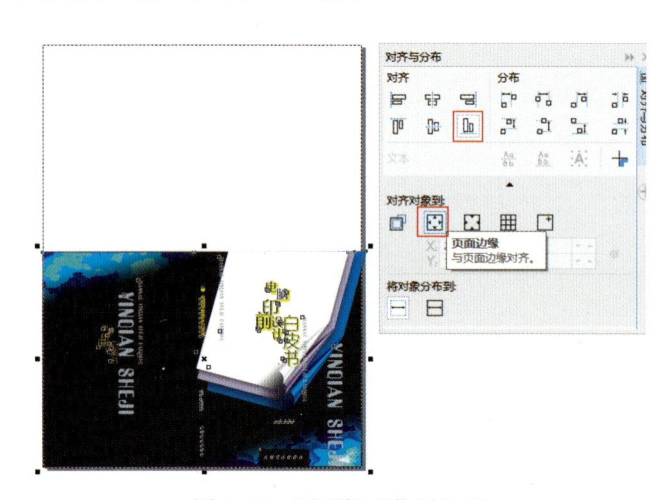

图 8-57　页面相对位置设置

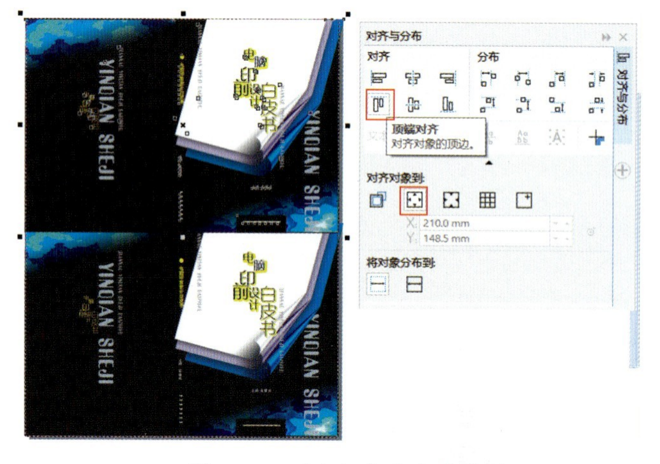

图 8-58　对齐与分布方式设置

最后加边角线、规线和 CMYK 色标即可。

（3）如果封二、封三需要印刷，在拼版时，应旋转 180°，与封面、封底头对头或尾对尾拼版，如图 8-59 所示。

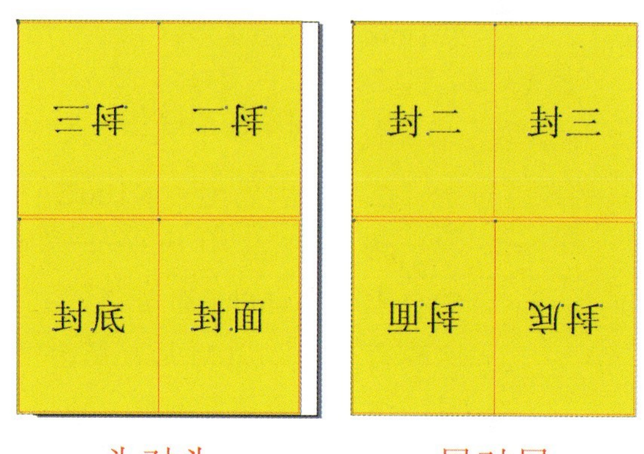

图 8-59　拼版设置

8.4 海报设计制作实例

8.4.1 海报设计

（1）启动 Photoshop，根据海报的要求，如图 8-60 所示，设置宽度为 291mm，高度为 426mm，分辨率为 300 像素/英寸，颜色模式为 CMYK。

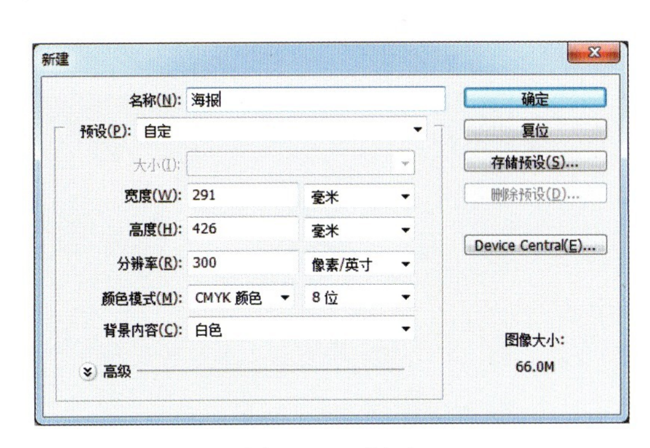

图 8-60　新建

（2）如图 8-61 所示，打开素材图片并将其复制至新建文件中，根据需要进行移动和裁切。

（3）激活“加深工具”，对照片中的人物面部进行加深处理以突出海报的主体，即人物的手部动作，效果如图 8-62 所示。

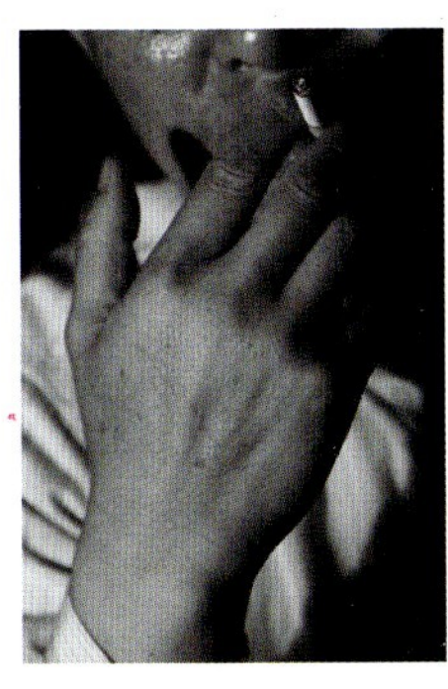

图 8-61　素材图片

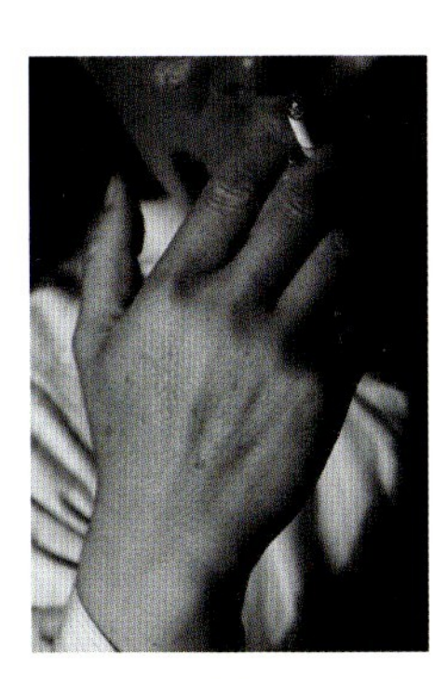

图 8-62　面部加深处理

（4）激活“套索工具”，对烟头的局部绘制选区，然后执行菜单“图像”→“调整”→“色相/饱和度”命令，弹出“色相/饱和度”对话框，如图 8-63 所示，对燃烧的烟头进行颜色处理。单击“确定”按钮，效果如图 8-64 所示。

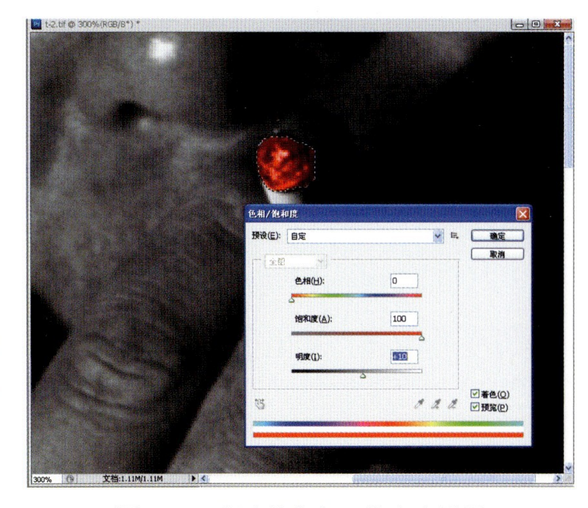

图 8-63　烟头的色相、饱和度设置

（5）将素材“剪刀”复制至文件中，如图 8-65 所示，去掉把手并调整角度与手部动势保持一致，突出画面的对角线视觉效果，在剪刀靠近香烟的位置加上香烟的阴影，以增加真实感。

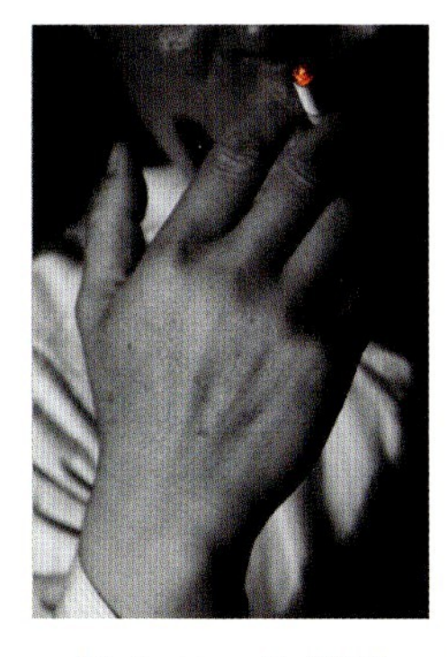

图 8-64　效果图

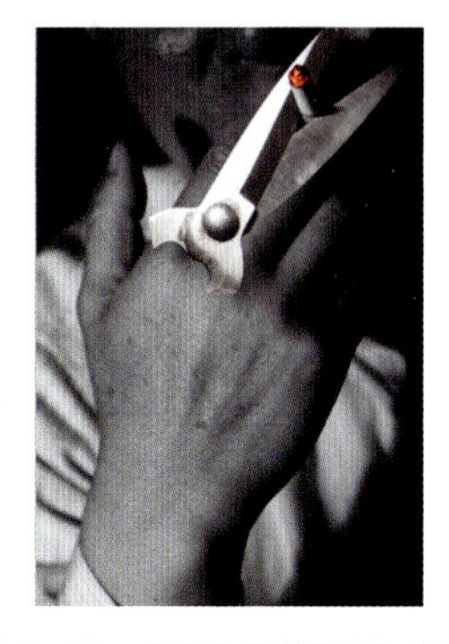

图 8-65　复制“剪刀”素材

（6）利用路径工具绘制把手，并填充红色，以达到突出主体的目的，效果如图 8-66 所示。

（7）输入文字，彰显出海报有关于禁烟的主题，效果如图 8-67 所示。建议使用较大字号的黑体、中圆、隶书等字体，字号一般不要小于 10pt。字号太小或者过细的文字保存为 TIF 格式，防止最终的印刷品中文字边缘有毛边，影响视觉效果。

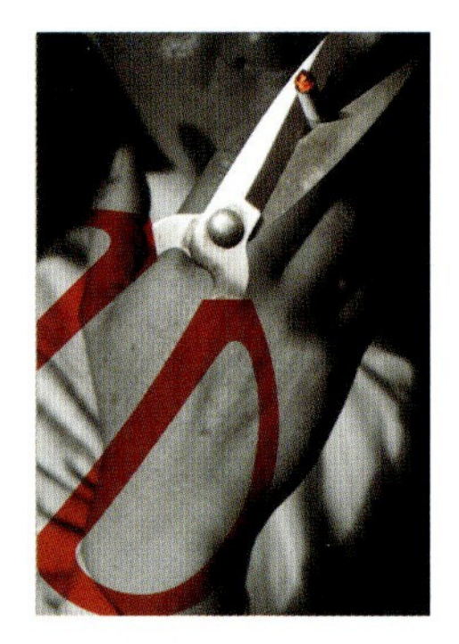

图 8-66　绘制剪刀把手　　图 8-67　输入主题文字

8.4.2　8 开单页含出血拼 4 开版的方法

1．在 Illustrator 中拼版

考虑到字体、排版等原因，通常不直接在 Photoshop 中分色制版，而是将 Photoshop 中制作的文件存储为 TIF、EPS 等格式，再导入或置入矢量和排版软件中进行排版、分色。本案例在 Illustrator 中拼版，具体操作步骤如下。

（1）启动 Illustrator，新建拼版文件，如图 8-68 所示。

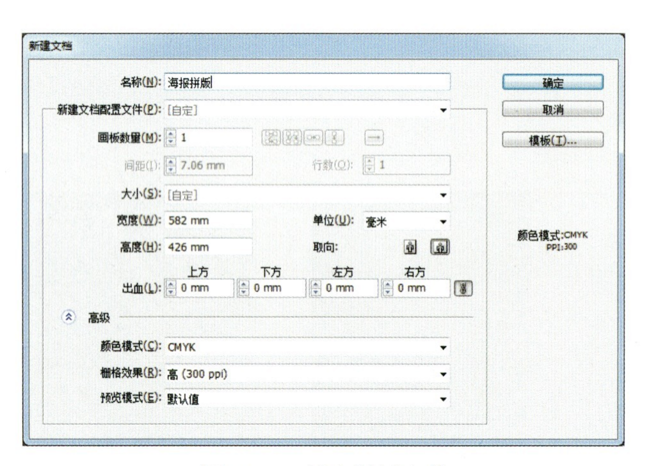

图 8-68　新建拼版文件

（2）执行菜单“文件”→“置入”命令，将作品置入“海报”文件中，效果如图 8-69 所示。

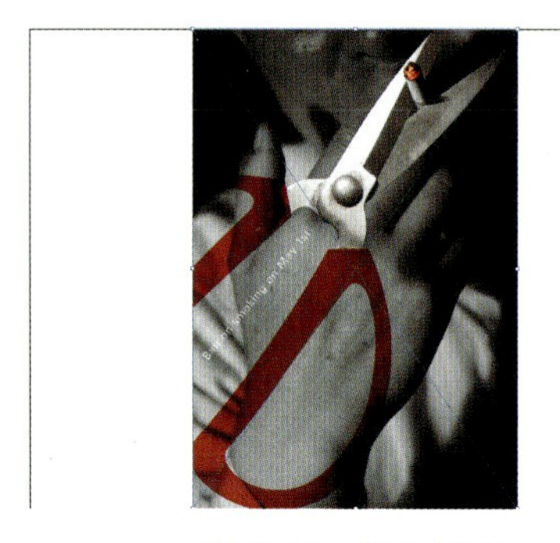

图 8-69　置入图片

（3）执行菜单“窗口”→“变换”命令，在弹出的“变换”面板中设置 X:0mm，Y:0mm，使“海报”对象紧贴页面的左边对齐，如图 8-70 所示。

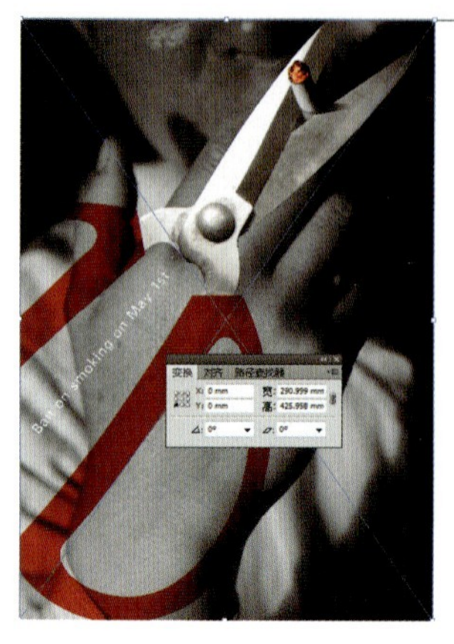

图 8-70　设置左对齐

（4）执行菜单“编辑”→“复制”和“编辑”→“粘贴”命令，生成新的“海报”对象，效果如图 8-71 所示。

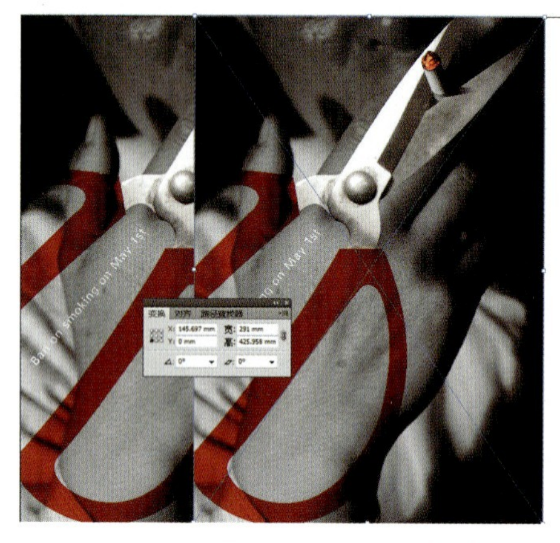

图 8-71　复制图片内容

（5）在“变换”面板中，设置 X:291mm，Y:0mm，调整新的“海报”对象，将其紧贴页面的右边对齐，效果如图 8-72 所示。

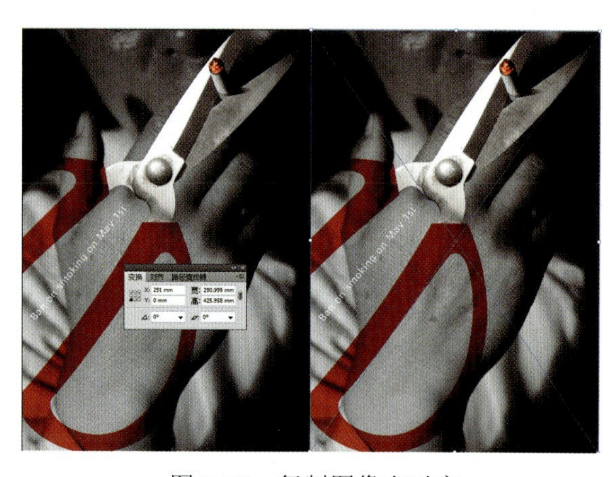

图 8-72　复制图像右对齐

（6）最后加边角线、CMYK 色标，效果如图 8-73 所示。

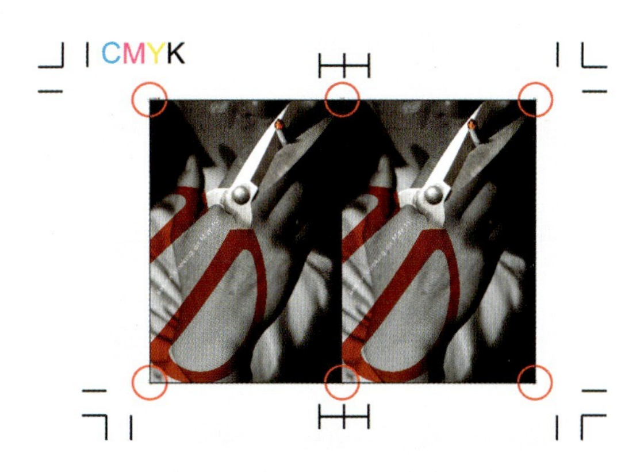

图 8-73 加边角线、CMYK 色标后的效果图

2．在 InDesign 中拼版

（1）启动 InDesign，新建拼版文件。执行“文件”→“新建”→“文档”命令，弹出“新建文档”对话框（见图 8-74），设置宽度为 582mm，高度为 426 mm；再单击“边距和分栏”按钮，在弹出的如图 8-75 所示的“新建边距和分栏”对话框中设置边距为 0mm。

（2）执行菜单“文件”→“置入”命令，弹出“置入”对话框，如图 8-76 所示，选择要置入“海报”的文件。

（3）激活“选择工具”，选中“海报”对象，在控制栏中设置 X:0mm，Y:0mm，“海报”对象将紧贴页面的左边、上边对齐，效果如图 8-77 所示。

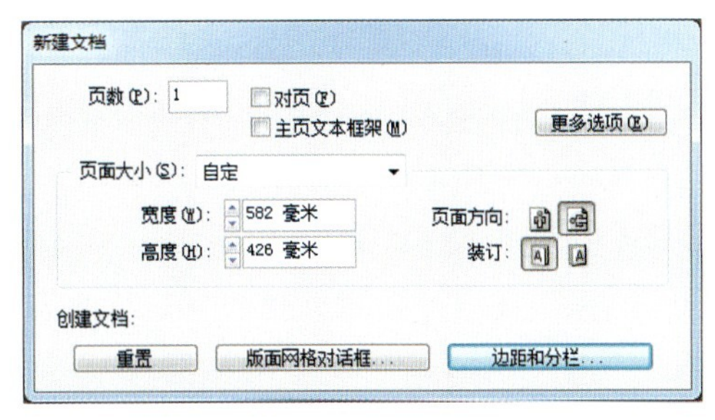

图 8-74 新建文档

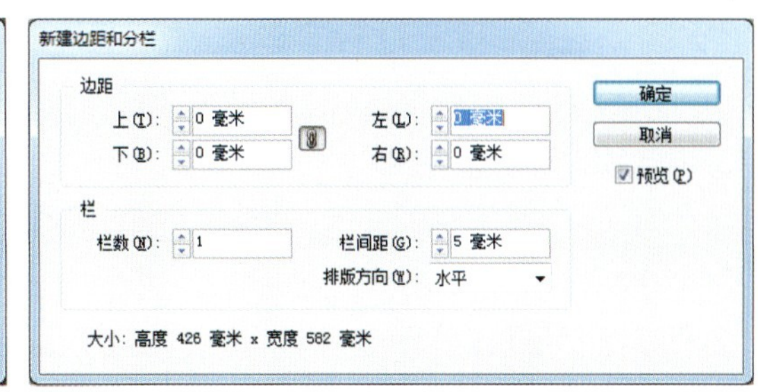

图 8-75 新建边距和分栏

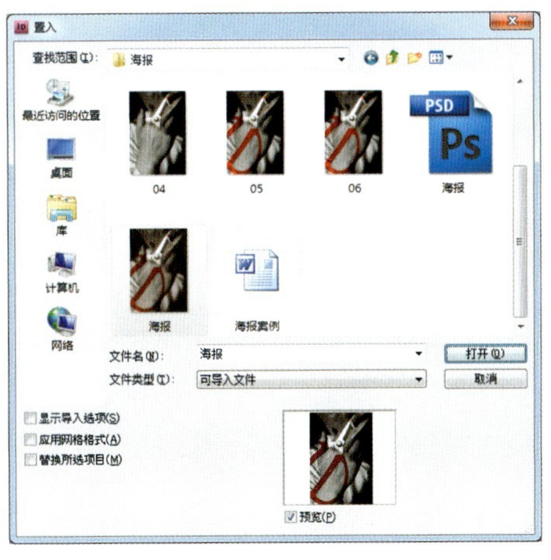

图 8-76 置入图片

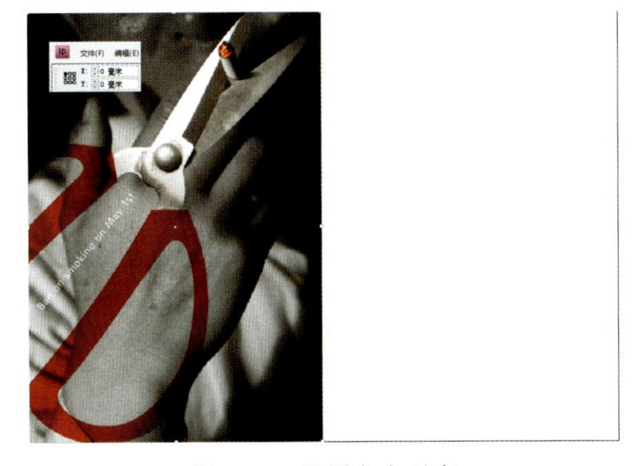

图 8-77 设置左上对齐

（4）执行菜单“编辑”→“复制”和“编辑”→“粘贴”命令，生成新的“海报”对象，在控制栏中设置 X:291mm，Y:0mm，新的“海报”对象将紧贴页面的上边、右边对齐，如图 8-78 所示。

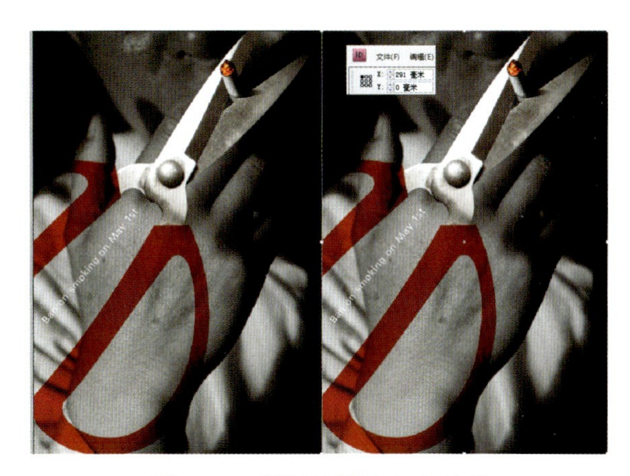

图 8-78 复制的图片右上对齐

（5）最后加边角线、CMYK 色标，效果如图 8-79 所示。

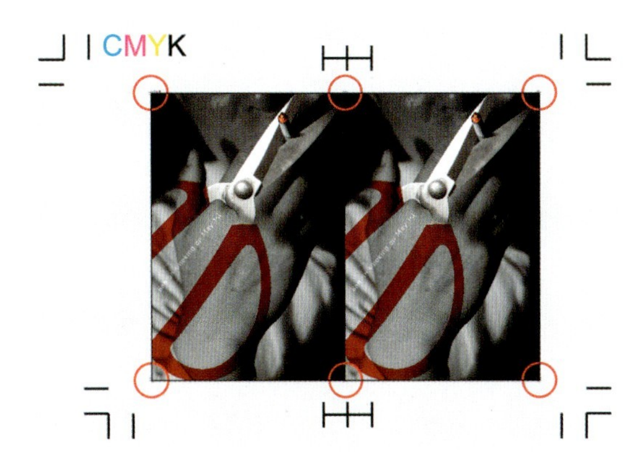

图 8-79 加边角线、CMYK 色标后的效果

知识链接

1. 封套

（1）定义：装文件、书刊等用的套子，多用比较厚的纸制成。

（2）尺寸：封套的尺寸通常为 6 开或 4 开封套，一般封套的尺寸要稍大于所插物的尺寸，如所插的内容较多，还需留一定的厚度。

（3）封套用纸：封套通常选用 200g、250g、300g 等较厚的纸张。纸张类型可选择铜版、哑粉纸、卡纸、艺术纸等。一般尺寸为 220mm×305mm。

2. 海报常见尺寸

海报张贴于公共场所，会受到周围环境和各种因素的干扰，所以必须以大画面及突出的形象和色彩展现在人们的面前。其画面尺寸有全开、对开、长三开及特大画面（八张全开）等。

正度纸张：787mm×1092mm

开数（正度）	尺寸单位（mm）
全开	781×1 086
2 开	530×760
3 开	362×781
4 开	390×543
6 开	362×390
8 开	271×390
16 开	195×271

注：成品尺寸 = 纸张尺寸 - 修边尺寸（即出血，上、下、左、右各 3mm 出血）。

3. 常用的包装材料

1）复合袋

复合袋适用于食品、电子产品、化工、医药、茶叶等产品的真空包装或一般包装。可做的工艺和纸张基本相同，可以丝印、烫印。

2）吸塑

吸塑是一种透明材质，主要原料为 PVC、PE 或者 PET。可直接替换纸张制作盒子，也可配合制卡成型。可用在包装内部固定产品，称为吸塑内。可以丝印，也可以烫印。可以上机印刷，但印刷成本较高，小量生产一般只用丝印。

3）OPP 袋

OPP 袋是拉伸性的聚丙烯，属于塑料的一种，其实就是塑料袋。装外盒前，产品先套个 OPP 袋，显得干净卫生。OPP 袋具有透明度高、较脆等特征，还可根据客户需要印刷各种图案及打孔。其他材质还有 PP 胶袋、PE 胶袋。

4）EVA

EVA，化学名是乙烯 - 醋酸乙烯共聚物，用它制成的成品具有柔软性好、防震、防滑、抗压性强的特点。用作包装或用于包装的内部，用来固定和保护产品。有多种颜色可以选择，表面可以做植绒、裹绒布工艺，增强视觉效果。

5）海绵

海绵是一种多孔材料，具有很好的弹性。孔的密度不同，弹性不同。用作包装或用于包装的内部，用来固定和保护产品。有多种颜色可以选择，一般直接使用，不再叠加工艺。

6）热收缩袋

热收缩袋是由一种达到一定温度收缩性很强的材料做成的透明袋子，用来保护包装。只是用来保护包装，不再做其他工艺。

7）单粉

单粉是常用的纸盒材料，纸张厚度有 80～400g 各种厚度，更高厚度则要两张对裱。纸张一面光，另一面哑，只有光面可以印刷。可实现各种颜色的印刷。印刷后常用的表面处理工艺为过胶、过UV、烫印、击凸。

8）坑纸

坑纸相对于普通纸张更直挺，承重能力更强。常用的有单坑、双坑、三坑。可实现各种颜色的印刷，但效果不如单粉。印刷后常用的表面处理工艺为过胶、过UV、烫印、击凸。

9）纸板

纸板用于制作礼盒，表面裱一层单粉纸或者特种纸。常用的颜色有黑、白、灰、黄。纸板厚度有多个等级，根据承重需要选择。若裱的是单粉，则工艺方面与单粉纸盒一致；若是特种纸，大部分只能烫印，部分可以实现简单印刷，但印刷效果不佳。

10）特种纸

特种纸的种类繁多，包装材料上用到的有压纹纸、花纹纸、珠光花纹纸、金属花纹纸、金纸等。这些纸张通过特殊处理，可以提升包装的质感档次。压纹、压花类的纸都不能印刷，只能表面烫印，星彩、金色等可以四色印刷。

11）金银卡纸

利用UV转印技术通过橡皮布在纸张表面涂上一层UV油，再通过滚筒将光柱膜或特定图案转移到印刷纸张上面，使纸张的表面产生光柱，有镭射纸的效果。只能用UV机印刷，各种图案效果都可实现，比普通纸张更有质感，并有不同种类的光泽，但是成本相对较高。

【专题训练】

包装印刷的常用设计

1．专色印刷

专色印刷是指在印刷时专门用一种特殊的油墨来印刷该颜色，比四色混合出的颜色更鲜亮。常用的是专金、专银。

专色颜色很多，参考Pantone色卡，专色无法实现渐变印刷，有需要则加入四色印刷。

2．过光胶

印刷后，以透明塑料薄膜通过热压覆贴到印刷品表面，起保护及增加光泽的作用，表面光亮。

纸盒表面处理最基本工艺，类似的还有过光油，但是过胶能增强纸张的硬度和抗拉性能。

3．过哑胶

印刷后，以透明塑料薄膜通过热压覆贴到印刷品表面，起保护及增加光泽的作用，表面哑光。

4．过UV

印刷品需要突出的部位进行局部上光提亮，使局部图案更有立体效果。

应配合过哑胶工艺印制，过光胶时没有效果。

5．烫印

利用热压转移的原理，将电化铝中的铝层转印到承印物表面以形成特殊的金属光泽效果。烫印原料有金、银、红、绿、蓝等各个颜色，但是烫印只能是单色，颜色种类繁多，但不是什么颜色市场上都有。

6．击凸

采用一组图文阴阳对应的凹模板和凸模板，将承印物置于其间，通过施加较大的压力压出浮雕状凹凸图文。

各种厚度纸张都可以，纸板做不了击凸。

7．喷码

用喷码机在产品上喷印标识（生产日期、保质期、批号、企业 Logo 等）的过程。可以喷印简单的字符图案，灵活性很强。

8．激光雕刻

激光雕刻技术在平面媒体印刷和包装装潢行业应用已经非常广泛。精度和速度是激光雕刻技术的两大优势，特别是在高档商品包装领域，由于该技术能在各种金属、铝材、木材和布料、纸张、皮革等材料上加工制作，使得激光雕刻技术的运用包罗万象，而且产品质量稳定，倍受设计师的青睐。同时，印刷供应商也利用激光雕刻技术取代传统制作烫金、凹凸印版等手工蚀刻工艺，制作的激光雕刻印版不但精度高、速度快，也节约了更多的人力资源成本。

激光雕刻技术在纸张上的表现也让人刮目相看，特别是贺卡、高档礼品、书籍画册等，都有采用激光雕刻技术进行创意设计和制作加工的优秀作品。

利用激光雕刻技术在纸张上雕刻细小网点，创造出艺术图形效果也能让人刮目相看，作为特殊的表现方式，有的称为“激光影雕”，有的称为“激光打标”，实际上，这种技术已经被很多商家认可并逐步成为市场新宠。

项目实训

1．设计一个关于提供绿色印刷的宣传海报。
2．针对本教材，设计一个封套。

参考文献

1．崔建成．电脑印前设计从入门到精通 [M]．北京：中国电力出版社，2007.

2．腾学祥，崔建成．印前设计 [M]．北京：人民美术出版社，2012.

3．万晓霞．印刷概论 [M]．北京：化学工业出版社，2001.

4．刘真．印刷概论 [M]．北京：印刷工业出版社，2012.

5．傅阳栋，叶帆，钟星翔．平面设计师必备的印刷常识 [M]．北京：印刷工业出版社，2014.

6．我看凡尘．中国古代印刷术发展历史 [EB/OL]. https://wenku.baidu.com/view/3dbeb513227916888486d777.html，2013-03-27.

7．Panfusheng2019．“多才多艺”的山东农学家——王祯 [EB/OL]．https://wenku.baidu.com/view/68e696acb5daa58da0116c175f0e7cd185251818.html，2019-03-30.

8．顾桓．彩色数字印前技术 [M]．北京：印刷工业出版社，2000.